Diesel-Motoren

von

Ing. Giorgio Supino

Assistent für Verbrennungsmotoren an der Königlich technischen
Hochschule Mailand

Ins Deutsche übertragen

von

Dipl.-Ing. Hans Zeman

Mit 188 Abbildungen im Text und 11 Tafeln

München und Berlin
Druck und Verlag von R. Oldenbourg
1913

Vorwort des Verfassers zur italienischen Ausgabe.

In der technischen Literatur gibt es eine ganze Reihe sehr schätzenswerter Arbeiten über Verbrennungsmotoren im allgemeinen, wie auch spezielle Untersuchungen über deren verschiedene Typen, Gasmotoren, Petrolmotoren, Kleinmotoren, Großgasmaschinen usw. Was dagegen Dieselmotoren betrifft, so lassen sich über Konstruktion, praktische Betriebswerte und ausgeführte Anlagen nur sehr wenige Mitteilungen finden, auch sind diese, soviel ich weiß, bisher noch nie zusammengestellt worden.

Der Grund hierfür liegt in dem Geheimnis, mit welchem die Zurückhaltung der Industriellen die Einzelheiten über diese Maschinen umgibt, doch ist eine Zurückhaltung heute in Anbetracht der zunehmenden Verbreitung solcher Anlagen und der wachsenden Anzahl der Konstrukteure immer weniger am Platz.

Im vorliegenden Band habe ich nach Möglichkeit versucht, die von mir in der Praxis gesammelten Unterlagen in klarer zusammenfassender Weise wiederzugeben und habe schematische Zeichnungen sowie Konstruktionszeichnungen, die fast alle Originale sind, beigefügt.

Dem theoretischen und thermodynamischen Teil, der schon in hervorragender Weise in den Meisterwerken eines Güldner, Schöttler, Schröter u. a. m. behandelt ist, glaube ich, nur eine beschränkte Ausdehnung geben zu sollen. Auch habe ich es unterlassen, alle Festigkeitsrechnungen derjenigen Organe zu behandeln, welche dem allgemeinen Maschinenbau angehören.

Ob die vorliegende Arbeit, welche beim Leser Kenntnis
der Mechanik im allgemeinen und der Verbrennungsmotoren
im besonderen voraussetzt, sich dazu eignet, der Öffentlich-
keit in der Form eines Taschenbuches übergeben zu werden,
weiß ich nicht: Das Drängen des liebenswürdigen Verlegers,
der in diesen Dingen weit mehr erfahren ist als ich, ver-
anlaßte mich, es zu tun.
Unrichtigkeiten und Lücken in der vorliegenden Arbeit
möge mir der Leser verzeihen und bedenken, wie schwer es
mir war, die Anmerkungen zu sammeln, zu sichten und wiederzugeben, die ich in der Praxis und für die Praxis zu einer
Zeit zusammentrug, wo der Gedanke, sie zu veröffentlichen,
mir noch fern lag.

Mailand, Juni 1911.

G. Supino.

Vorwort des Übersetzers.

Dem Wunsche des mir befreundeten Verfassers folgend,
habe ich die Übersetzung seiner Arbeit übernommen, die bei
zahlreichen Fachmännern in Deutschland lebhafte Anerken-
nung gefunden und den Wunsch erweckt hat, die Unterlagen
auch in deutscher Sprache veröffentlicht zu sehen.
Soweit es die Rücksicht auf den beabsichtigten Umfang
der deutschen Ausgabe zuließ, habe ich mich bemüht, die
deutschen Verhältnisse zu berücksichtigen und der Entwicklung des Dieselmotorenbaues seit Abfassung und Erscheinen
des italienischen Originals Rechnung zu tragen.
Allen Firmen und Fachmännern, welche mir hierzu durch
Überlassung von Material in liebenswürdiger Weise geholfen
haben, möchte ich an dieser Stelle meinen Dank aussprechen,
ebenso auch meinem Kollegen, Herrn Ingenieur Fr. Heller,
Nürnberg, meinen besonderen Dank sagen, für die freund-
liche Mitarbeit bei der Durchsicht namentlich der theoretischen Kapitel.

Das Kapitel »Brennstoffpumpe und Regu-lierung« ist auf Grund einer neueren Arbeit des Ver-fassers (veröffentlicht in der Zeitschrift »Politecnico«, Heft 8, Mailand 1912) gegenüber der Fassung in der italienischen Ausgabe zum Teil geändert und bedeutend erweitert.

Das in der italienischen Ausgabe enthaltene besondere Kapitel über Verwendung des Dieselmotors als Schiffs-maschine wurde weggelassen mit Rücksicht auf die bedeutende Entwicklung, welche dieses Spezialgebiet in den letzten Jahren erfahren hat und die eine entsprechende Behandlung in einem einzelnen Abschnitt einer nicht allzu umfangreichen Arbeit nicht zuläßt. Es sind auch gerade über dieses Gebiet seit der Abfassung des italienischen Originals in den einschlägigen Zeitschriften und Jahrbüchern eine ganze Reihe eingehender Arbeiten erschienen, welche das Studium dieses Spezial-gebietes ermöglichen.

Nürnberg, November 1912.

H. Zeman.

Inhaltsverzeichnis.

Erster Teil.

Erstes Kapitel

Rohöl-Motoren.

Die zum Betriebe von Rohölmotoren in Betracht kommenden Rohöle sind kohlenstoffreiche Kohlenwasserstoffe. Man unterscheidet natürliche und künstliche Kohlenwasserstoffe.

Auf Grund der Vervollkommnungen, welche die Rohölmotoren und namentlich deren vollendetste Ausbildung, die Dieselmotoren, in den letzten Jahren erfahren haben, können zurzeit alle überhaupt vorkommenden natürlichen und künstlichen Kohlenwasserstoffe in den Kreis der Anwendung in Dieselmotoren hereingezogen werden. Diese sind in nachstehender Tabelle zusammengestellt[1]).

1. Die natürlichen rohen Erdöle und ihre Destillate und Rückstände, im wesentlichen Gasöl, Masut und Gasölteer (auch Benzin);

2. andere, in geringeren Mengen vorkommende natürliche Öle, wie Schieferöle u. dgl.;

3. die Abkömmlinge aus der Destillation der Braunkohle, im wesentlichen Paraffinöle;

4. die Abkömmlinge aus der Destillation der Steinkohle, im wesentlichen Teeröle (Kreosotöl, Anthrazenöl usw., auch Benzol) und Teer selbst;

---

[1]) Z. d. V. d. I. 1911, S. 1348.

5. Pflanzenöle, wie Erdnußöl, Rizinusöl und ähnliche;
6. tierische Öle, wie Fischtran u. dgl.;
7. aus Pflanzen künstlich erzeugte Kohlenwasserstoffe, wie Spiritus.

Von diesen Ölen kommen zurzeit in erster Linie die natürlichen Erdöle und die Teererzeugnisse in Betracht, doch ist anzunehmen, daß die fetten Öle pflanzlichen und tierischen Ursprungs, namentlich in den Kolonialländern, sobald dort größerer Bedarf an Treibölen sich zeigen wird, Anwendung finden werden.

In den erdölreichen Gegenden in Amerika, Rußland, Österreich-Ungarn usw. wird das Erdöl im Urzustand verwendet. In nicht erdölreichen Ländern, die auf Einfuhr angewiesen sind, werden schwer entflammbare Treiböle verwendet, welche als Abfallerzeugnisse bei der Destillation des rohen Erdöls in großen Mengen abfallen und im allgemeinen billig zu haben sind. Das Gasöl, das hierzu in erster Linie gehört, ist eine Fraktion zwischen den wertvollen Produkten Leuchtpetroleum und Schmieröl; sein spezifisches Gewicht beträgt 0,83 bis 0,93. Der Flammpunkt liegt zwischen 65 und 150° C, und der untere Heizwert beträgt rund 10 000 WE für 1 kg. In der ganzen Welt werden zurzeit etwa 38 Mill. t Rohöl gefördert, von denen noch kaum der fünfhundertste Teil als Treiböle Verwendung findet. Das Rohöl kostet in erdölreichen Ländern am Gewinnungsort M. 2 bis 3 pro 100 kg, in den zahlreichen anderen Ländern, in denen das Treiböl mit keinem Zoll belastet ist, einschließlich Fracht M. 4 bis 5 pro 100 kg am Verwendungsort; in Deutschland, infolge des hohen Zolles von M. 3,60 für 100 kg, je nach der Örtlichkeit M. 10 bis 12.[1])

Die Verteuerung des Gasöls durch diese hohe Zollbelastung hat die in Deutschland Dieselmotoren bauenden Firmen zu Versuchen veranlaßt, für ihre Motoren auch das in großen Mengen gewonnene schwere Steinkohlenteeröl zu verwenden, und in den letzten Jahren wurde diese Frage der Verwertung

---

[1]) Mitte November 1912 wurde die Gebühr von M. 3,60 durch Bundesratbeschluß auf M. 1,80 ermäßigt.

durch mehr oder weniger vollkommene Verfahren gelöst. Steinkohlenteeröl wird durch Destillation aus Teer, welcher in den Gasanstalten oder Kokereien als Abfallprodukt entfällt, erzeugt.

Die Haupteigenschaften des Teeröls sind folgende: Spezifisches Gewicht 1,03 bis 1,1, dünnflüssig bei normaler Temperatur, Farbe grünbraun bis dunkelbraun, Geruch ziemlich kräftig nach Teer. Der Heizwert beträgt zwischen 8800 und 9500 WE. Der Siedepunkt liegt über 200⁰ C, bei etwa 360⁰ läßt es sich verflüchtigen, wobei Spuren von Koks verbleiben. Der Entflammungspunkt liegt über 65⁰. Diese letztere Eigenschaft des Teeröls ist besonders wichtig, da ihretwegen seitens der Feuerversicherungsgesellschaften und Polizeibehörden in Deutschland keinerlei Schwierigkeiten hinsichtlich Lagerung und Verwendung dieses Öles gemacht werden. Das Teeröl kann in Mengen bis zu 10 000 kg ohne Anzeige, bis zu 50 000 kg nach Anzeige bei der Ortspolizeibehörde gelagert werden; erst bei Mengen von über 50 000 kg ist eine Erlaubnis erforderlich. Ebensowenig unterliegt das Teeröl als steuerfreies Inlandprodukt einer Aufsicht seitens der Steuer- und Zollbehörde.

Außer diesen zurzeit in Deutschland am meisten in Betracht kommenden Brennstoffen werden bereits einige Dieselmotoren mit Gasölteer, dem Abfallprodukt bei der Karburierung des Wassergases durch Gasöl, sowie mit Vertikalofenteer und Kokereiteer mit Erfolg betrieben, und bei weiterer Vervollkommnung in der Gewinnung der Teere werden diese Brennstoffe zum Betrieb von Dieselmotoren immer mehr Anwendung finden.

Die Rohölmotoren sind Verbrennungsmotoren, d. h. die Umsetzung der im Brennstoff enthaltenen Wärmeenergie in Arbeit erfolgt direkt im Zylinder der Maschine.

Das Rohöl, das in geeignetem Zustand in den Zylinder eingeführt wird, entzündet sich, verbrennt unter Wärmeentwicklung und verbraucht dabei den im Zylinder befindlichen Sauerstoff.

Zur Erleichterung und Beschleunigung der Verbrennung muß bei allen Flüssigkeitsmotoren der Brennstoff im Augen-

blick der Entzündung entweder schon innig mit Luft ge-
mischt oder zur Verdampfung gebracht oder fein zer-
stäubt sein.

Für die leichten Brennstoffe, wie das Benzin, bietet
die Verdampfung keine Schwierigkeiten. Es genügt, die Luft
auf ihrem Wege zum Zylinder durch den Brennstoff zu leiten
oder etwas Brennstoff selbst in den Luftstrom einzuspritzen.
Auf diese Art nimmt die Luft, ohne daß sie selbst oder das
Benzin erhitzt wird, Benzindampf auf; sie wird, wie man
sagt, k a r b u r i e r t.

In gleicher Weise erfolgt die K a r b u r i e r u n g mit
Spiritus, mit Schwerbenzin und auch mit Leuchtpetroleum,
allerdings bei einer Temperatur, die höher ist als die
Außentemperatur.

Auch die schweren Öle kann man noch zur Verdampfung
bringen, aber nur bei einer schon ziemlich hohen Temperatur;
es empfiehlt sich deshalb in einigen Fällen, die V e r -
d a m p f u n g durch eine mechanische Z e r s t ä u b u n g
zu ersetzen.

Praktische Anwendung findet das eine wie das andere
Verfahren bei zwei, mechanisch und thermodynamisch voneinander verschiedenen Arten von Motoren.

Bei dem System, welches z u r V e r d a m p f u n g
des Öles am meisten zur Anwendung kommt, wird das Öl
in einem mit dem Zylinder in Verbindung stehenden Raum
gegen eine sehr heiße Metallwand gespritzt. Sobald das Öl
mit dieser Wand in Berührung kommt, erwärmt es sich und
verdampft. Da die Verdampfung aller Ölteilchen gewisser-
maßen in einem einzigen Augenblick erfolgt, hat die Verbrennung den Charakter einer Verpuffung. Das ist der Fall bei den
V e r p u f f u n g s -   o d e r   E x p l o s i o n s - R o h ö l -
m o t o r e n.

Dagegen wird die Z e r s t ä u b u n g des Brennstoffes durch eine mechanische Einrichtung gewöhnlich dadurch erreicht, daß der Brennstoff in den Zylinder eingeblasen
wird. Dies geschieht durch einen Luftstrom, der unter wesentlich höherem Druck steht als der Inhalt des Zylinders. Der
Brennstoff zerteilt sich dabei in ganz feine Tröpfchen und

bildet eine Art Nebel. Herrscht im Zylinderinnern während der Einspritzung eine genügend hohe Temperatur, so wird der Brennstoffnebel sich von selbst entzünden. Die Verbrennung geht nun während der ganzen Zeit des Öleintrittes vor sich, hat also den Charakter einer allmählichen Verbrennung und nicht mehr einer Verpuffung. Auf diese Art vollzieht sich die Verbrennung in den G l e i c h d r u c k - R o h ö l m o t o - r e n oder D i e s e l m o t o r e n[1]).

Die Verschiedenheit der Mittel, die Entzündung des Brennstoffes herbeizuführen, bedingt auch eine Verschiedenheit des thermodynamischen Vorganges bei der Entzündung und damit einen bedeutenden Unterschied im thermischen Kreisprozeß des Motors.

Die Rohölmotoren arbeiten im V i e r t a k t oder im Z w e i t a k t. Bekanntlich spielt sich der Viertakt während vier Kolbenhüben ab. Beim ersten Hub entfernt sich der Kolben vom Zylinderende und saugt durch ein Ventil reine Luft an. Beim zweiten Hub ist das Zylinderinnere gegen außen abgeschlossen, der Kolben geht zurück, verdichtet die Luft und erhitzt sie dabei hoch; in diesem Augenblick tritt der Brennstoff ein, verbrennt unter Entwicklung von Wärme, welche beim dritten Hub in nutzbare Arbeit umgesetzt wird, indem die Verbrennungsgase sich ausdehnen und den Kolben vorwärts treiben. Beim vierten und letzten Hub kehrt der Kolben wieder zurück, treibt die Verbrennungsgase aus und bringt damit den Zylinder wieder in den Anfangszustand, worauf das Spiel von neuem beginnen kann.

Beim Zweitakt vollziehen sich die Vorgänge in nur zwei Hüben, d. h. während einer Umdrehung der Kurbelwelle.

Wir nehmen an, der Kolben stehe nach dem Verdichtungshub ganz innen im Zylinder. In diesem Augenblick tritt der Brennstoff ein und entzündet sich auf irgendwelche Weise. Damit beginnt der erste, der Arbeits- oder Expansions-

---

[1]) Die Bezeichnung der Dieselmotoren als »Gleichdruck-Motoren« wird nicht von allen Seiten anerkannt. Vgl. hierzu Z. d. V. d. I. 1911, S. 1321 und 1350, 51. (Der Übersetzer.)

hub. Beinahe ganz am Ende seines Weges legt der Kolben
Auslaßschlitze in der Zylinderwandung frei, durch welche
die Verbrennungsgase in das Freie entweichen können.

Etwas später tritt ein reiner Luftstrom unter mäßigem
Überdruck in den Zylinder, s p ü l t die noch darin ge-
bliebenen Verbrennungsgase aus und füllt das Hubvolumen
mit reiner Luft; man hat dann hier also die gleichen Verhältnisse wie bei dem Viertaktmotor nach dem
Ansaugehub. Beim nächsten Hub wird durch das Zurückgehen des Kolbens die Luft verdichtet, und das Spiel beginnt
von neuem. Mit anderen Worten, beim Zweitakt werden gegenüber dem Vorgang beim Viertakt zwei Hübe, Ansaugen und
Auspuffen durch einen einzigen raschen Vorgang ersetzt,
nämlich durch das A u s s p ü l e n der Verbrennungsgase
in der kurzen Zeit zwischen Ende des Expansionshubes und
Anfang des Verdichtungshubes. Während dieser beiden
Hübe vollzieht sich also das ganze Arbeitsspiel.

Selbstverständlich bestehen zwischen den beiden eben
beschriebenen Verfahren vom Standpunkt der Thermo-
dynamik k e i n e r l e i Unterschiede. Sie sind dagegen in
mechanischer Hinsicht verschieden, und diesem Umstand
muß man eben beim Vergleich der beiden Verfahren Beachtung schenken.

Grundsätzlich ist das Zweitaktspiel dem Viertaktspiel
entschieden überlegen; ohne Änderung des thermischen
Wirkungsgrades hat man bei jenem während jeder Umdrehung einen Arbeitshub, damit also eine Verdoppelung der
spezifischen Leistung des Hubvolumens des Motors, d. h. mit
anderen Worten, bei gleichem Hubvolumen und bei gleicher
Umdrehungszahl hat ein Zweitaktmotor theoretisch eine doppelt
so große Leistung wie ein Viertaktmotor. Außerdem ist der
mechanische Wirkungsgrad besser, da Ansaugehub und Aus-
puffhub wegfallen, während welcher die Maschine auf Kosten
der lebendigen Kraft des Schwungrades weiterläuft. Auch
wird das Schwungrad für denselben Ungleichfömigkeitsgrad
um mehr als die Hälfte leichter, da das Zweitaktspiel an und
für sich gleichförmiger ist.

In praktischer Hinsicht ist die Frage jedoch nicht mehr so einfach und die Überlegenheit des Zweitaktes nicht so klar und augenscheinlich.

Vor allem ist bei Zweitaktmotoren ein Organ erforderlich, welches bei den Viertaktmotoren fehlt, nämlich eine Pumpe, welche die zum Ausspülen der Verbrennungsgase bestimmte Luft liefert. Um ein vollkommenes Ausspülen zu gewährleisten, muß diese Pumpe bei jeder Umdrehung eine dem Zylindervolumen gleiche oder größere Luftmenge liefern. Die Pumpe ist also ein maschineller Teil, dessen Abmessungen und Gewicht gegenüber derjenigen der ganzen Maschine von nicht geringer Bedeutung sind, außerdem verbraucht sie mechanische Arbeit für ihre Leistung und für die Reibungsarbeit ihrer beweglichen Teile. Daß die Leistung für ein gegebenes Zylindervolumen nicht genau doppelt so groß ist wie bei einem Viertaktmotor von gleichem Zylinderdurchmesser und gleicher Kolbengeschwindigkeit, liegt aber nicht nur an konstruktiven Gründen, sondern auch darin, daß manchmal wegen unvollkommener Ausspülung des Zylinders ein beträchtlicher Prozentsatz an Verbrennungsgasen zurückbleibt. Dies erklärt sich leicht daraus, daß nur eine gewisse beschränkte Menge Spülluft zur Verfügung steht und daß zum Ausspülen und Auspuffen nur eine kurze Zeit verfügbar ist, sowie aus der Unmöglichkeit, den Luftstrom so durch den Zylinder zu leiten, daß auch die entlegensten Winkel ausgespült werden.

Ein Widerstand beim Auspuffen durch eine Rohrleitung von einiger Länge mit scharfen Krümmungen von zu geringer lichter Weite vermehrt weiter noch die Unvollkommenheit der Spülung und trägt weit mehr zur Verminderung der Leistung bei als der geringe Gegendruck auf den Kolben beim Viertaktmotor während des Auspuffhubes. Bei Zweitaktmotoren sind demgemäß große Auspufftöpfe möglichst nahe am Motor und weite Rohrleitungen eine Notwendigkeit.

Zusammenfassend läßt sich aussprechen, daß die unvollkommene Spülung den Sauerstoffgehalt im Zylindervolumen und damit die Leistung der Volumeinheit vermindert. Tatsächlich entspricht also das minutliche Hubvolumen eines

Zweitaktmotors nicht der Hälfte desselben beim Viertaktmotor. Dieser Umstand und das Vorhandensein einer Niederdruckpumpe ändern die Gewichts- und Maßverhältnisse der beiden Motorarten. Außerdem vermindert das Vorhandensein der Niederdruckpumpe die Überlegenheit des mechanischen Wirkungsgrades des Zweitaktes.

Trotz alledem bietet das Zweitaktspiel noch immer ganz hervorragende Vorteile, und wenn zurzeit diese Frage überhaupt noch erörtert werden kann, so ist es nur dem Umstand zuzuschreiben, daß auf Grund der langen und reichen Erfahrungen mit Viertaktmotoren alle ihre kleinen Unannehmlichkeiten beseitigt worden sind, die sich nur in der Praxis beseitigen lassen. Zweitaktmotoren werden heutzutage überall studiert und gebaut, auch ermutigen die teilweise erzielten vorzüglichen Erfolge zur Fortsetzung dieser Versuche. Es gehört deshalb keine Prophetengabe zur Behauptung, daß dem Zweitaktmotor die Zukunft gehört.

Das Studium und die Versuche erstrecken sich gegenwärtig in der Hauptsache auf Motoren kleiner und besonders großer Leistung, viel weniger dagegen auf Motoren mittlerer Leistung, da für diese der Viertakt keine besonderen Unannehmlichkeiten bietet.

Für kleine Motoren will man hierdurch eine leichte, einfache und billige Bauart finden, was besonders im Interesse des Kleinbetriebes liegt. Bei großen Einheiten will man die größeren Schwierigkeiten, die die Konstruktion im großen immer mit sich bringt, umgehen. Diese Schwierigkeiten treten ganz besonders beim Bau der Verbrennungsmotoren auf, bei deren großen Zylinderdurchmessern das Verhalten einiger Organe gegenüber den hohen Drücken und die Kühlung der den äußerst hohen Temperaturen ausgesetzten Teile eine heikle Frage ist.

Da, wie oben erläutert, die Anwendung des Zweitaktoder des Viertaktverfahrens von keinem Einfluß auf die thermodynamischen Verhältnisse des Arbeitsspiels ist, sind selbstverständlich nach beiden Systemen Ausführungen von Verpuffungs- und Gleichdruckmotoren möglich. In der Tat gibt es auch Beispiele aller dieser Typen, wie ja über-

haupt die Rohölmotoren nach der zu einem Arbeitsspiel notwendigen Hubzahl und nach der Art der Verbrennung dabei
eingeteilt werden. Es gibt demnach:

1. Viertakt-Verpuffungsmotoren,
2. Zweitakt-Verpuffungsmotoren,
3. Viertakt-Gleichdruckmotoren (Viertakt-Dieselmotoren),
4. Zweitakt-Gleichdruckmotoren (Zweitakt-Dieselmotoren).

Weiter gibt es auch Motoren mit gemischtem
Arbeitsverfahren, bei denen die Verbrennung
zum Teil bei konstantem Volumen und zum Teil bei
konstantem Druck erfolgt, auch hier kann es natürlich Zweitakt-
und Viertaktmotoren geben (Sabathémotoren).

Die oben unter 1. und 2. genannten Motoren finden ihre
Anwendung für Motoren kleiner Leistung (2 bis 50 PS), deren
Anschaffungs- und Betriebskosten sich in mäßigen Grenzen
halten. Am meisten verbreitet sind für gewerbliche Zwecke
Motoren mit Leistungen bis zu 15 PS.

Die unter 3. genannten Motoren sind in bemerkenswert
großer Anzahl zur Verwendung gekommen. Hier ist namentlich
die große Zahl der Ausführungen von langsam und schnell
laufenden Dieselmotoren für Gewerbe- und Schiffsbetrieb in
Leistungen von 5 bis zu 800 PS zu erwähnen. Weniger in
Betracht kommt ihre Anwendung für Leistungen unter 20 PS,
der hohen Anschaffungskosten wegen, die durch den wirtschaftlichen Betrieb nicht wettgemacht werden.

Unter 4. gehören die Zweitakt-Dieselmotoren, die neueste
und eleganteste Lösung im Bau von Rohölmotoren. Es sind
dies Ausführungen für Leistungen von 600 bis 4000 PS, da
für solche Leistungen sich bei einfachwirkenden Viertakt-Dieselmotoren der großen Abmessungen wegen Schwierigkeiten
ergeben würden. Nach dem gleichen Prinzip werden auch
Schiffsmotoren von kleinerer Leistung gebaut, weil das Zweitaktverfahren den Vorteil leichterer Bauart, einfacherer Um-
steuerung und größerer Veränderlichkeit der Umdrehungszahl bietet.

Mit der zunehmenden Einführung der unter 3. und 4. genannten Dieselmotoren in die Industrie hat sich das Bedürfnis nach Maschinen größerer Leistung immer mehr geltend gemacht. Aus diesem Grunde ist man in der letzten Zeit den gleichen 'Weg gegangen, wie seinerzeit bei der Entwicklung der Gasmaschine, indem man von der einfachwirkenden Maschine zur doppeltwirkenden überging. Man hat hierdurch die Möglichkeit gewonnen, Maschinen großer Leistung mit kleiner Zylinderzahl und geringem Platzbedarf herzustellen.

Die auf den im vorigen erläuterten Grundsätzen aufgebauten Ausführungen sollen nachstehend geschildert werden.

Viertakt-Verpuffungsmotoren. In einem an einem Ende geschlossenen, am anderen Ende offenen Zylinder bewegt sich der Kolben (Fig. 1).

Während des ersten Hubes nach unten saugt der Kolben durch das Saugventil a reine Luft in den Zylinder ein. Beim Rückwärtsgang des Kolbens ist das Ventil a und überhaupt jede Verbindung mit außen geschlossen; die Luft im Zylinder wird verdichtet. Gegen Hubende hat die Pumpe P das für eine Verbrennung nötige Öl in die gußeiserne Haube C[1] gespritzt. Die Haube C ist sehr heiß, meist bis zur dunkeln Kirschrotglut erhitzt. Kommt nun der Kolben in den Totpunkt, so verbrennt der Brennstoff sofort unter Erhöhung der Temperatur und des Druckes im Zylinder. Beim nunmehrigen Abwärtsgehen des Kolbens dehnen sich die Verbrennungsgase unter Arbeitsverrichtung aus. Beim vierten Hub treibt der Kolben die Verbrennungsgase durch das Ventil e ins Freie, und das Spiel beginnt von neuem. Das Ventil a kann selbsttätig sein. Denn wenn der durch das Abwärtsgehen des Kolbens entstehende Unterdruck groß genug ist, öffnet sich das Ventil a von selbst, da durch den Druckunterschied der Gegendruck der Feder, die das Ventil auf seinen Sitz drückt, überwunden wird.

Zur größeren Sicherheit und Genauigkeit dieser Bewegung und, wie weiterhin gezeigt wird, zur Verbesserung des

---

[1]) In der Praxis »Glühkopf« genannt.

volumetrischen Wirkungsgrades des Motors wird jedoch
des öfteren die Spindel des Ansaugeventils von einer un-
runden Scheibe (Nocken) bewegt. Auf die gleiche Art wird

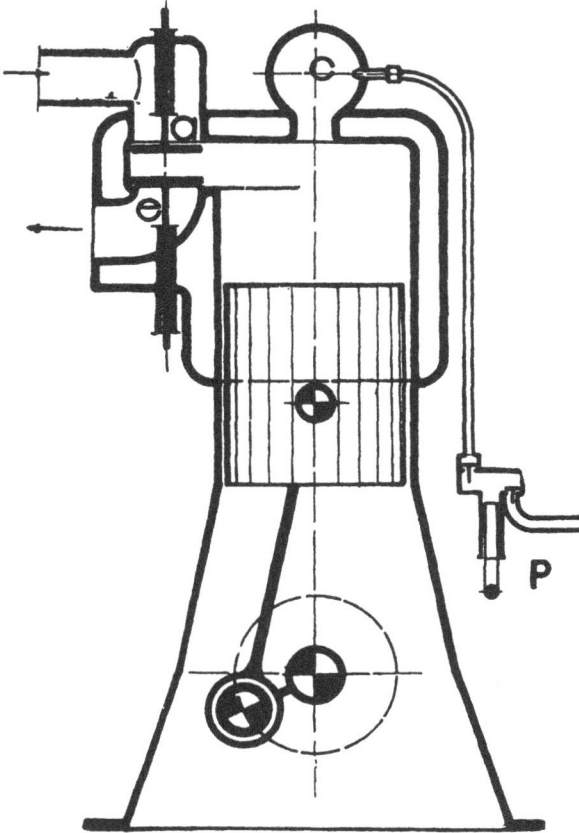

Fig. 1.

notwendigerweise stets das Auspuffventil e gesteuert. Zylinderwände und Zylinderboden werden immer durch einen
Wassermantel gekühlt, damit durch die Aufeinanderfolge
der Explosionen nicht zu hohe Temperaturen auftreten,
wodurch die Widerstandsfähigkeit der Wände in Frage ge-

setzt und das Schmieröl verbrennen würde. Im Gegensatz
hierzu fehlen diese Kühlvorrichtungen bei der Haube *C*, bei
der man gerade dadurch erreichen will, daß sie durch die Ver-
brennungswärme eine Temperatur beibehält, bei welcher das
Öl, wenn es mit der Haube in Berührung kommt, verdampft
und sich entzündet.

Vor Inbetriebsetzung muß selbstverständlich die Haube
C erwärmt werden, indem man während einiger Minuten die
Stichflamme einer Lötlampe auf sie einwirken läßt.

Während des Ansauge- oder während des Kompressionshubes wird fast immer etwas Dampf oder Wasser in den Zylinder eingeführt, um die Verdichtung und die Verpuffungs-
temperatur zu erniedrigen. Der Erfolg dieses auf Grund
praktischer Überlegung angewandten Verfahrens ist ein sehr
guter, wenn es auch theoretisch unzweckmäßig erscheint.

Viertakt-Verpuffungsmotoren werden in stehender und
liegender Ausführung gebaut. Die letzteren gleichen den
Gasmotoren und sind meist englischer Herkunft.

Versteht man unter Rohölmotoren solche Motoren, bei
welchen ein Brennstoff von einem spezifischen Gewicht über
0,9 zur Anwendung kommt, so lassen sich nur wenige Beispiele von Viertakt-Verpuffungsmotoren nennen. Sehr verbreitet sind dagegen in manchen Ländern Motoren dieser Art
für den Betrieb mit Leuchtpetroleum oder leichterem Rohöl.
Das Verbreitungsgebiet dieser Maschinen sind Länder mit besonders günstigen Zollverhältnissen oder Gegenden in der
Nähe des Fundortes des Brennstoffes. Zum Betrieb mit
Leuchtpetroleum ist dieser Typ jedoch im allgemeinen nicht
mehr vorteilhaft, da man das Petroleum in einfachen Karbu-
ratoren, wie man sie bei den Automobilen anwendet, sehr gut
vergasen kann (G. F. D., Benz, L. & W.). Bei diesen fällt die
Pumpe *P* und der Glühkopf weg; die erstere ist im allgemeinen
sehr empfindlich, und der Glühkopf hat nur geringe Lebensdauer
wegen der hohen Temperaturen, denen er ausgesetzt ist.

Bei dem am meisten verbreiteten Typ des Z w e i -
t a k t - V e r p u f f u n g s m o t o r s arbeitet der Kurbel-
trieb in einer geschlossenen Kapsel, die mit der Atmo-

sphäre nur durch ein sich nach innen öffnendes Ventil in
Verbindung steht. Die Kapsel ist mit dem Zylinder durch
eine weite Leitung verbunden, welche in diesen so mündet,
daß ihre Mündung nur dann vollkommen vom Kolben freigegeben ist, wenn dieser sich in seinem äußeren Totpunkt befindet (vgl. Fig. 2 u. 3).

Zur Auspuffleitung des Motors führt eine andere Öffnung in der Zylinderwandung. Sie befindet sich gerade der

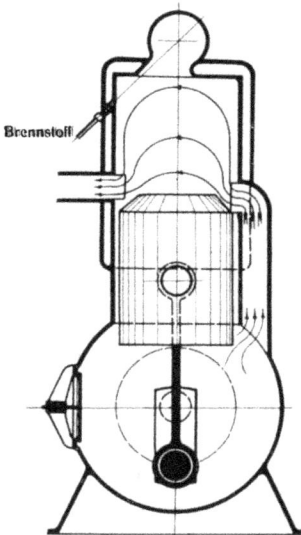 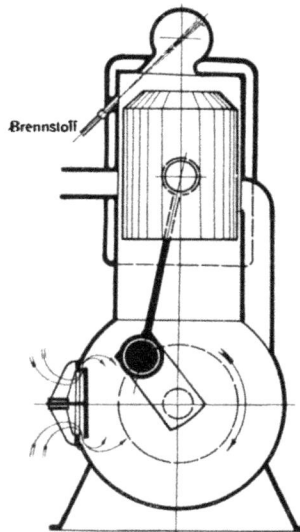

Fig. 2.   Fig. 3.

vorerwähnten gegenüber und ist so angebracht, daß sie bei
der Bewegung des Kolbens von diesem früher freigegeben und
später bedeckt wird.

Angenommen, die Explosion habe stattgefunden, so wird
sich, wie wir beim Viertaktmotor bereits erwähnt haben, der
Kolben durch die Expansion der Gase im Zylinder nach unten
bewegen und gleichzeitig die im Gehäuse eingeschlossene
Luft verdichten. Gibt der Kolben beim Abwärtsgang nun die
Auspufföffnung frei, so werden die Gase durch sie ins Freie

strömen, und die Spannung der im Zylinder verbleibenden
Gase wird sich bis auf atmosphärischen Druck vermindern,
inzwischen ist der Kolben noch weiter nach unten gegangen
und gibt die Öffnung der Verbindungsleitung zwischen Kurbelgehäuse und Zylinder frei, so daß nun die im Gehäuse verdichtete Luft in den Zylinder strömen kann. Der Kolbenboden ist so ausgebildet, daß der Luftstrom nach oben gehen
und den ganzen Zylinderraum durchstreichen muß, bis er
durch die Auspufföffnung, die frei liegt, entweichen kann.
Der Kolben treibt also die noch im Zylinder befindlichen
Verbrennungsgase vor sich her aus dem Zylinder hinaus.

Beim Rückgang schließt der Kolben zuerst die beiden
Öffnungen und komprimiert dann die Spülluft, während er
durch das selbsttätige Ventil die für die nächstfolgende Spülung
erforderliche Luft ins Gehäuse ansaugt. Auch bei diesem
Motor wird, wie bei dem Viertaktmotor, etwas Wasser in
den Zylinder eingespritzt, damit durch die Wärme, die es
zur Verdampfung und zur Zersetzung im Augenblick der
Verpuffung braucht, die Temperaturen des Arbeitsspiels
erniedrigt werden.

Bei diesem Motor erreicht die Kompression im Zylinder
10 bis 15 Atm., im Gestell 1 bis 5 m Wassersäule. Der Ex-
plosionsdruck beträgt 18 bis 25 kg/cm². Selbstverständlich
kann die Spülluft anstatt im Kurbelkasten durch ein besonderes Gebläse oder mittels eines Differentialkolbens verdichtet werden. Die Verdichtung im Gehäuse ist jedoch
sehr bequem und einfach und deshalb namentlich bei Motoren
kleinerer Leistung vorzuziehen.

Motoren dieser Art werden liegend, häufiger aber stehend
in Ein- oder Mehrzylinderanordnung gebaut. Die Erbauer
bringen beide Motoren auf den Markt, geben aber verschiedent-
lich dem einen oder dem anderen besonderen Vorzug.

Die Konstruktion und der thermische Arbeitsvorgang
der Maschine dieser Type stützt sich im allgemeinen weder
auf Berechnung noch auf theoretische Untersuchung. Äußere
Form und Abmessung dieser Motoren sind größtenteils die
Frucht mehr oder weniger gelungener Versuche, daher erklärt sich auch die Verschiedenheit in der Konstruktion,

in den Werten der Drücke und in der äußeren Form gewisser Maschinenteile, wie des Kolbenbodens und der Verbrennungskammer.

Fig. 4, Tafel I, zeigt das Schema eines V i e r t a k t - D i e s e l m o t o r s. Der einfach wirkende Kolben ist durch die Schubstange mit dem Kurbelzapfen verbunden. Die Ventile[1]) sitzen im Zylinderkopf: a_1 Saugventil, a_2 Auspuffventil, e Anlaßventil, q Brennstoffventil.

Vom Brennstoffbehälter O fließt der Brennstoff der Pumpe P zu; C ist ein zweistufiger Kompressor, welcher in die Behälter I und II die Druckluft fördert, welche zum Einblasen des Brennstoffs in den Zylinder und zum Anlassen der Maschine dient.

Beim ersten Hub des Kolbens wird durch das geschlitzte Rohr und das Ventil a_1 Luft in den Zylinder gesaugt. Beim Rückwärtsgang des Kolbens ist das Ventil a_1 sowie jede andere Verbindung ins Freie geschlossen, und die Luft im Zylinder wird bis auf 29 bis 35 Atm. verdichtet.

Bei der Verdichtung erwärmt sich die Luft auf eine so hohe Temperatur, daß, wenn beim Hubende das Nadelventil q zurückgeht und zerstäubtes Öl in den Zylinder eintreten läßt, dieses sich sofort entzündet. Die Verbrennung geht so lange vor sich, als Brennstoff in die Zylinder eingeführt wird. (Das Verhältnis der Verbrennungsdauer zu der Hubdauer hängt von dem Typ des Motors und von der Größe der Belastung ab.) Das Ventil q schließt sich sodann, und die Gase dehnen sich während des Restes dieses Hubes fortwährend aus. Der eben beschriebene Hub ist der Arbeitshub.

Beim Rückgang des Kolbens gegen den Zylinderkopf werden die Verbrennungsgase durch das geöffnete Ventil a_2 ins Freie getrieben. Das Innere des Gehäuses des Brennstoffeinblaseventils q steht immer mit dem Druck-

---

[1]) In den schematischen Figuren ist der Einfachheit halber überall die Ventilsteuerung weggelassen; im vorliegenden Fall sind alle Ventile gesteuert.

luftbehälter I in Verbindung, der unter einem Druck von
45 bis 70 Atm. steht. Die Pumpe P, welche den Brennstoff aus dem Behälter O ansaugt, muß deshalb gegen
diesen Druck fördern. Es ist nicht nötig, daß die Pumpe P
Brennstoff zu einem gegebenen Zeitpunkt in den Zerstäuber fördert, es genügt, wenn sie dorthin den für eine
Verbrennung benötigten Vorrat bringt. Von einem Nocken
gesteuert, hebt sich das Ventil q im richtigen Augenblick
und läßt dann den Brennstoff unter dem im Zerstäuber herrschenden Druck in den Zylinder eintreten. Der Druck im
Zerstäuber ist wesentlich höher als der Druck im Zylinder
gegen Ende der Kompression. Die Einrichtung hierzu ist derartig angeordnet, daß während der ganzen Eintrittsdauer
des Brennstoffs der Druck im Zylinder sich auf gleicher
Höhe hält, trotzdem durch die Kolbenbewegung das Gas-
volumen zunimmt.

Wie schon erwähnt, ist der Kompressor C, welcher die
Einblaseluft verdichtet, zweistufig (manchmal auch dreistufig)
(ND ist der Niederdruckzylinder, HD der Hochdruckzylin-
der, K_1 und K_2 sind Zwischenkühler zwecks Erniedrigung
der Lufttemperatur zwischen den beiden Zylindern und
vor Eintritt in die Behälter). Der Kompressor wird meistens vom Motor direkt angetrieben, entweder durch einen
Schwinghebel (wie in Fig. 4) oder durch eine Kurbel. Seine
Fördermenge ist größer, als zur Zerstäubung des Brennstoffes
nötig ist. Die mehr geförderte Luft sammelt sich in den
Anlaßgefäßen. Gewöhnlich gibt es drei Behälter, einer wie
I und zwei wie II, die beiden letzteren größer als der erste.
Aus dem Kompressor tritt die Luft in den Behälter I, von
da führt eine Leitung zum Zerstäuber und eine andere,
die die Behälter I und II miteinander verbindet. Ist der
Druck in I größer, als für den Zerstäuber nötig, so kann
man den Luftüberschuß in die Behälter II überleiten. Sind
auch diese angefüllt, so läßt man den Kompressor nur
noch die zum Einblasen des Brennstoffs benötigte Luftmenge fördern.

An die Behälter II ist die Luftleitung, welche zum Anlaßventil führt, angeschlossen.

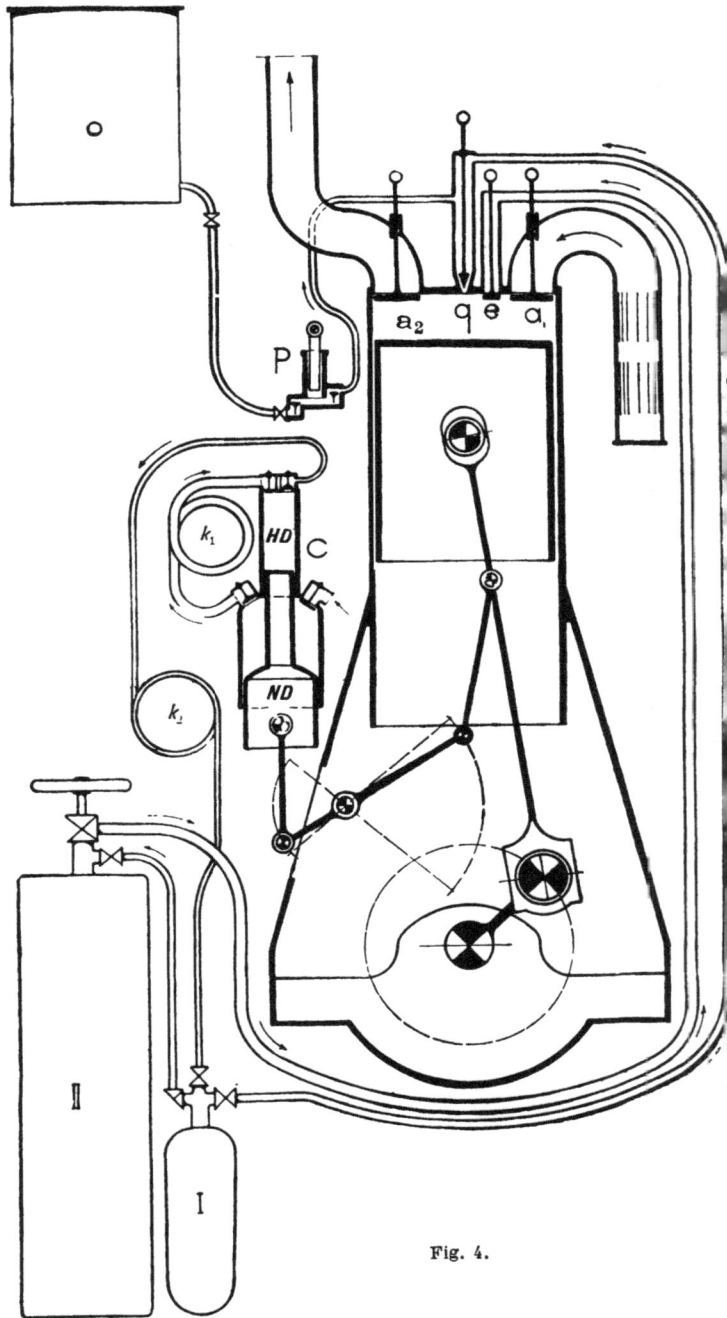

Fig. 4.

Supino-Zeman, Dieselmotoren.

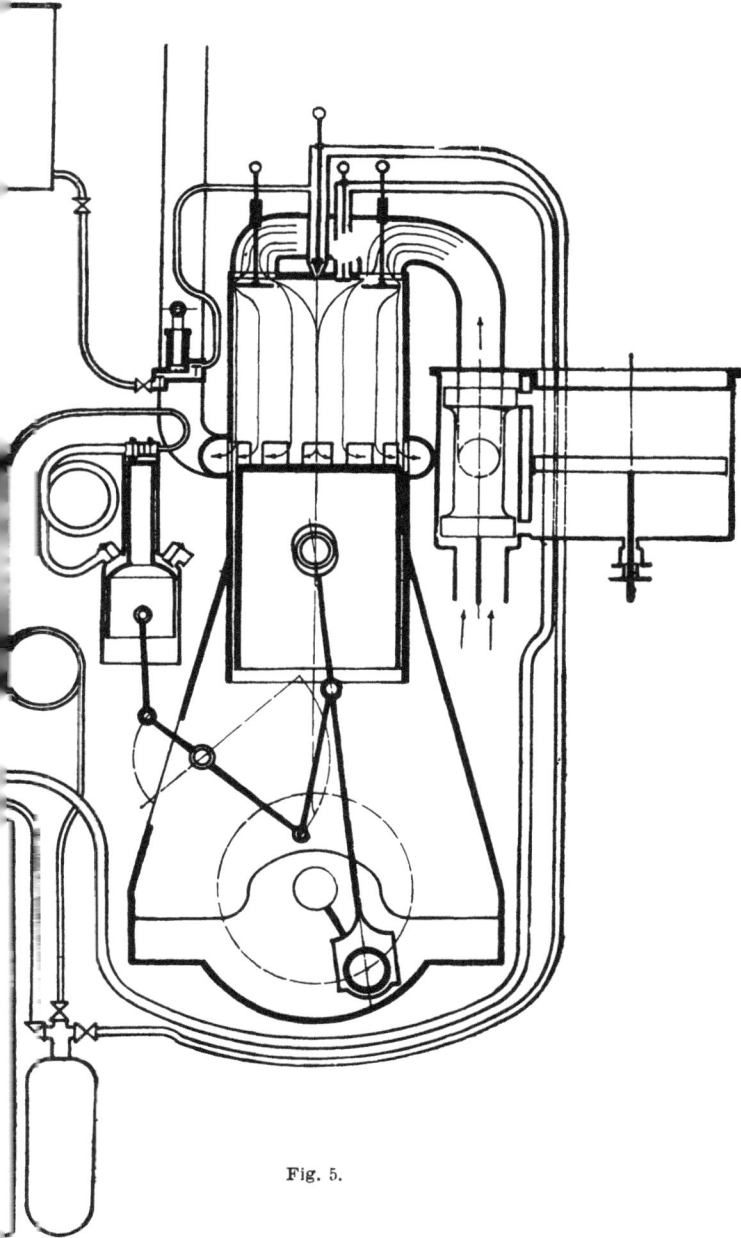

Fig. 5.

Fig. 5, Tafel I, zeigt schematisch einen Z w e i t a k t -
D i e s e l m o t o r.

Viele der beim Viertaktmotor beschriebenen Maschinenteile finden sich hier wieder: Brennstoffbehälter, Brennstoffpumpe, Zerstäuber, der Kompressor mit den Kühlern, die
Druckluftbehälter, das Anlaßventil usw.

Am Zylinder jedoch finden sich am Ende des Kolbenhubes die
für die Zweitaktmotoren charakteristischen Auslaßschlitze angeordnet.

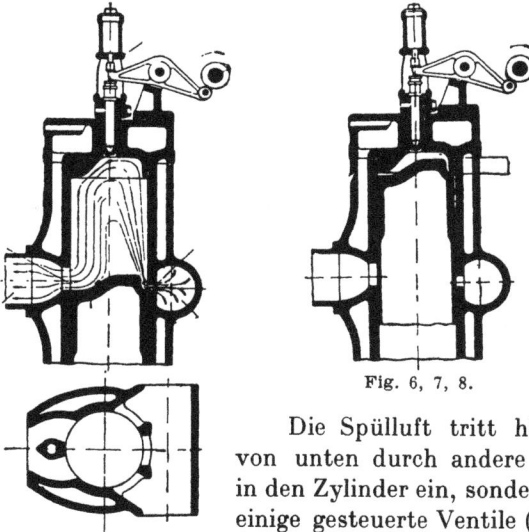

Fig. 6, 7, 8.

Die Spülluft tritt hier nicht
von unten durch andere Schlitze
in den Zylinder ein, sondern durch
einige gesteuerte Ventile (gewöhnlich zwei oder vier), die symmet-
risch im Zylinderkopf an Stelle der Ansauge- und Auspuffventile angeordnet sind.

Nachdem der Kolben die Auspuffschlitze freigelegt hat
und der Druck im Zylinder beinahe bis auf atmoshpärischen
Druck heruntergegangen ist, öffnen sich die Spülventile, und
zwar alle gleichzeitig und lassen eine Luftsäule in den Zylinder
eintreten, welche die Verbrennungsgase hinausschiebt.

Das Ausspülen kann auch, wie schon bei den Verpuffungsmotoren erwähnt, ohne Ventile erfolgen. Während bis vor kurzem
die Zuführung der Spülluft durch Schlitze nur bei Motoren von
nicht zu großer Leistung Anwendung fand (Fig. 6, 7, 8 Schiffs-

motor Polar), hat man in der allerletzten Zeit auch Zylinder
größerer Leistung mit Spülschlitzen gebaut (Sulzer, G. W.). Längere Betriebserfahrungen liegen jedoch zurzeit noch nicht vor.
    Bei den Zweitakt-Dieselmotoren großer Leistung ist
die Spülpumpe gewöhnlich ein vollständiges doppeltwirken-
des Gebläse (Fig. 5). Auch Mehrzylindermotoren haben nur
eine Spülpumpe, die von einer besonderen Kurbel der Motorwelle angetrieben wird. Gewöhnlich hat die Pumpe Schieber-
steuerung, manchmal auch selbsttätige Ventilsteuerung. Auch
hier läßt sich dieses besondere Gebläse vermeiden, indem man
für jeden Arbeitszylinder einen Stufenkolben vorsieht und den
Teil mit dem größeren Durchmesser als Spülpumpe arbeiten

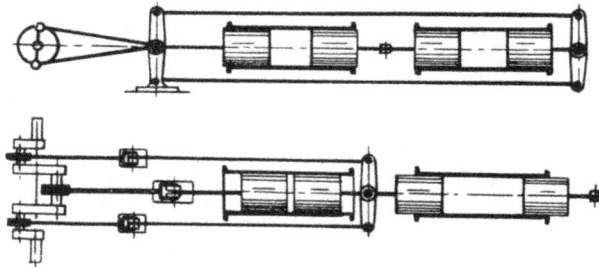

Fig. 9.

läßt (M. A. N., Kind). Das Kurbelgehäuse findet hier jedoch keine Verwendung mehr als Pumpenraum, da bei den
Motoren von einiger Bedeutung die Einfachheit des Systems
weniger ins Gewicht fällt als der Umstand, daß man mit einer
Pumpe bei jeder Umdrehung eine Luftmenge erhält, die größer
ist als der Zylinderinhalt. Selbstverständlich ist es auch, daß
die absolute Unzugänglichkeit des Kurbeltriebes während des
Betriebes bei großen Motoren nicht geduldet werden kann.
    Bei Zweitakt-Dieselmotoren geht die Verdichtung ge-
wöhnlich auf 32 bis 36 Atm. Die Spannung der Spülluft ist
0,20 bis 0,25 kg/cm^2, bei gewissen Ausführungen auch $\frac{1}{2}$ Atm.
Überdruck. Der Druck der Einblaseluft für den Brenn-
stoff bewegt sich innerhalb der für den Viertaktmotor üblichen Grenzen.

Fig. 9 zeigt schematisch eine Junkersmaschine in Tandembauart. Diese Maschine arbeitet bei der vorliegenden Anordnung im Zweitakt und doppeltwirkend, so daß jeder Hub ein Arbeitshub ist. Geht das Kolbenpaar in dem einen Zylinder beiderseits nach außen und verrichtet damit einen Arbeitshub, so geht das Kolbenpaar des anderen Zylinders beiderseits nach innen und führt einen Verdichtungshub aus und umgekehrt.

Der inneren Totpunktlage des einen Kolbenpaares entspricht die äußere Totpunktlage des anderen Kolbenpaares.

Die vorher schon genannten charakteristischen Maschinenteile des Dieselmotors für die Zuführung des Brennstoffs und der Druckluft finden sich ebenfalls bei dieser Maschine, weiter befinden sich hier wie beim Zweitakt-Dieselmotor auch eine bzw. zwei Spülpumpen angeordnet.

In jedem Zylinder legt ein Kolben beim Vorwärtsgang einen Kanalkranz frei, durch welchen die Verbrennungsgase auspuffen, bis der Druck im Zylinder Ausgleich mit der Atmosphäre findet; sodann legt der zweite Kolben einen Kanalkranz frei, durch welchen die von den Spülpumpen erzeugte niedrig gespannte Spülluft in den Zylinder eintritt und den Rest der Verbrennungsgase vor sich hertreibend denselben ausspült.

Bei diesem Spülprozeß erfolgt also die Steuerung des Gasaustrittes sowie des Spülluftzutrittes ausschließlich durch die Arbeitskolben.

Fig. 10 bis 13 zeigen die einzelnen Kolbenstellungen während einer Umdrehung in einem Zylinder.

Nachdem die beiden Kolben nach innen zurückgegangen sind (Fig. 10), ist der zwischen ihnen befindliche Raum mit hoch verdichteter und hoch erhitzter Luft gefüllt, so daß der eingeführte fein verteilte Brennstoff sich selbst entzündet und annähernd unter gleichem Druck verbrennt. Dann entspannen sich die verbrannten Gase allmählich bis auf gewöhnlich zwei Atmosphären, bis der vordere Kolben einen Schlitzkranz freizulegen beginnt (Fig. 11), durch welchen die Abgase ins Freie entweichen (Auspuff). Inzwischen ist der Druck im Zylinderinnern annähernd zum Ausgleich mit der Atmosphäre gekommen, und da nun der hintere Kolben einen anderen Schlitzkranz öffnet (Fig. 12) und frische, niedrig gespannte

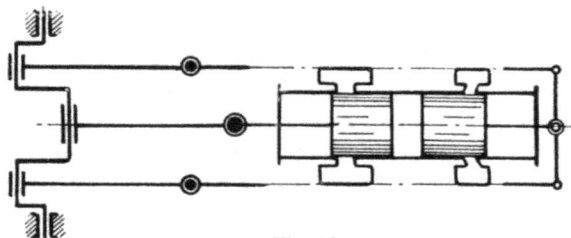

Fig. 10.

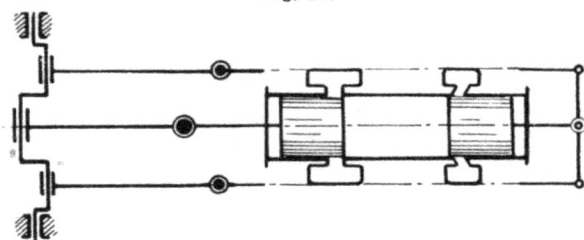

Fig. 11.

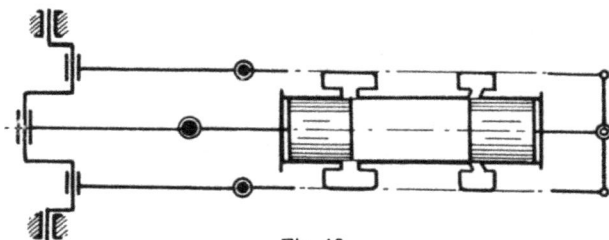

Fig. 12.

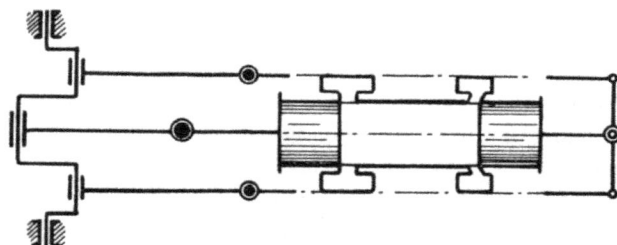

Fig. 13.

Luft in den Zylinder eintreten läßt, werden die noch im Zylinder befindlichen Abgasreste durch die Auspuffkanäle aus dem Zylinder ausgetrieben (Ausspülung) (Fig. 13).

Nach Erreichen der äußeren Totpunktlage ist der Zylinder mit frischer Luft gefüllt worden und wird durch die beiden zurückgehenden Kolben gegen außen abgeschlossen. Bei weiterem Zurückgehen der beiden Kolben nach innen wird die eingeschlossene Luft verdichtet, und das Arbeitsspiel kann von neuem beginnen.

Die Eigenschaften dieser Junkersmaschinen sind die gleichen, die schon von der Doppelkolbengasmaschine von Oechelhaeuser und Junkers her bekannt sind:

1. Fortfall aller Steuerungsorgane für den Auspuff und für den Einlaß der Spülluft,

2. günstiger Massenausgleich durch die angegebene Kurbelanordnung und demnach weitgehende Entlastung der Grundlager, außerdem vollständige Entlastung des Gestells durch Anwendung der gegenläufigen Kolben,

3. Bildung eines vorteilhaften Verbrennungsraumes durch die Böden der zwei entgegenlaufenden Kolben und demnach ein guter wärmetechnischer Wirkungsgrad,

4. durch Fortfall des Zylinderdeckels und der Spülventile vereinfacht sich die Kühlung der durch hohe Temperaturen beanspruchten Maschinenteile.

Dagegen ist zu beachten, daß die Kurbelwellen infolge der vielen Kurbeln komplizierter und damit auch teurer werden als bei einfach oder doppelt wirkenden Maschinen gleicher Zylinderzahl.

Die Gleichdruck- oder Dieselmotoren wurden bis in die letzten Jahre ausschließlich stehend gebaut. Gleichzeitig mit der auch im Dampfmaschinenbau aufgetretenen Neigung, wieder vom stehenden zum liegenden Typ zurückzugehen, kam in den letzten Jahren der liegende Dieselmotor auf den Markt, und namentlich von deutschen Firmen sind zurzeit viele Anlagen mit liegenden Motoren in Betrieb gekommen.

Die liegende Bauart besitzt gegenüber der stehenden einige Vorteile, welche das Bestreben, eine der stehenden gleichwertige liegende Maschine herzustellen, genügend rechtfertigen. Diese Vorteile sind das leichtere und billiger zu bauende Gestell, die größere Zugänglichkeit vieler beweglicher Teile, die einfachere und schnellere Bedienung, welche vom Maschinenhausboden erfolgen kann, ohne daß man,

Fig. 14. Liegender Zweizylinder Viertaktmotor 250 PSe (Körting).

wie bei stehenden Motoren, eine Plattform besteigen muß. Auch die Montage einzelner Teile ist bei liegenden Motoren wesentlich einfacher, so kann man z. B. den Kolben eines liegenden Motors herausnehmen, indem man nur den Schubstangenkopf von der Kurbelwelle löst und ihn nach vorn herauszieht, wohingegen man bei einem stehenden Motor, um den Kolben oben herausziehen zu können, zuerst den Zylinderkopf mit den Steuerhebeln, den Luft-, Auspuff-, Brennstoff- und Kühlwasserleitungen abzunehmen hat.

Die Schwierigkeiten, welche der Bau liegender Dieselmotoren bot, betrafen hauptsächlich die Ausführung des

Verbrennungsraumes und Anordnung der Einlaß- und Auslaßventile, sowie die Bauart des Zerstäubers. Diese Schwierigkeiten dürfen aber nunmehr als gelöst betrachtet werden,

Fig. 15. Liegender Zweizylinder Zweitaktmotor 500 PSe (M. A. N.).

da Ausführungen vorliegen, welche hinsichtlich Brennstoffverbrauch und Betrieb gleich günstige Ergebnisse erzielen
wie stehende Motoren, so daß für die Wahl liegender oder stehender Maschinen lediglich Fragen des Geschmacks mit

Rücksicht auf vorhandene Maschinen, sowie die Platzver-
hältnisse, wie Grundfläche und Höhe, in Betracht kommen.

Fig. 16. Stehender Vierzylinder Zweitaktmotor 1000 PSe (Sulzer).

Zur Erhaltung größerer Leistungen werden bei liegender
und stehender Ausführung einfachwirkende Zylinder- zu

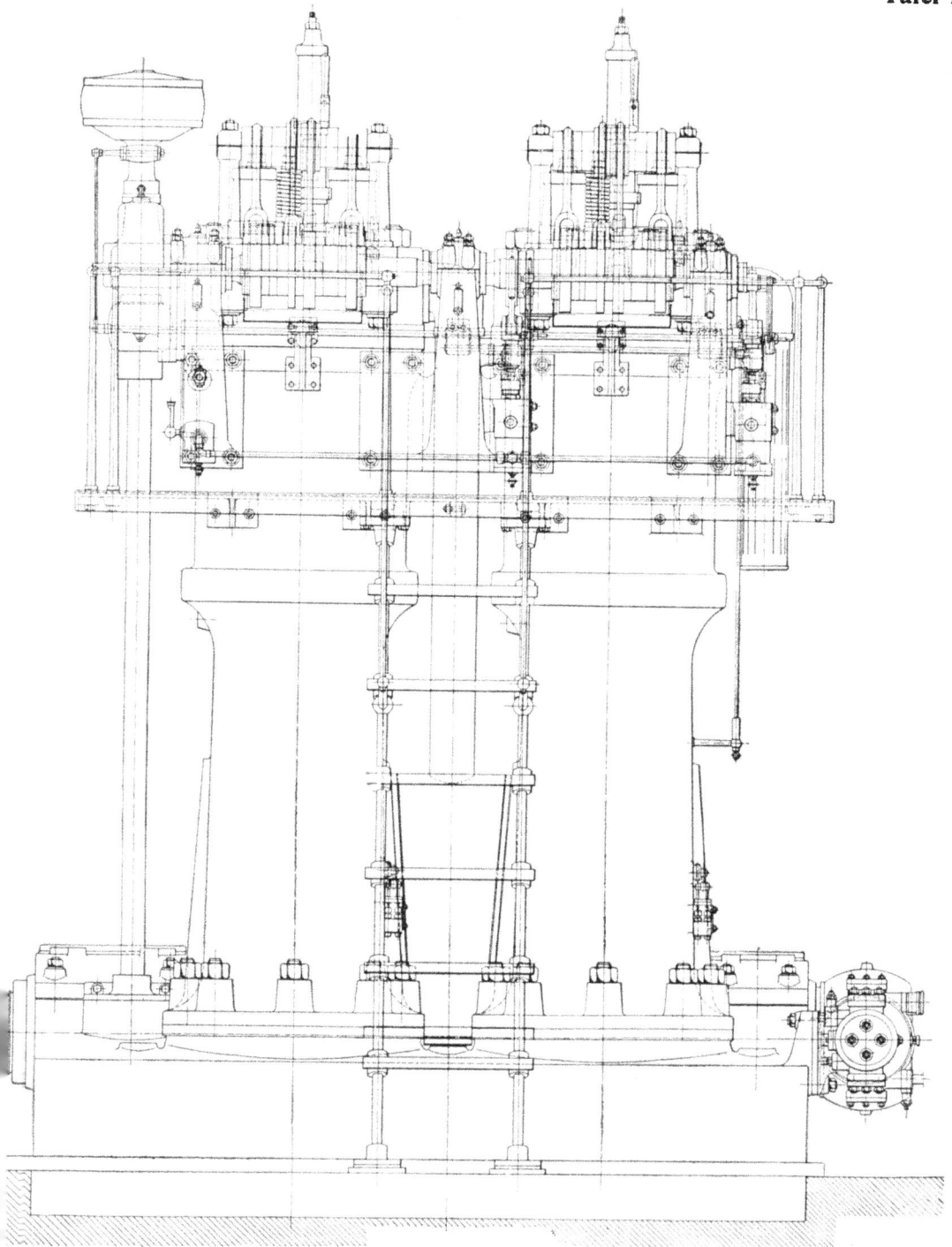

Fig. 17. Zweizylinder-Viertaktmotor (L. & W.) 200 ÷ 240 PSe.

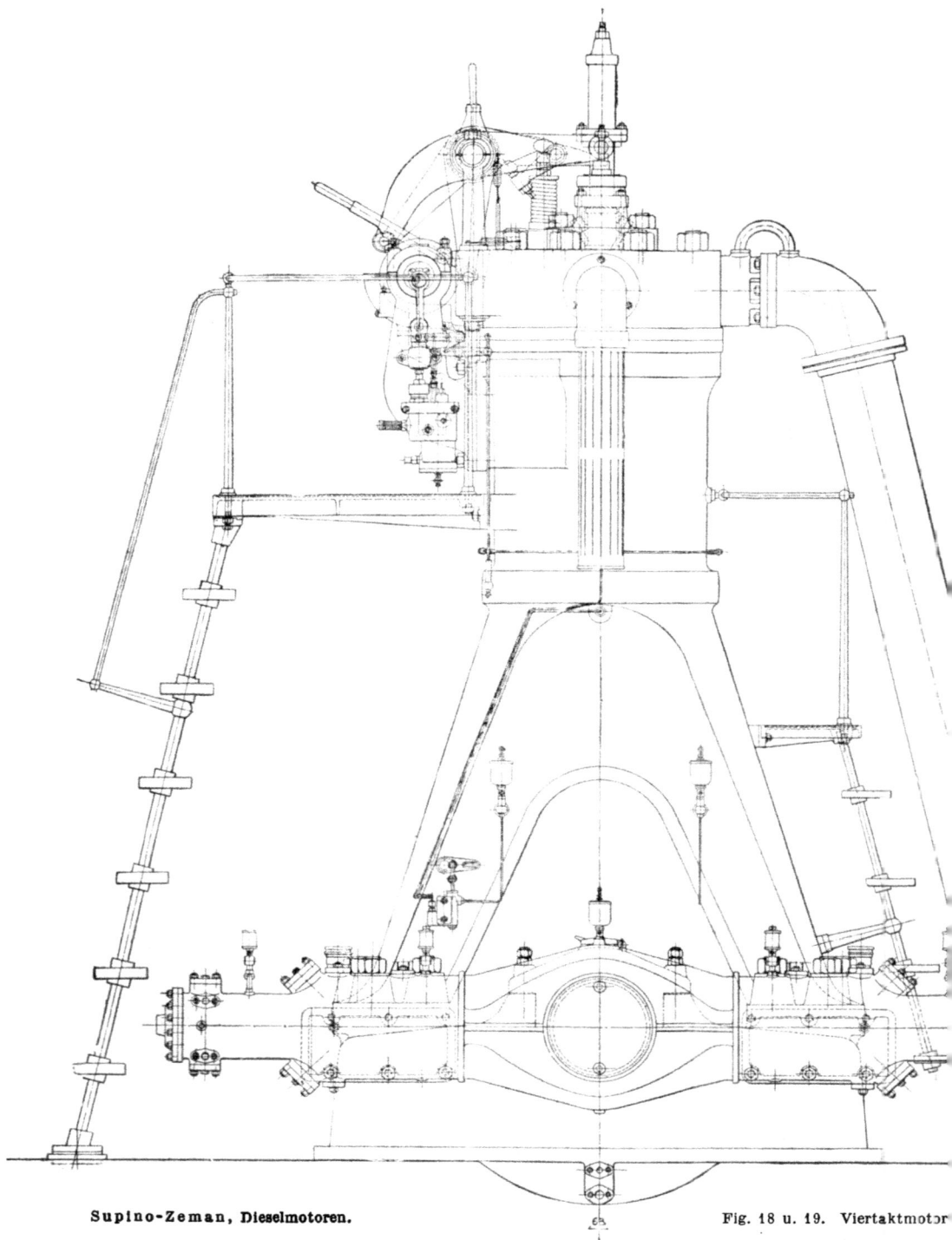

Supino-Zeman, Dieselmotoren.   Fig. 18 u. 19. Viertaktmotor

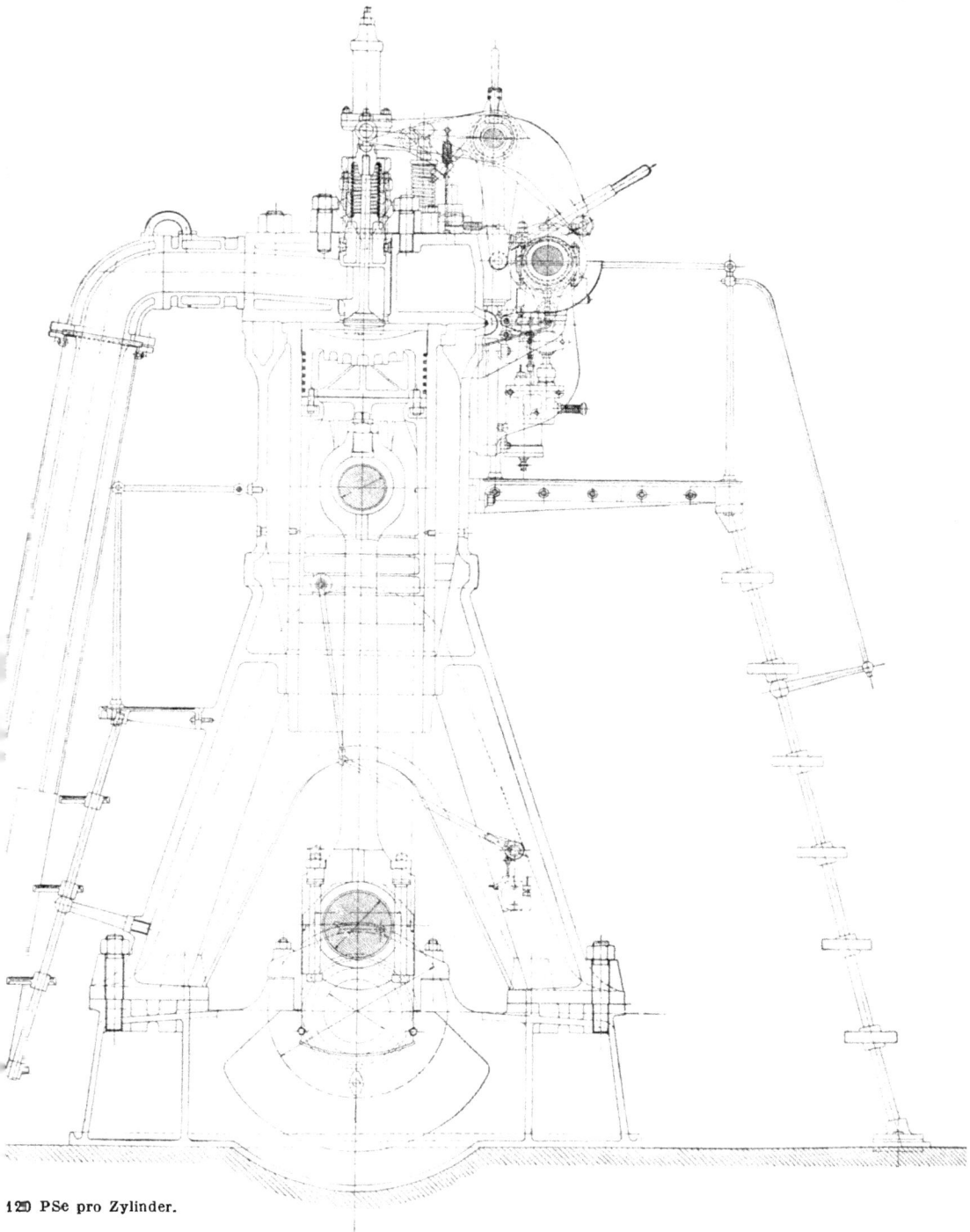

120 PSe pro Zylinder.

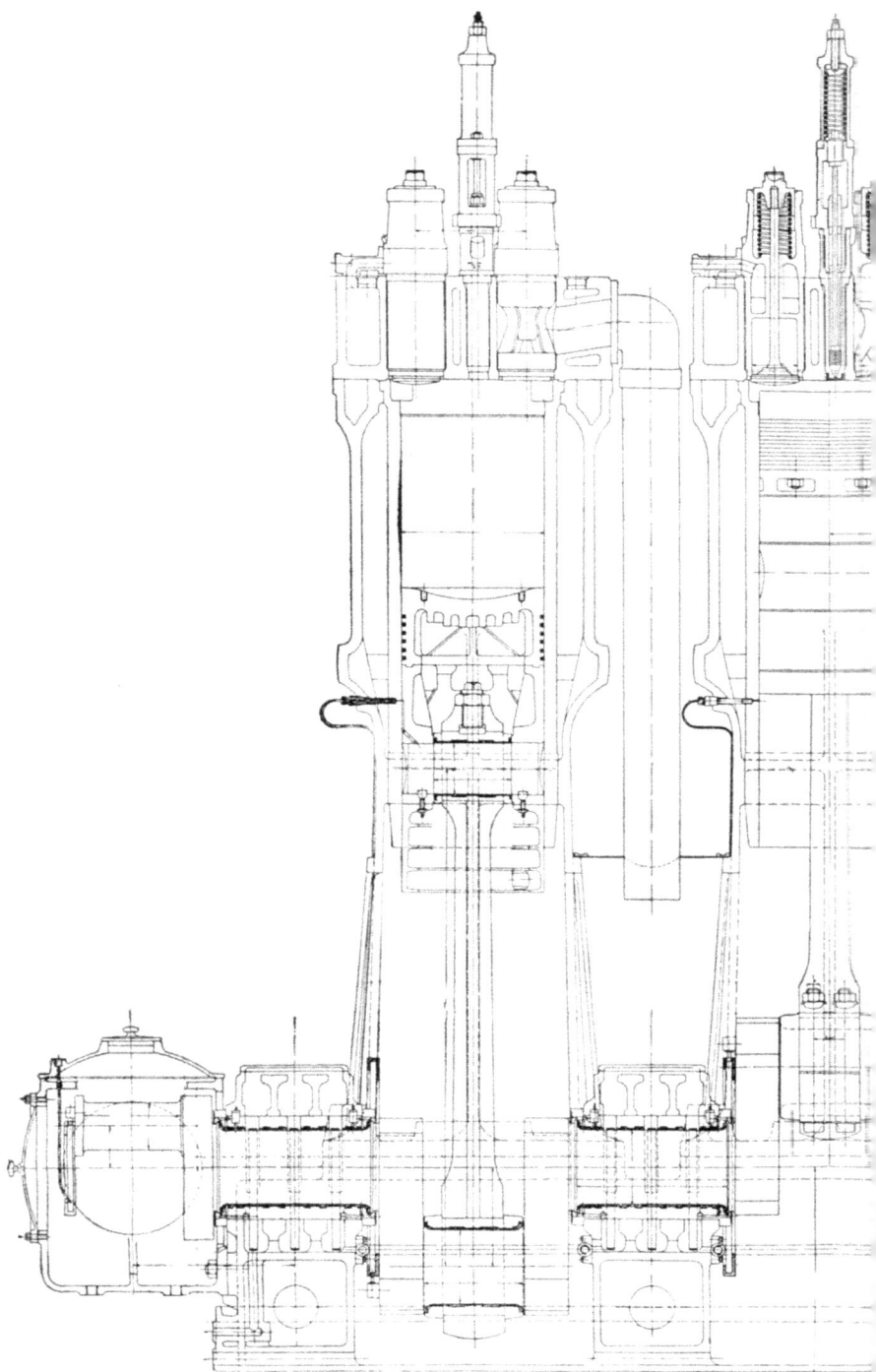

Fig. 20. Vierzylinder-V

Supino-Zeman. Dieselmotoren.

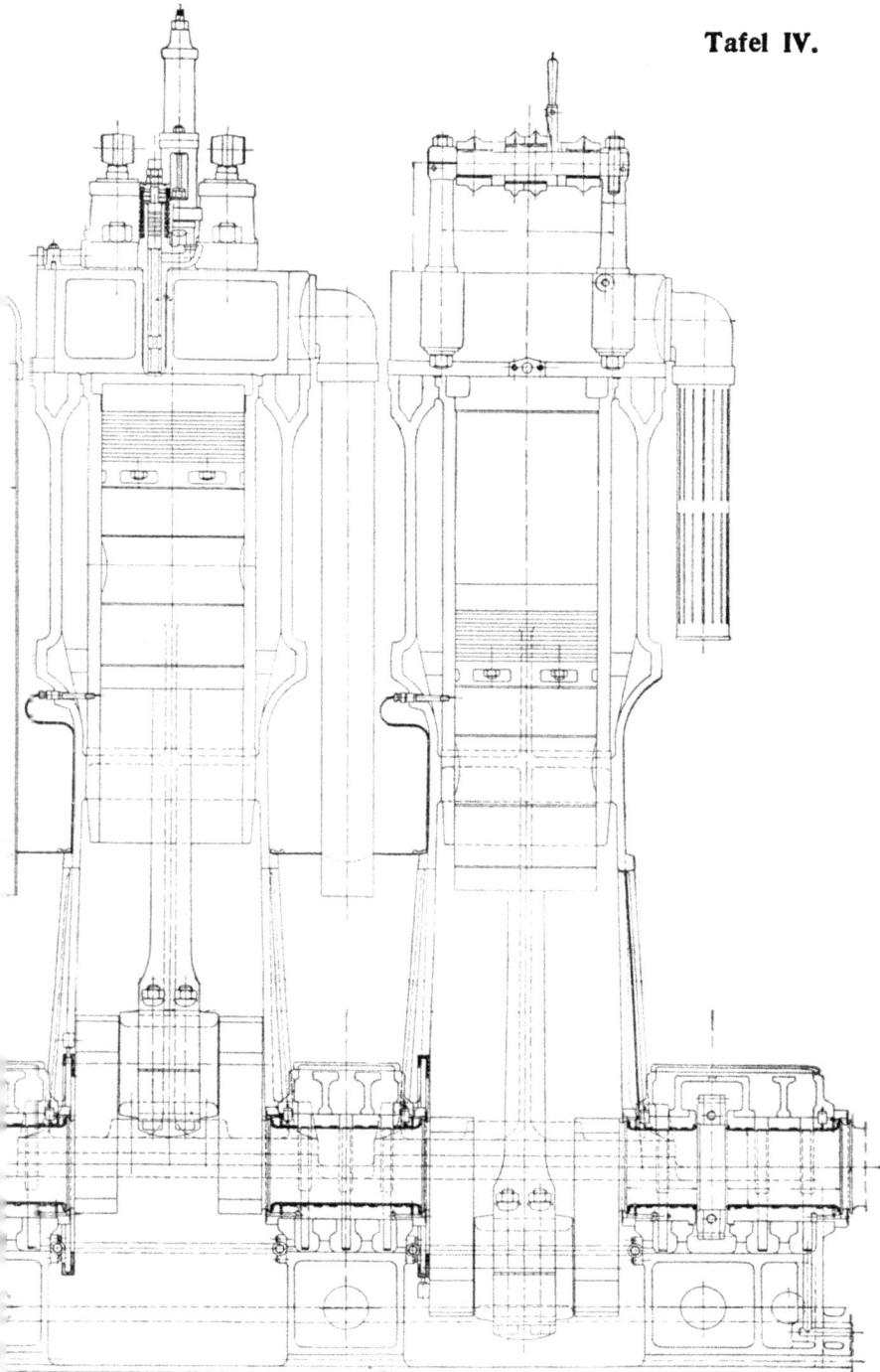

Tafel IV.

± W.) 400 ÷ 480 PSe.

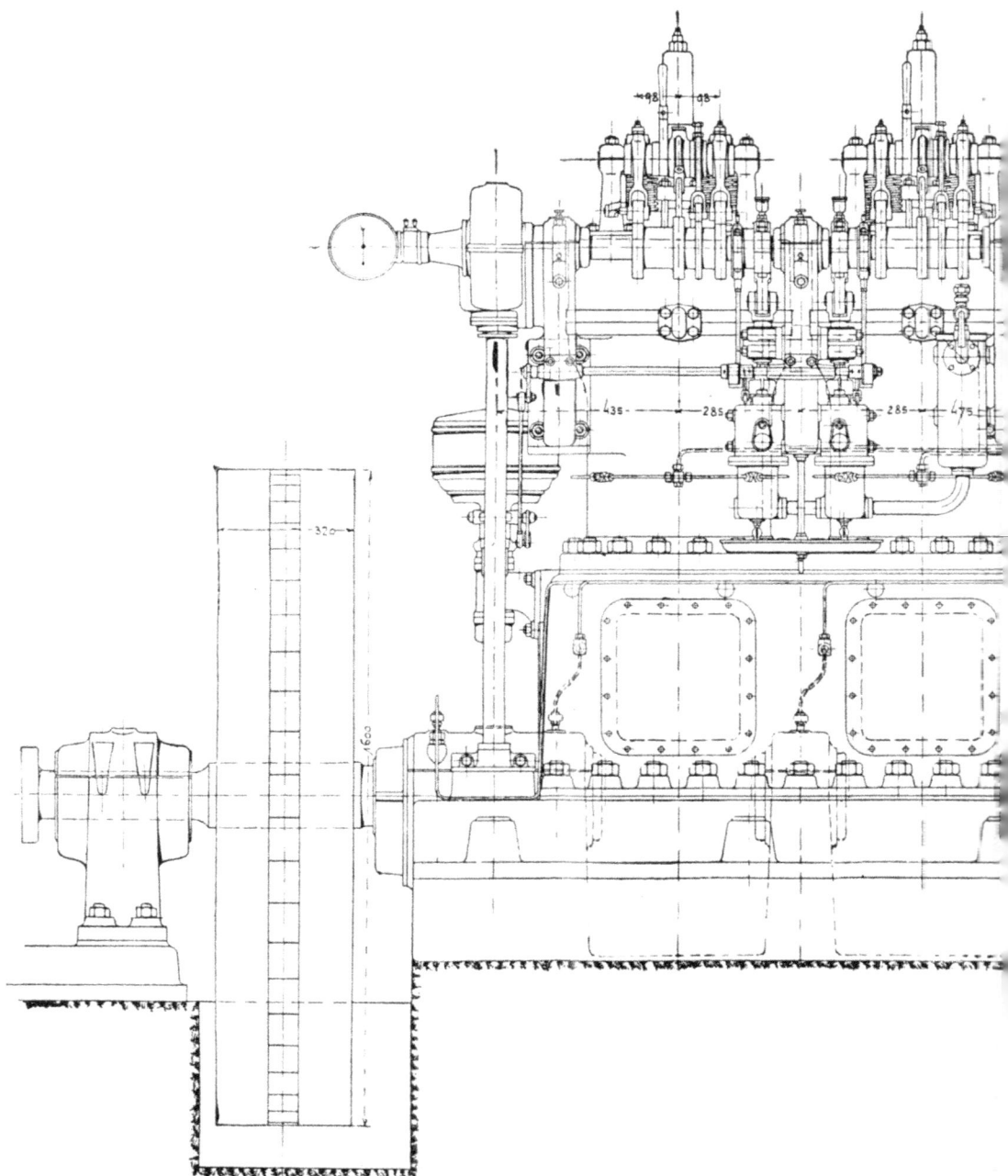

Supino-Zeman, Dieselmotoren.

Fig. 21 u. 22. Schnelläufer-

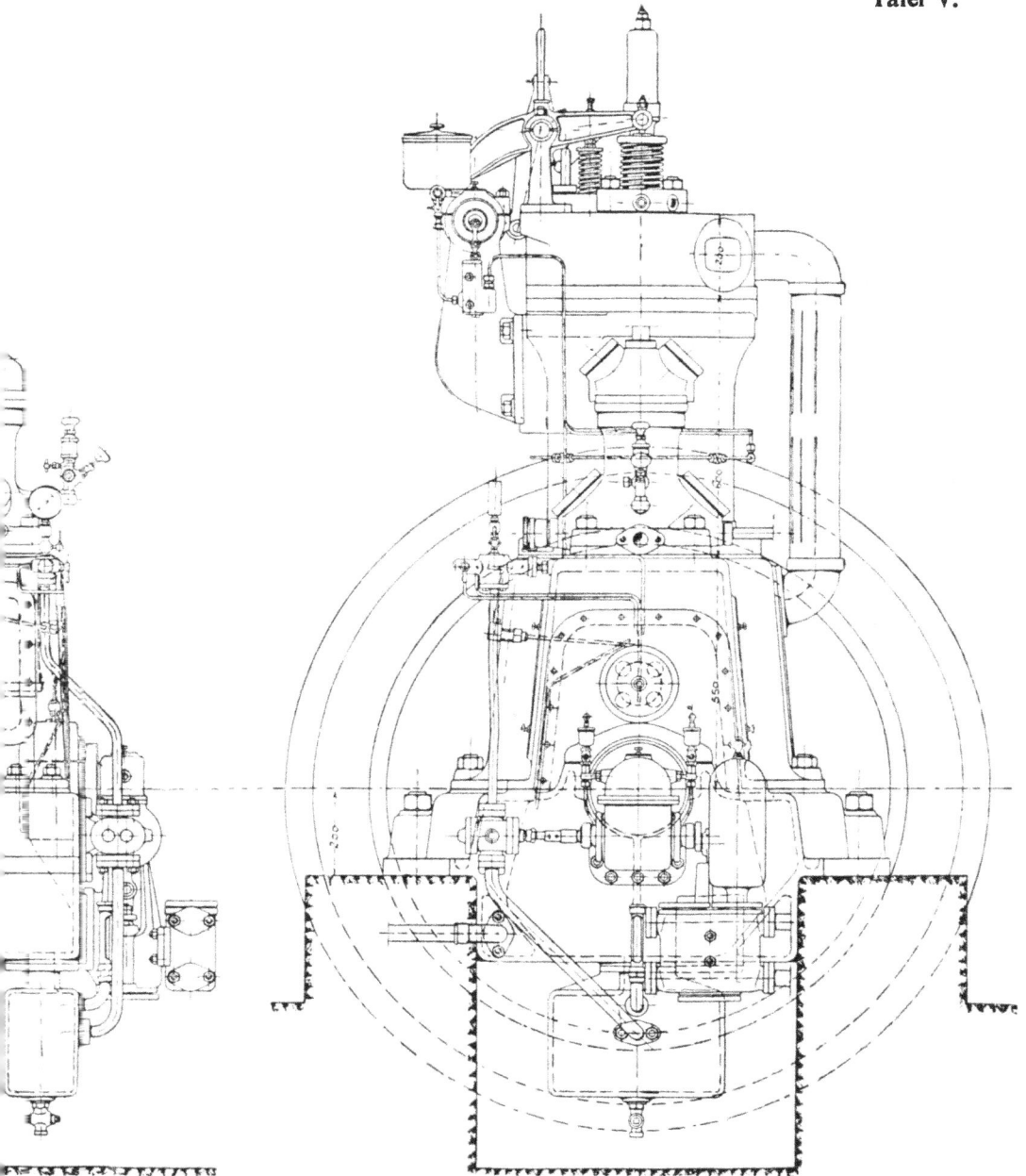

W 80 ÷ 96 PSe, n = 375.

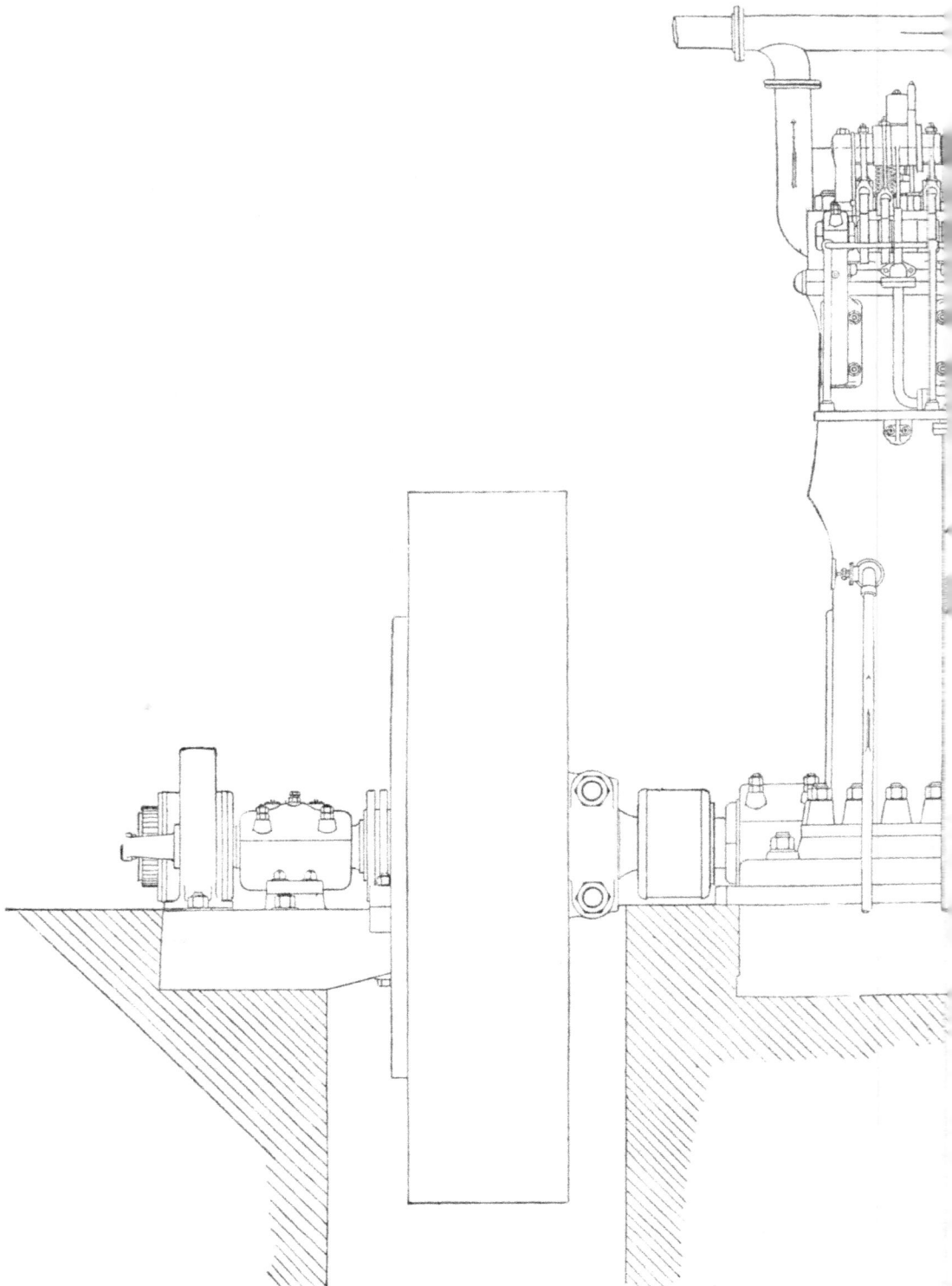

Supino-Zeman, **Dieselmotoren.**

Fig. 23. Vierzylinder-Vie

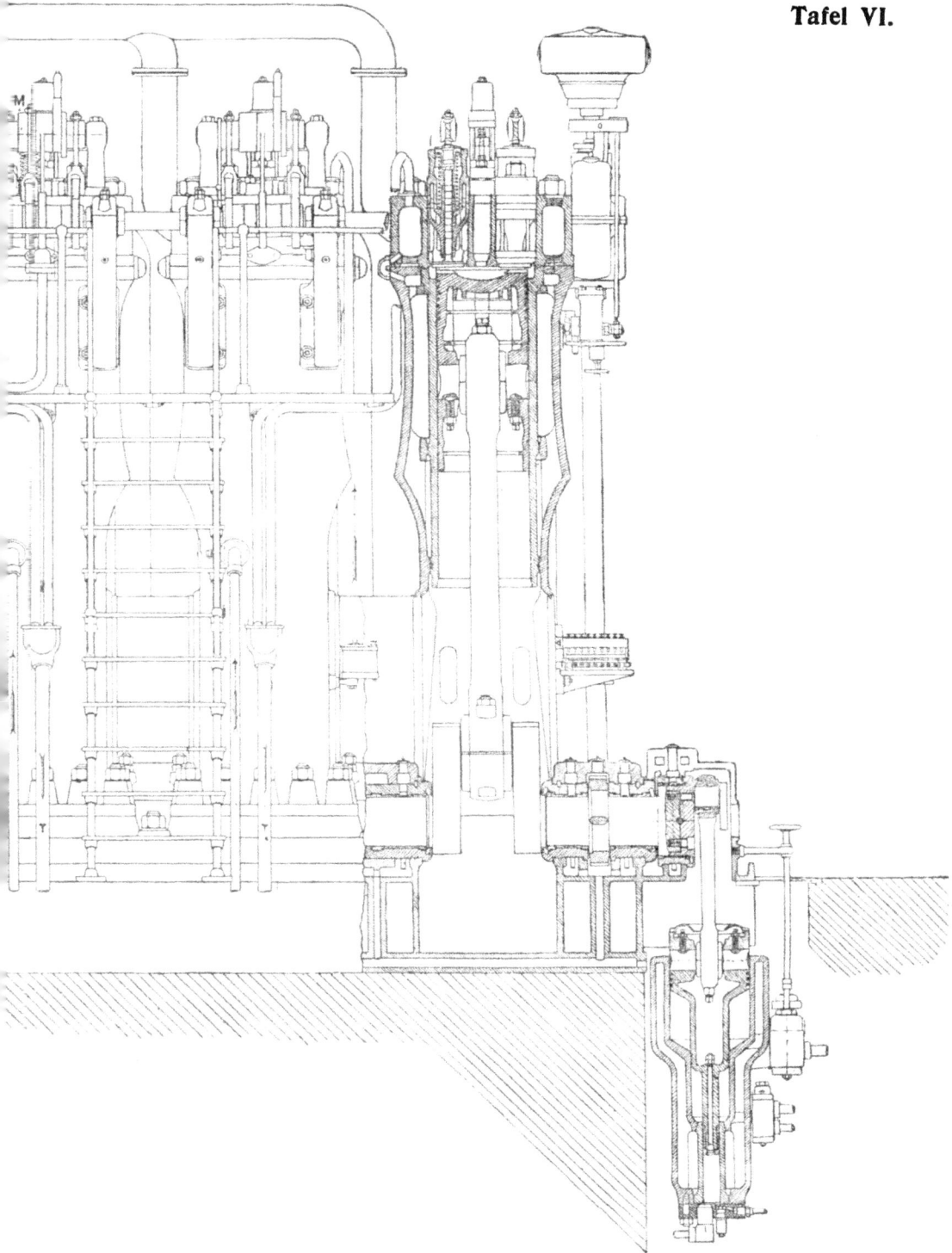

reistufigem Kompressor 400 ÷ 480 PSe (Tosi).

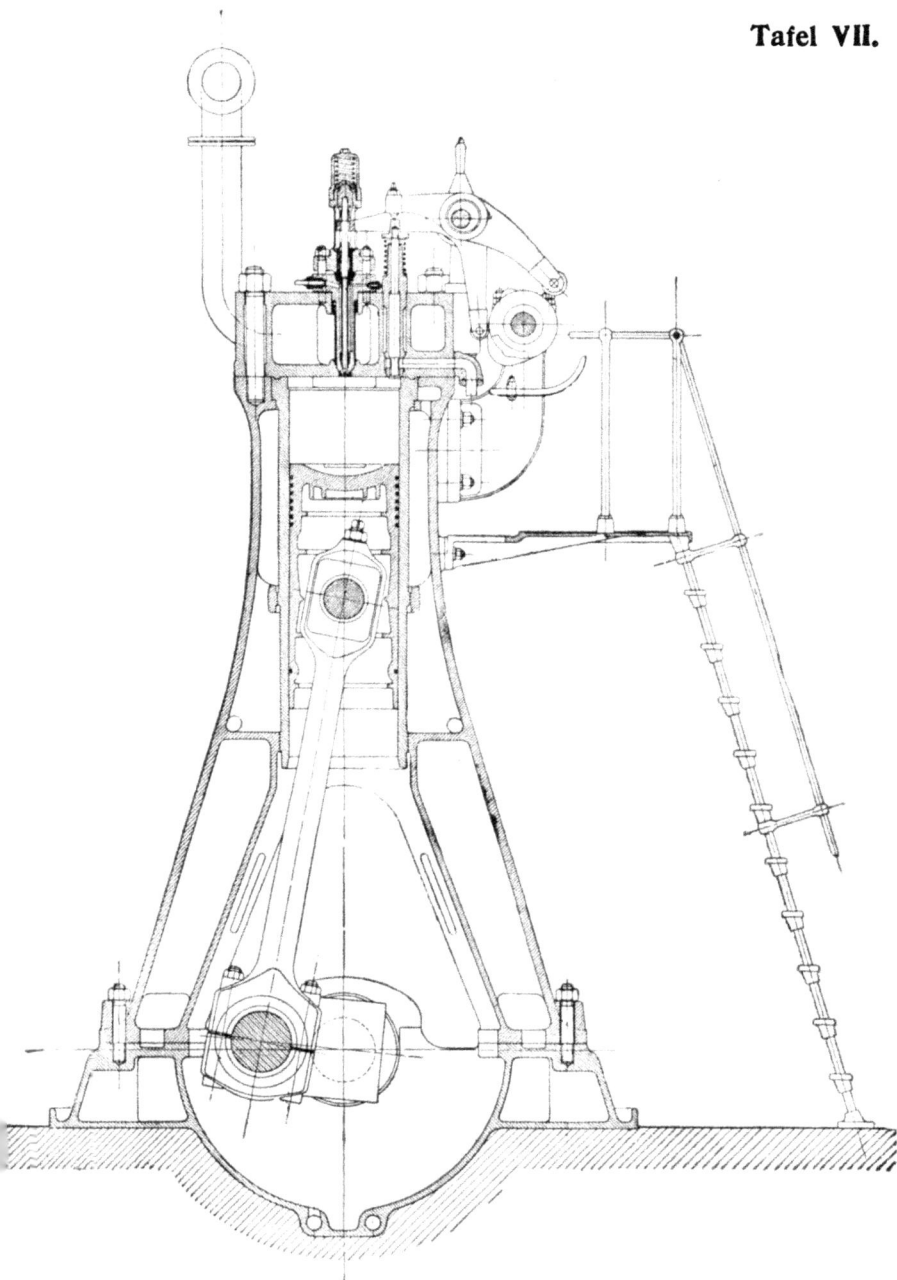

Fig. 24. Viertaktmotor 100 ÷ 120 PSe pro Zylinder (Tosi).

Supino-Zeman, Dieselmotoren.

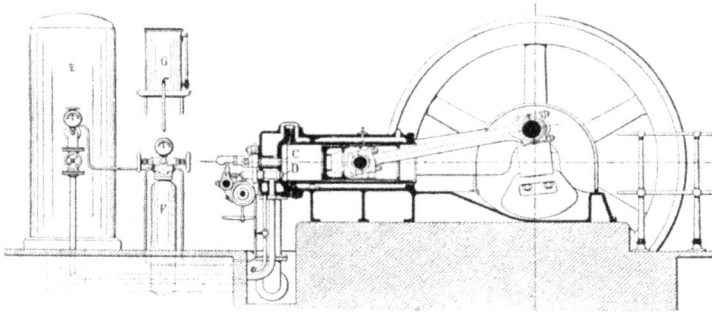

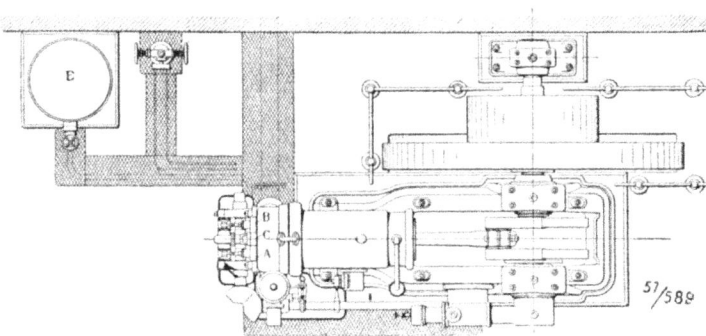

Fig. 25 u. 26. Liegender Viertaktmotor (Körting).

Supino-Zeman, Dieselmotoren.

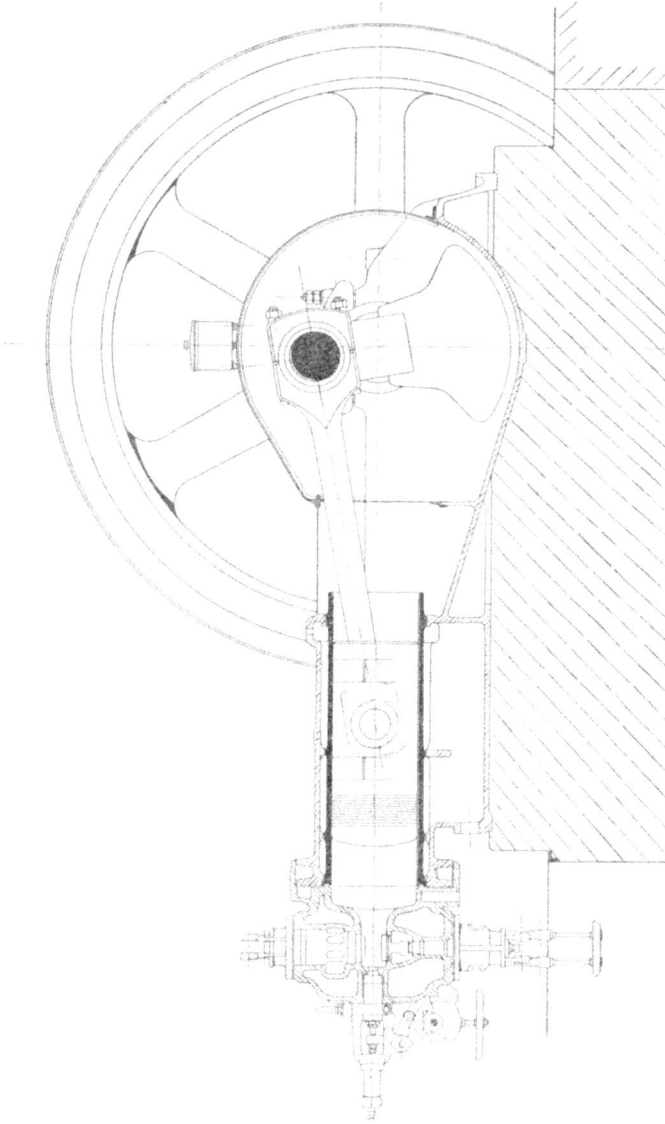

Fig. 27. Liegender Viertaktmotor 100 ÷ 120 PSe pro Zylinder (M. A. N.).

Supino-Zeman, Dieselmotoren.

Mehrzylindermaschinen zusammengebaut, wie auf den beige-
fügten Abbildungen ersichtlich, Fig. 14 bis 16.

Für noch größere Leistungen werden, wie schon früher
erwähnt, die schon aus dem Großgasmaschinenbau be-

Fig. 28. Doppeltwirkender Zwillingstandem-Viertaktmotor 1600 ÷ 1800 PSe (M. A. N.)

kannten doppeltwirkenden Ausführungen in Viertakt- oder
Zweitaktanordnung gewählt. (Vgl. Fig. 28 u. 29.)

Die mit den Groß-Dieselmotoren gemachten günstigen
Betriebserfahrungen lassen erwarten, daß der Dieselmotor da,

Fig. 29. Liegende Junkermaschine in Tandemanordnung 1000 PSe (Geb. Klein).

wo er auf Grund seines wirtschaftlichen Betriebes, infolge seiner von keiner anderen Kraftmaschine erreichten Brennstoffausnützung und der Möglichkeit, billige Abfallprodukte als Treiböle zu verwenden, oder seiner anderen später genannten Vorzüge wegen, gegen eine Dampfkraftanlage vorzuziehen ist, auch in der Großindustrie und in großen Elektrizitätswerken immer mehr Eingang finden wird[1]).

[1]) Z. d. V. d. I. 1911, S. 1318 u. f., Technik und Wirtschaft, August 1912, S. 526 u. f.

Zweites Kapitel

Untersuchung der Arbeitsprozesse.

Im vorhergehenden Kapitel wurde beim Anführen der Rohölmotoren unserer Zeit auch ihre Arbeitsweise beschrieben und dabei kurz erwähnt, in welcher Weise in diesen Motoren die Umsetzung der Wärme in Arbeit erfolgt.

Im folgenden soll nunmehr des näheren auf diese Kreisprozesse eingegangen werden. Die ganze Theorie der Motoren und deren Berechnung beruht auf der Untersuchung der Arbeitsprozesse. Eine, wenn auch nur kurze, Zusammenfassung der am nächsten mit der Praxis zusammenhängenden Fragen ist deshalb notwendig.

Das theoretische Arbeitsdiagramm eines Verpuffungs-Viertaktmotors zeigt Fig. 30, worin auf der Abszissenachse die Zylindervolumen, auf der Ordinatenachse die Spannungen aufgetragen gedacht sind.

$a\,b$ ist die Verdichtungskurve, $b\,c$ zeigt den Verlauf der Verbrennung bei konstantem Volumen, $c\,d$ der Ausdehnung, $d\,e$ des Auspuffs, $e\,a$ des Ansaugens. Beim Zweitakt-Verpuffungsmotor fehlt der Saug- und Ausschubhub $d\,e\,a$, Auspuffen und Ausspülen verlaufen nach Linie $d\,f\,a$ (Fig. 31).

Fig. 32 zeigt das Diagramm eines Gleichdruck-Viertaktmotors. Die Verdichtung beginnt bei $a\,b$ und erreicht bei b den Höchstdruck des Spiels, $b\,c$ ist der Verlauf der Verbrennung unter gleichem Druck, $c\,d$ der Ausdehnung, $d\,e$ des Auspuffs und $e\,a$ des Ansaugens.

Beim Zweitaktverfahren tritt auch hier an Stelle der Kurve $d\,e\,a$ die Kurve $d\,f\,a$ (Fig. 33).

Zu diesen beiden hauptsächlich verbreiteten Arbeitsverfahren kommt noch das Mischdruckverfahren der Sabathémotoren. Bei diesem sind alle Vorgänge identisch mit den

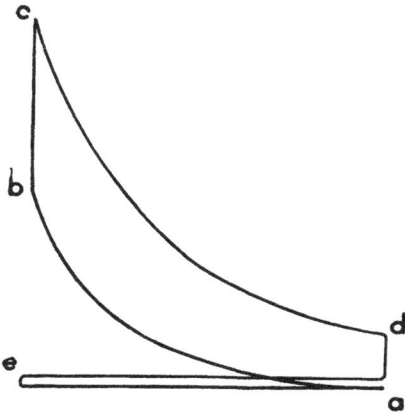

Fig. 30.

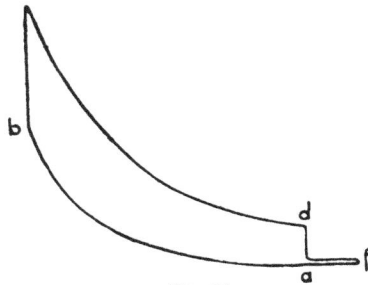

Fig. 31.

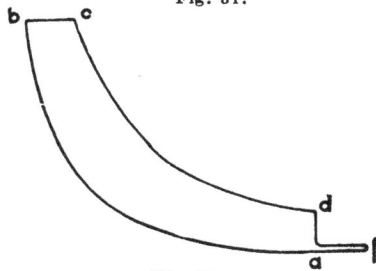

Fig. 33.

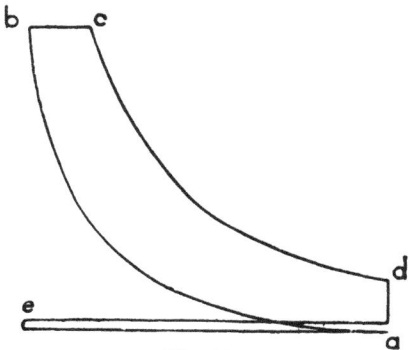

Fig. 32.

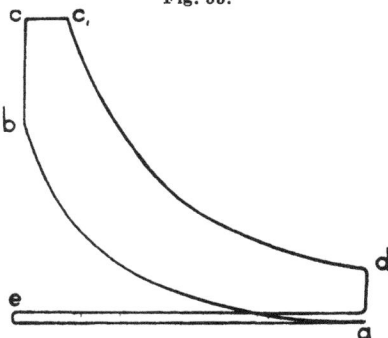

Fig. 34.

vorbeschriebenen bis auf den Verlauf der Verbrennung, welche zuerst bei konstantem Volumen $b\,c$ und darauf bei konstantem Druck $c\,c_1$ vor sich geht (Fig. 34).

Saughub bei Viertakt-Motoren. Zu Beginn des Saughubes ist der zwischen Zylinderdeckel und Kolbenboden noch verbleibende Raum (Verdichtungsraum) v_1 mit Abgasresten gefüllt.

Der Kolben beginnt nach außen zu gehen und saugt dabei durch das offene Ansaugeventil reine Luft an. Der Druck im Innern, der gleich der Spannung der Außenluft oder etwas höher war, geht etwas unter den atmosphärischen Druck bis auf einen Wert p_a herunter. Dieser Unterdruck entsteht durch Strömungsverluste der Luft in der Rohrleitung und dem Saugventil, wobei die Strömungsgeschwindigkeit der Luft von der Raumzunahme durch die Kolbenbewegung abhängt.

Wenn Ventildurchmesser und Hub im richtigen Verhältnis zu den Abmessungen und der Umdrehungszahl des Motors stehen, wird dieser Vorgang sehr gleichmäßig verlaufen und sich der innere Druck nur wenig mit den verschiedenen Kolbenstellungen ändern.

Das Gewicht der während des ganzen Hubes angesaugten Luft ist

$$G_a = \frac{p_a \cdot v}{T_a \cdot R_a} = \eta_v \frac{10\,000\,v}{T_a \cdot R_a},$$

worin $p_a = \eta_v\,10\,000$ der Ansaugedruck, T_a die absolute Lufttemperatur, R_a die Luftkonstante und v das Hubvolumen ausdrückt.

η_v bezeichnet, wie weiter unten dargelegt wird, den volumetrischen Wirkungsgrad des Saughubes und hat erfahrungsgemäß gewöhnlich einen Wert von $\infty\,0,9$ für langsamlaufende und von $\infty\,0,85$ für schnellaufende Motoren. Dieser Wert kann noch bedeutend kleiner werden bei Motoren mit sehr hoher Umdrehungszahl mit selbsttätigem, ungesteuertem Ventil. Der Wert von T_a schwankt gewöhnlich zwischen 290° und 300°.

Das Gewicht der am Ende der Ansaugeperiode im Zylinder befindlichen Gase erhält man, wenn man zu dem vorigen Ausdruck noch das Gewicht der zu Beginn des Saughubs im Verdichtungsraum befindlichen Abgasreste hinzufügt. Diese haben einen Druck $p_e = \infty\, 1{,}10$ kg/cm^2 bei einer Temperatur $T_e = \infty\, 700^0$ bis 800^0 und nehmen das Volumen v_1 des Verdichtungsraumes ein. Das Gesamtgewicht der Gase im Zylinder ist also

$$G = \frac{v_1\, p_e}{T_e\, R_c} + \eta_v\, \frac{v\, 10\,000}{R_a\, T_a}.$$

R_c kann bestimmt werden, wenn die chemische Zusammensetzung der Auspuffgase bekannt ist.

Ausströmung bei Viertaktmotoren. — Beim Ausströmen sind zwei Perioden zu unterscheiden. Während der ersteren entweicht ein Teil der Gase ins Freie, da am Ende der Expansion noch Überdruck gegen die Atmosphäre vorhanden ist; während der zweiten Periode dagegen wird der Rest der Gase durch den Kolben ausgeschoben.

Während des ersten Vorganges sinkt der Druck sehr schnell von p_d auf p_e. Theoretisch, wenn auch nicht den wirklichen Verhältnissen entsprechend, läßt sich annehmen, daß dies bei konstantem Volumen geschieht.

Die Gase haben dabei eine Geschwindigkeit von 700 bis 800 m in der Sekunde und eine Temperatur T_d von 900^0 bis 1300^0.

Während der zweiten Periode hält sich der Druck p_e auf einem mittleren Wert von ungefähr 1,1 Atm. (1,08 bei langsamlaufenden, 1,15 bei schnellaufenden Motoren).

Wegen des Nachsaugens der während der ersten Periode ausströmenden Gase verläuft dieser Vorgang jedoch immer etwas unregelmäßig.

Die Temperatur der Auspuffgase, unmittelbar hinter dem Auslaßventil gemessen, beträgt 600^0 bis 700^0; sie ändert sich mit der Kolbengeschwindigkeit und mit dem Charakter der Verbrennung.

Auspuffen und Ausspülen bei Zweitaktmotoren. — Wie erwähnt, wird bei den Zweitaktmotoren der Ausschub- und Saughub durch das Ausspülen ersetzt. Indem die Luft durch Ventile oder Schlitze in den Zylinder eintritt, treibt sie die Verbrennungsgase durch ebensolche Öffnungen aus, so daß der Zylinder am Schluß mit möglichst reiner Luft gefüllt bleibt. Die Auspuffschlitze werden dabei kurz vor dem Öffnen der Spülkanäle oder der Ventile frei-gelegt; während des Auspuffens, d. h. der ersten Periode, sinkt die Spannung von p_d auf einen Wert, der nur wenig über einer Atmosphäre liegt. Das nun folgende Ausspülen entspricht der zweiten Periode, dem Ausschubhub, während beim Viertaktmotor die Gase durch den Kolben ausgetrieben werden.

Wenn die Spülluft durch Schlitze im Zylinder eintritt, müssen diese, da der Kolben vor Beginn des Ausspülens die Auspuffschlitze freilegen muß, notwendigerweise beim Kolben-rückgang auch wieder früher bedeckt werden wie die Aus-puffschlitze (Fig. 2 u. 3). Tritt dagegen die Spülluft durch Ventile ein (Tafel I, Fig. 5), so läßt man diese in dem Augenblick schließen, in dem der Kolben die Auspuffschlitze überdeckt, ja sogar noch etwas später.

Der Vorteil dieser zweiten Anordnung liegt darin, daß nach Schluß des Ausspülens ein Druck im Zylinder herrscht, der höher ist als die Spannung der Außenluft, wodurch sich das Gewicht des Zylinderinhaltes für die Volumeneinheit erhöht[1].

Das Gewicht der angesaugten Luft im Viertaktmotor ist gleich

$$\frac{p_a\, v}{T_a\, R_a},$$

dagegen ist im Zweitaktmotor von gleichem Hubvolumen v die Luftladung

$$\frac{p_e\, (v + v_1)}{T_a{}'\, R_a{}'},$$

---

[1] Bei neueren Ausführungen ordnet man um zum gleichen Ergebnisse zu kommen, einen zweiten Spülschlitzkranz an. Dieser liegt beim Zurückgehen des Kolbens noch frei, wenn die normalen Spülschlitze und die Auspuffschlitze bereits überdeckt sind. Ein gesteuertes Organ läßt nun nachträglich noch aus der Spülluftleitung Luft in den Zylinder eintreten wodurch dessen Ladung erhöht wird.

wenn p_e der Druck zu Ende des Ausspülens und v_1 der Inhalt des Verdichtungsraumes ist.

$$T_a = T_a' \quad \text{und} \quad R_a = R_a'$$

vorausgesetzt, gibt das Verhältnis der beiden Ladungen

$$\frac{p_e\,(v + v_1)}{p_a\,v} > 1,$$

da p_e immer höher und p_a immer niedriger ist als der atmosphärische Druck und $v + v_1 > v$ ist.

Bei gleicher Kolbengeschwindigkeit müßte demnach in einem Zweitaktzylinder der Sauerstoffgehalt der Volumeneinheit und damit die Leistung im Zylinder mehr als doppelt so groß sein als bei einem gleich großen Viertaktmotor (die Zahl der Arbeitstakte in einer Sekunde ist doppelt so groß). In Wirklichkeit ist es jedoch nicht so: der Spülluftstrom arbeitet nicht wie ein vollkommener Kolben, von Punkt zu Punkt wechselt er seine Geschwindigkeit und seine Richtung, auch treten außen an der Luftsäule Wirbel auf, anderseits werden entlegene Teile des Zylinders nicht berührt. Der Sauerstoffgehalt einer Ladung wird dadurch so viel geringer als bei einem Viertaktmotor, daß die Ergebnisse der vorhergegangenen Überlegungen in ihr Gegenteil verwandelt werden.

Verbrennung. — Theoretisch sollte in Verpuffungsmotoren die Verbrennung bei konstantem Volumen erfolgen; die Linie $b\,c$, welche diesen Vorgang im Diagramm darstellt, sollte demgemäß parallel zur Ordinate verlaufen.

In Wirklichkeit aber dauert die Verbrennung eine gewisse, wenn auch kurze Zeit. Im Diagramm erscheint demgemäß die Verpuffungslinie als ganz schwach gekrümmte Kurve mit einer Neigung gegen die Ausdehnungslinie[1].

---

[1] Erfolgt die Verbrennung zu früh, d. h. vor dem Totpunkt, so neigt sich die Verbrennungslinie gegen die Ordinatenachse.

Dazu kommt noch der Umstand, daß die letzten Reste des Brennstoffes gewöhnlich zu Anfang der Ausdehnungsperiode noch weiter verbrennen, welche Erscheinung unter dem Namen N a c h b r e n n e n bekannt ist. Hierüber sind verschiedene Hypothesen aufgestellt worden, und es liegen eingehende Untersuchungsarbeiten von Witz, Clerk, Otto, Tresca u. a. m. vor.

Von Einfluß auf die Raschheit der Entzündung sowie auf die Dauer und das Wesen des N a c h b r e n n e n s ist außer dem System der Zündvorrichtung die Flüchtigkeit und Reinheit des Brennstoffes, die Temperatur des Zylinders und der Luft, d. h. der Verdichtungsgrad.

Bei plötzlicher Entzündung (Fig. 30 u. 31) wird

$$p_c = \frac{p_b\, T_c}{T_b} = \frac{T_c\, G_a\, R_a}{v_1}$$

$$T_c = \frac{p_c\, v_1}{G_a\, R_a},$$

worin T_c oft 1500^0 bis 2000^0 erreicht.

Bei der Verbrennung unter konstantem Druck verläuft die theoretische Linie $b\,c$ (Fig. 32 u. 33) parallel zur Abszisse.

Tatsächlich ist es jedoch unmöglich, den Brennstoff so in den Zylinder eintreten zu lassen, daß die Zustandsänderung unter konstantem Druck erfolgt. In Wirklichkeit tritt meistens anfangs eine kleine Drucksteigerung ein und während des weiteren Verlaufes des Vorganges eine mehr oder weniger große Druckabnahme.

Theoretisch ist

$$p_c = p_b \qquad T_c = T_b\, \frac{v_2}{v_1} = T_b \cdot \varrho,$$

dabei ist v_1 der Inhalt des Verdichtungsraumes und v_2 dieses Volumen plus dem vom Kolben während der Verbrennung, also während des Weges $b\,c$ freigelegten Zylindervolumen.

Bei der gemischten Verbrennung ist der Teil $b\,c$ der Verbrennungslinie bei konstantem Volumen identisch mit der Verbrennungslinie des Verpuffungsverfahrens. Die Linie $c\,c_1$

bei konstantem Druck geht von der Temperatur und dem Druck aus, die in c erreicht werden.

Verdichtung und Ausdehnung. — Die folgenden Ausführungen über diese beiden thermodynamischen Zustandsänderungen gelten in gleicher Weise für Verpuffungs- und Gleichdruck-, Zwei- und Viertaktmotoren.

Beide verlaufen nach einer Polytrope, d. h. es gilt für beide die Gleichung $pv^k = $ konst.

Wenn auch in Berechnungen für die Dauer der Zustandsänderung k immer als konstant vorausgesetzt wird, entspricht dies doch nicht den tatsächlichen Verhältnissen.

Der Wert k hängt ab von dem Wärmeaustausch zwischen dem im Zylinder befindlichen Gemisch und den Zylinderwandungen. Da nun während des Hubes die Temperatur des Gemisches sich fortwährend, aber nicht so wie die Temperatur der Zylinderwandungen ändert, ist der Wert k dadurch auch veränderlich. Doch ist das Gesetz für jeden Motor wieder anders und hängt von der Kühlwassertemperatur, der Belastung und dem mehr oder weniger vollkommenen Dichthalten des Kolbens und der Ventile ab.

Durchschnittliche Erfahrungswerte für polytropische Exponenten sind $k = 1{,}30$ bis $1{,}35$ für die Verdichtung und $k = 1{,}35$ bis $1{,}5$ für die Ausdehnung. Bei theoretischer Untersuchung wird angenommen, daß beide Kurven adiabatisch verlaufen, d. h. daß die Zylinderwandungen weder Wärme aufnehmen noch abgeben.

Zur Berechnung des Volumens des Verdichtungsraumes für einen bestimmten Höchstdruck hat man die Beziehungen:

$$p_b = p_a \left(\frac{v + v_1}{v_1} \right)^k = p_a \, \varepsilon^k$$

$$T_b = T_a \left(\frac{p_b}{p_a} \right)^{\frac{k-1}{k}} = T_a \, \varepsilon^{k-1},$$

worin das Verhältnis $\dfrac{v + v_1}{v_1} = \varepsilon$ den sog. Verdichtungsgrad bezeichnet.

Für die Ausdehnungskurve gelten die folgenden Formeln:
Bei Verpuffungsmotoren:

$$p_d = p_c \left(\frac{v_1}{v + v_1} \right)^k$$

$$T_d = T_c \left(\frac{v_1}{v + v_1} \right)^{k-1}$$

Bei Gleichdruckmotoren:

$$p_d = p_c \left(\frac{v_2}{v + v_1} \right)^k$$

$$T_d = T_c \left(\frac{v_2}{v + v_1} \right)^{k-1}.$$

Die Polytropenkurve konstruiert man nach dem Verfahren von Brauer.

Man ziehe $o a$ in einem beliebigen Winkel α zu oX, berechne
den Winkel β aus $(1 + \mathrm{tang}\ \beta) = (1 + \mathrm{tang}\ \alpha)^k$ und ziehe
dann $o b$.

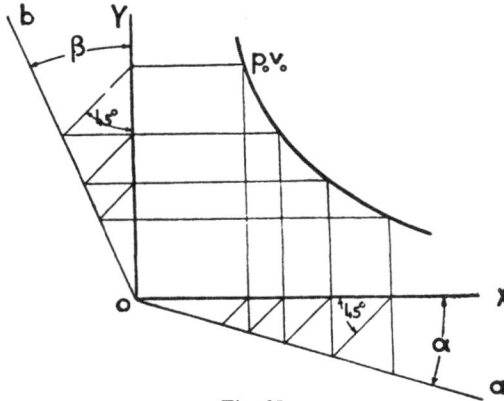

Fig. 35.

Von einem gegebenen Punkt $p_0\ v_0$ der gesuchten Kurve
fällt man die Lote auf die beiden Achsen oX und oY, durch
die Schnittpunkte ziehe man unter 45^0 je eine Schräge
bis zum Schnitt mit $o a$ und $o b$, die von diesen letzteren Schnittpunkten zu den Achsen gezogenen Parallelen
bestimmen, wie in Fig. 35 dargestellt, einen neuen Punkt
der Kurve.

Die folgende Tabelle, aus »Güldner« entnommen, wird in vielen Fällen die Berechnungen von β ersparen.

$k =$	1,10	1,15	1,20	1,25	1,30	1,35	1,41
α	11,20	11,20	11,20	14,05	14,05	14,05	18,25
β	12,35	13,10	13,50	17,55	18,40	19,25	26,30
tang α . . .	0,20	0,20	0,20	0,25	0,25	0,25	0,33
tang β . . .	0,222	0,234	0,245	0,322	0,337	0,352	0,497

Drittes Kapitel.

Wirkungsgrade.

Bei einem Verbrennungsmotor sind folgende Wirkungsgrade zu beachten:

Der volumetrische Wirkungsgrad η_v des Hubvolumens, d. h. das Verhältnis zwischen dem Gewicht der reinen Luft im Zylinder am Ende des Saughubes und dem Gewicht, welches sich für eine Ladung des Hubvolumens mit Luft atmosphärischen Druckes ergeben würde.

Der mechanische Wirkungsgrad η_m, d. h. die im Zylinder entwickelte Leistung abzüglich der Reibungsarbeit der beweglichen Maschinenteile in Prozenten ausgedrückt, oder mit anderen Worten das Verhältnis zwischen der effektiven Leistung an der Motorwelle und der indizierten Leistung des Diagramms.

$$\eta_m = \frac{N_e}{N_i}.$$

Der indizierte oder effektive thermische Wirkungsgrad (η_{ti}, η_{te}) ist der Prozentsatz der im Brennstoff enthaltenen Wärmeeinheiten, welcher bei der Verbrennung im Motor in indizierte oder effektive Arbeit umgesetzt wird, oder auch das Verhältnis zwischen dem Wert der Wärmearbeit für eine Pferdestärke und dem Verbrauch an Wärmeeinheiten im Motor für eine indizierte oder effektive Pferdestärke.

$$\eta_{ti} = \frac{75 \cdot 3600}{427} \cdot \frac{N_i}{P \cdot H} = \sim 632 \frac{N_i}{PH}$$

$$\eta_{ta} = \frac{75 \cdot 3600}{427} \cdot \frac{N_e}{P \cdot H} = \sim 632 \frac{N_e}{PH}$$

darin bezeichnet P das Gewicht des in einer Stunde verbrauchten Brennstoffes in kg von H WE/kg Heizwert.

Der volumetrische Wirkungsgrad hängt ausschließlich ab von der Bauart des Motors, von den Eigenschaften der Steuerung, von der Kolbengeschwindigkeit und den Ventil- oder Schlitzquerschnitten.

Für den Zweitakt- und für den Viertaktmotor ist er grundsätzlich verschieden, jedoch völlig unabhängig von den thermodynamischen Zustandsänderungen des Kreisprozesses.

Bei Viertaktmotoren wird der volumetrische Wirkungsgrad durch den Unterdruck im Zylinder während des Saughubes gemessen.

$$\eta_{lv} = \frac{p_a}{10\,000}.$$

Das Wesentliche ist hier selbstverständlich nicht die kleine negative Arbeit infolge dieses Unterdruckes (beim Ausschubhub tritt eine ähnliche negative Arbeit auf), sondern die geringere Sauerstoffladung im Zylinder zu Beginn der Verdichtung, d. h. die Leistung eines Sekundenliters des Hubvolumens wird kleiner. Es ist demgemäß auch die Meereshöhe des Aufstellungsortes des Motors von Einfluß auf den volumetrischen Wirkungsgrad und damit auf die Leistung eines Motors von gegebenen Abmessungen (siehe S. 226).

Auch Zweitaktmotoren haben trotz des Wegfalls des Saughubes einen volumetrischen Wirkungsgrad, der im allgemeinen kleiner als Eins ist, wenn auch, wie oben erwähnt, am Ende des Ausspülens die Spannung gleich oder höher als der atmosphärische Druck ist. Bei diesen Motoren richtet sich der volumetrische Wirkungsgrad, außer nach den bei den Viertaktmotoren genannten Umständen, auch nach der zum Ausspülen verfügbaren Luftmenge, der Luftspannung selbst und besonders nach der Form der Eintrittsöffnungen und der Ausbildung des Kolbenbodens.

Der Wert des Wirkungsgrades wird deshalb in diesem Falle nicht, wie bei Viertaktmotoren, nur durch eine Spannung ausgedrückt, sondern durch eine Spannung multipliziert mit dem Prozentverhältnis, in welchem der gasförmige Zylinderinhalt aus reiner Luft besteht.

Der mechanische Wirkungsgrad wird durch das System des Motors, die Genauigkeit der Bearbeitung und der Montage, die Beschaffenheit und Menge des verwendeten Schmieröles und das System der Schmierung bestimmt.

Nach den Versuchen des Ingenieurs Morse ist auch die Umdrehungsgeschwindigkeit von Einfluß und weiter auch die Kühlwassertemperatur; denn ist das Kühlwasser zu kalt, so zieht sich der Zylinder zu sehr zusammen und vermehrt damit die Reibungswiderstände[1]).

Bei neuen Motoren ist der mechanische Wirkungsgrad stets etwas schlechter als bei Motoren, bei denen durch den Betrieb die Reibungsflächen richtig eingelaufen und in einem Zustand sind, der auch durch die sorgfältigste Bearbeitung nicht erreicht werden kann.

Der mechanische Wirkungsgrad ändert sich weiter auch mit der Belastung. Es ist ja:

$$\eta_m = \frac{N_i - N_v}{N_i},$$

worin N_v die innere Reibungsarbeit des Motors in Pferdestärken bezeichnet. Diese bleibt sich bei jeder Belastung des Motors ungefähr gleich.

Bei Besprechung der Arbeitstakte wurde schon erwähnt, daß man mit der Ausdehnung nie bis auf atmosphärischen Druck herunter geht, sondern das Auspuffen beginnen läßt, wenn die Gasspannung noch zwei oder mehr Atmosphären beträgt. Dies geschieht hauptsächlich mit Rücksicht auf die innere Reibungsarbeit des Motors. Wenn man nämlich die Summe dieser inneren Widerstandsarbeiten als einen Gegendruck p_1, bezogen auf die Kolbenfläche ansieht, so würde die Arbeitsleistung des Ausdehnungshubes von der Span-

---

[1]) Cavalli, Motori a Scoppio. Neapel 1911, S. 72.

nung $p = p_1$ bis zum Hubende durch die passive Arbeit der Reibungswiderstände aufgezehrt und übertroffen werden[1]).

Um den mechanischen Wirkungsgrad zu bestimmen, hat man die durch Bremsen oder andere Vorkehrungen gefundene effektive Leistung mit der aus dem gleichzeitig aufgenommenen Diagramm gefundenen indizierten Leistung zu vergleichen.

Der mechanische Wirkungsgrad der Rohölmotoren liegt bei normaler Belastung gewöhnlich zwischen 0,70 und 0,85. Bei guten Viertakt-Dieselmotoren von mittlerer und großer Leistung wird manchmal der Wert 0,80 erreicht, bei Zweitakt-Dieselmotoren geht dieser Wirkungsgrad selten über 0,70 wegen der Reibungswiderstände der Spülpumpe und wegen der größeren Leistung der Hochdruckluftpumpe.

Während die eben behandelten Wirkungsgrade fast ausschließlich von der Bauart des Motors abhängig sind, ist der t h e r m i s c h e W i r k u n g s g r a d zum größten Teil eine Funktion der thermodynamischen Zustandsänderungen während des Kreisprozesses.

Nach der Theorie setzt sich das Wärmediagramm eines Verpuffungsmotors aus zwei Adiabaten ab und cd (Fig. 30) und zwei Linien für die Zustandsänderungen bei konstantem Volumen bc und da zusammen, dagegen das Diagramm eines Gleichdruckmotors aus zwei Adiabaten ab und cd (Fig. 31), aus einer Zustandsänderung bei konstantem Volumen da und einer Isobare be (Linie konstanten Druckes).

Beim i d e a l e n W ä r m e m o t o r, den Diesel seinen ersten Berechnungen zugrunde legte, sollte sich allerdings der Kreisprozeß nach Art des Carnotschen entwickeln. Aber außer Schwierigkeiten, isothermische Zustandsänderungen mit Brennstoffen von geringer spezifischer Wärme, wie z. B. Gasen, zu erzielen, stellte der Original-Dieselkreisprozeß Anforderungen hinsichtlich Spannungen und Temperaturen, welche für die Praxis unannehmbar waren[2]).

---

[1]) S c h ö t t l e r, Die Gasmaschine. 4. Ausgabe, S. 235.

[2]) Der in der nunmehr berühmten Denkschrift »Theorie und Konstruktion eines rationellen Wärmemotors zum Ersatz der

Der thermische Wirkungsgrad von Verbrennungsmotoren wird allgemein ausgedrückt durch

$$\eta_t = 1 - \frac{\Phi_2}{\Phi_1} = \frac{\Phi}{\Phi_1},$$

worin Φ_1 die durch die Verbrennung frei gewordene, Φ_2 die verlorene und Φ die in Nutzarbeit umgesetzte Wärme-

Dampfmaschine und der heute bekannten Wärmemotoren« beschriebene erste von Diesel geplante Motor sollte Kohlenstaub verbrennen. Bei diesem Motor sollte am Ende der adiabatischen Verdichtung ein Druck von 250 Atm. und am Ende der isother-

Fig. 36.

Fig. 37.

mischen Verbrennung ein solcher von 90 Atm. erreicht werden. Der Zylinder sollte nicht mit einem Wassermantel umgeben werden, sondern im Gegenteil gerade gegen jede Wärmeausstrahlung geschützt werden. Der Wirkungsgrad hätte 73% werden sollen. Der erste Motor (Fig. 36) wurde in den Werkstätten der

menge bezeichnet. Unter Voraussetzung adiabatischer Expansion geht bei Verpuffungsmotoren diese Gleichung über in die Form

$$\eta_t = 1 - \frac{T_a}{T_b},$$

woraus hervorgeht, daß d e r t h e r m i s c h e W i r k u n g s - g r a d u m s o g r ö ß e r w i r d , j e h ö h e r d i e T e m - p e r a t u r a m E n d e d e r V e r d i c h t u n g i s t. Da aber

$$\frac{T_a}{T_b} = \left(\frac{v_1}{v + v_1}\right)^{k-1} = \frac{1}{\varepsilon^{k-1}}$$

$$\eta_t = 1 - \frac{1}{\varepsilon^{k-1}},$$

s o n i m m t b e i m V e r p u f f u n g s m o t o r d e r t h e - o r e t i s c h e t h e r m i s c h e W i r k u n g s g r a d i m V e r h ä l t n i s z u r K o m p r e s s i o n , d. h. m i t d e m E n d d r u c k d e r K o m p r e s s i o n z u.

Weiter vergrößert sich der Wirkungsgrad, wenn auch um nur wenig, mit dem Werte k, d. h. mit dem Verhältnis zwischen der spezifischen Wärme des Gemisches bei konstantem Druck und konstantem Volumen. Für die ärmeren Gemische ist der Wert k größer, was die Regel, arme Gemische sehr stark zu

---

Maschinenfabrik Augsburg unter finanzieller Beihilfe der Firma Friedr. K r u p p , Essen, gebaut und wurde weitgehenden Versuchen unter der Leitung D i e s e l s von Ingenieur L. V o g e l (Prof. v. L o s s o w , Z. d. V. d. I. Nr. 27, 1903) unterzogen.

In der darauffolgenden Zeit wurden verschiedene Verbrennungsverfahren und alle möglichen Brennstoffe untersucht, und man kam nach verschiedenen mechanischen und thermodynamischen Abänderungen im Jahre 1895 zu dem in Fig. 37 dargestellten Typ, welcher der jetzigen Ausführung schon ziemlich ähnlich ist und an welchem Prof. Schröter im Jahre 1897 die ersten öffentlichen Versuche machte.

Bei der Ausstellung in München im Jahre 1898 wurden die ersten Dieselmotoren öffentlich ausgestellt, und zwar drei: einer von der Maschinenfabrik Augsburg, einer von Krupp und ein dritter von der Gasmotorenfabrik Deutz. Seit dieser Zeit begann der Vertrieb dieser Motoren.

verdichten, bestätigt. Dies war der leitende Gesichtspunkt bei allen Verbesserungen der Verpuffungsmotoren von ihrer Entstehung bis heute.

Die Erhöhung der Verdichtung bewirkt außer dem vorteilhafteren thermischen Wirkungsgrad noch eine leichtere und raschere Zündung des Gemisches und hat noch den Vorteil zur Folge, daß in dem kleineren Kompressionsraume weniger Abgase zurückbleiben.

Abgesehen davon, daß aus konstruktiven Rücksichten der Druck eine bestimmte Grenze nicht überschreiten darf, ergibt sich übrigens von selbst, daß der Vorteil durch Erhöhung der Kompression mit der Zunahme des absoluten Wertes derselben immer kleiner wird, ja sogar über 16 bis 20 Atm. verschwindet[1]).

Bei Dieselmotoren geht der allgemeine Ausdruck

$$\eta_t = 1 - \frac{\Phi_2}{\Phi_1} = \frac{\Phi}{\Phi_1}$$

über in

$$\eta_t = 1 - \frac{1}{\varepsilon^{k-1}} \cdot \frac{\varrho^k - 1}{k\,(\varrho - 1)},$$

worin

$$\varrho = \frac{v_1 + v_e}{v_1},$$

wenn v_1 das Volumen des Kompressionsraumes und v_e das vom Kolben beschriebene auf dem Wege $b\,c$ ist, auf welchem die Verbrennung bei gleichem Druck vor sich geht.

Der Wert ϱ heißt: V o l l d r u c k v e r h ä l t n i s.

Wie bei den Verpuffungsmotoren nimmt also auch hier der Wirkungsgrad mit Erhöhung der Kompression zu, außerdem wird er jedoch auch von dem Werte des Volldruckverhältnisses beeinflußt, und zwar in der Weise, daß, wie auch durch den Versuch bestätigt ist, der indizierte thermische Wirkungsgrad der Dieselmotoren bei Teillast (wo ϱ kleiner ist) größer ist als bei der Höchstleistung.

Das ist auch der Grund für einen der Hauptvorzüge des Dieselmotors: nämlich die geringe Zunahme des Brenn-

[1]) G ü l d n e r.

stoffverbrauchs für die effektive Pferdestärke bei geringerer Belastung. Der bessere thermische Wirkungsgrad wirkt hier zum Teil der Abnahme des mechanischen Wirkungsgrades entgegen (Fig. 38).

Der Verlauf des Verpuffungs- und des Gleichdruck-prozesses wurde auf wissenschaftlicher Basis gründlich stu-

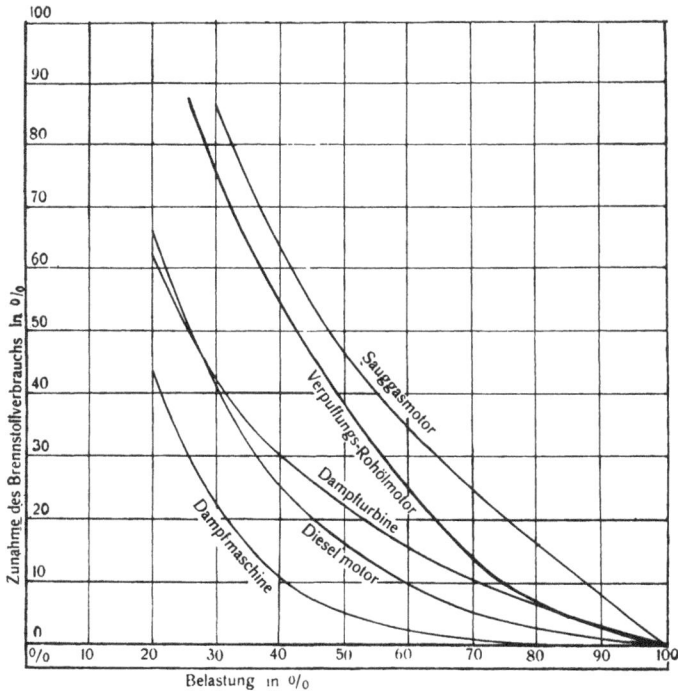

Fig. 38.

diert und verglichen und gab zum Teil Anlaß zu lebhafter Polemik.

Diesel, Zeuner, Schröter, Meyer, Schöttler, Witz, Güld-ner, Banki u. a. m. beschäftigten sich viel in Wort und Schrift mit diesem Gegenstand. Heute ist man fast allgemein zur Ansicht gelangt, daß die beiden Prozesse theoretisch einander ungefähr gleichwertig sind und daß die absolute

Überlegenheit der thermischen Ausnutzung des Dieselmotors
von günstigen Bedingungen im praktischen Betrieb abhängt,
welche sich bei den anderen Kreisprozessen (auch einschließlich desjenigen mit isothermischer Verbrennung) nicht erreichen lassen[1]).

Die allgemeine Aufgabe: »Eine gegebene Wärmemenge
so in einen Kreisprozeß einzuführen, daß dessen Wirkungsgrad bei vorgeschriebener thermodynamischer Zustandsänderung ein Maximum wird«, ist offensichtlich unbestimmt.

Man kann die Prozesse also nicht miteinander vergleichen,
ohne daß man die Drücke in den Kreis der Betrachtungen
zieht; der Vergleich kann für gleiche Kompressionswerte oder
durch Gegenüberstellung der Höchstdrücke während des
Prozesses vorgenommen werden.

Die erstere, vielleicht theoretisch rationellere Methode
führt zu einem für das Verpuffungsverfahren günstigeren
Schluß[2]).

Die zweite Methode hat einen größeren praktischen Wert.
Der Umstand, daß mit Rücksicht auf die Widerstandsfähigkeit und die Lebensdauer der Motorteile der Höchstdruck
einen gewissen Wert nicht überschreiten kann, führt zu einem
für den Gleichdruckprozeß günstigen Ergebnis.

Eine sehr einfache und deutliche Methode zum Vergleich
ist die von Boulvin, welcher das Entropiediagramm verwendet. Bei diesem sind bekanntlich die Ordinaten die absoluten Temperaturen T und die Abszissen die Entropien
$\int \dfrac{d\Phi}{T}$. Die Fläche

$$\int \frac{d\Phi}{T} \cdot T = \Phi$$

stellt den Wärmewert dar:

Das Diagramm $t\Theta\, a_1\, b_1$ ist das eines Verpuffungsmotors
(Fig. 39): t ist die Temperatur der Außenluft, Θ diejenige

---

[1]) Schöttler, Die Gasmaschine. 4. Ausgabe, S. 269.

[2]) Dies geht klar hervor aus den Darlegungen von Prof.
Meyer, Z. d. V. d. I., 1897, S. 1108.

am Ende der Kompression; bei adiabatischer Zustandsänderung ergibt sich die Kompressionslinie parallel zur Ordinate. Die Verbrennungskurve bei konstantem Volumen ist
Θa_1, $a_1 b_1$ ist die Expansionsadiabate, $b_1 t$ die Auspufflinie.

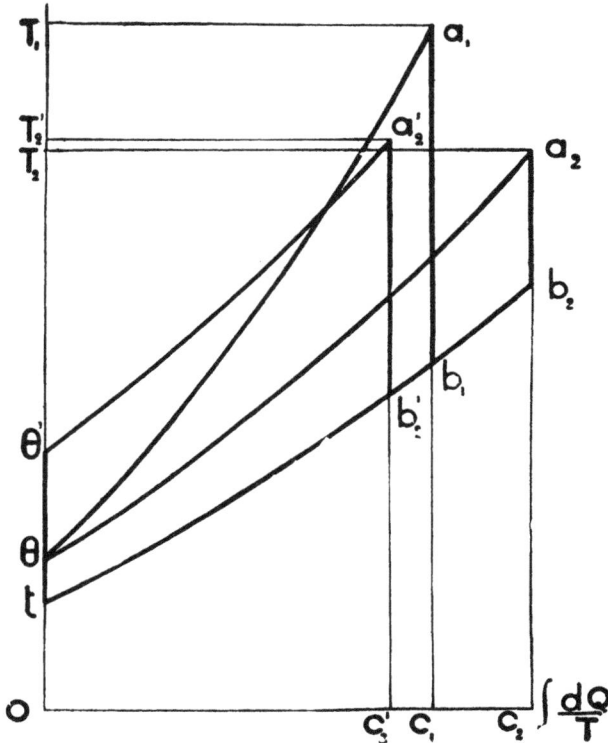

Fig. 39.

Die in Arbeit umgesetzte Wärmemenge ist $t \Theta a_1 b_1$,
die zugeführte Wärme $o \Theta a_1 b_1$. Das Verhältnis zwischen den
beiden Flächen gibt den Wirkungsgrad.

Von denselben Voraussetzungen ausgehend, soll bei gleichem
Wärmeverbrauch nun ein Gleichdruck-Kreisprozeß aufge-
zeichnet werden. Linie $t \Theta$ ist die Kompression, Θa_2 die Verbrennung bei gleichem Druck, $a_2 b_2$ die Expansion, $b_2 t$
die Auspufflinie.

Da die zugeführte Wärmemenge gleich sein soll, müs-
sen die Flächen $o\Theta\,a_1\,c_1$ und $o\Theta\,a_2\,c_2$ einander gleich sein,
da aber der Wärmeverlust des Prozesses bei gleichem Druck
$o\,t\,b_2\,c_2$ größer ist als der Verlust des Verpuffungsprozesses
$o\,t\,b_1\,c_1$, so ist erwiesen, daß bei g l e i c h e m K o m p r e s -
s i o n s g r a d der letztere dem ersteren überlegen ist.

Wenn man jedoch bedenkt, daß beim Dieselmotor praktisch die Kompression auf viel höhere Werte gebracht werden
kann als bei Verpuffungsmotoren, so kommt man direkt
zum entgegengesetzten Resultate. Wir zeichnen einen neuen
Gleichdruck-Kreisprozeß $t\Theta'\,a_2'\,b_2'$ auf, der bei einer Temperatur $\Theta'>\Theta$ am Ende der Kompression beginnt. Da die
zugeführte Wärmemenge $o\Theta'\,a_2'\,c_2' = o\Theta\,a_2\,c_2 = o\Theta\,a_1\,c_1$
ist, während der Wärmeverlust $o\,t\,b_2'\,c_2'$ kleiner ist als bei
dem anderen Prozeß, so ist in diesem Falle der thermische
Wirkungsgrad des Gleichdruckprozesses besser als der des
Verpuffungsprozesses.

Hierdurch wird bestätigt, daß d e r t h e r m i s c h e
W i r k u n g s g r a d d e s G l e i c h d r u c k p r o z e s s e s
d e m d e s V e r p u f f u n g s p r o z e s s e s ü b e r l e g e n
i s t , d a b e i m e r s t e r e n d i e K o m p r e s s i o n a u f
h ö h e r e W e r t e g e b r a c h t w e r d e n k a n n .

Eine genaue Untersuchung des thermodynamischen Wertes
der Kreisprozesse läßt sich nur mittels Entropiediagramme
durchführen. Ein mit dem Indikator aufgenommenes Arbeitsdiagramm kann in einfacher Weise in ein Entropiediagramm
umgezeichnet werden. Die Entropie der Gase ist

$$E = \int \frac{d\,\mathit{\Phi}}{T} = c_v \log \mathrm{nat} \cdot p\,v^k + \mathrm{konst.}$$

Da das Produkt pv der absoluten Temperatur proportional ist, kann man den Wert desselben als Ordinate in einem
geeigneten Maßstab auftragen.

Betrachtet man im folgenden nur die Änderung der
Entropie und nicht ihren absoluten Wert, so kann man
die Konstante eliminieren und erhält für die Entropie[1])

$$\delta E = \log \mathrm{nat} \cdot p + k \log \mathrm{nat}\,v.$$

---

[1]) Unter der Annahme, daß c_v konst.

Hat man das Diagramm mit dem aus dieser Formel erhaltenen Werte aufgezeichnet, so findet man den Maßstab, wenn man die planimetrierte Fläche des Diagramms mit dem ja immer bekannten Wärmeaufwand vergleicht und ein Verhältnis zwischen einer bekannten Temperatur und einer dieser im Diagramm entsprechenden aufstellt.

Man kann auch als Temperatureinheit die niedrigste Temperatur des Prozesses annehmen und die anderen auf sie beziehen[1]).

Um eine gegebene Kurve $p = f(v)$ in eine andere $T = f(E)$ zu verwandeln, kann man auch das Verfahren von Ancona[2]), das Schöttler erwähnt, anwenden.

AB (Fig. 40) zeigt die Kurve $p = f(v)$; wird R als Temperatureinheit gewählt, so erhält man $pv = T$. Zieht man von Punkten P der Kurve Horizontale, welche die Senkrechte durch die Abszisse $v = 1$ schneiden, und von o Strahlen, welche in T die in den Punkten P errichteten Vertikalen treffen, so erhält man eine Kurve der Punkte, deren Ordinaten die absoluten Temperaturen sind. Dies geht aus folgender einfachen Proportion hervor:

$$S S' : T P' = O S' : O P'$$
$$p : T P' = \quad 1 : v,$$
daher $\qquad T P' = p v.$

Zeichnet man nun den Logarithmus $\log v = f(v)$ auf und multipliziert dann graphisch die Ordinaten mit k, so erhält man die Kurve $k \log v = f(v)$.

Trägt man als negative Ordinate die natürlichen Logarithmen der Drücke auf, so sind die senkrechten Abstände zwischen dieser Kurve und $k \log v = f(v)$ genau

$$k \log v + \log p = \delta E,$$

d. h. die Abszissen der gesuchten Kurve $T = f(E)$[3]).

---

[1]) Schöttler, Die Gasmaschine. 4. Auflage, S. 273.

[2]) Ancona, Graphische Theorie der Otto - Gasmaschine. Verh. d. V. z. F. d. Gewerbefleißes 1895, S. 333 u. f.

[3]) Schöttler, Die Gasmaschine. 4. Ausgabe, S. 274.

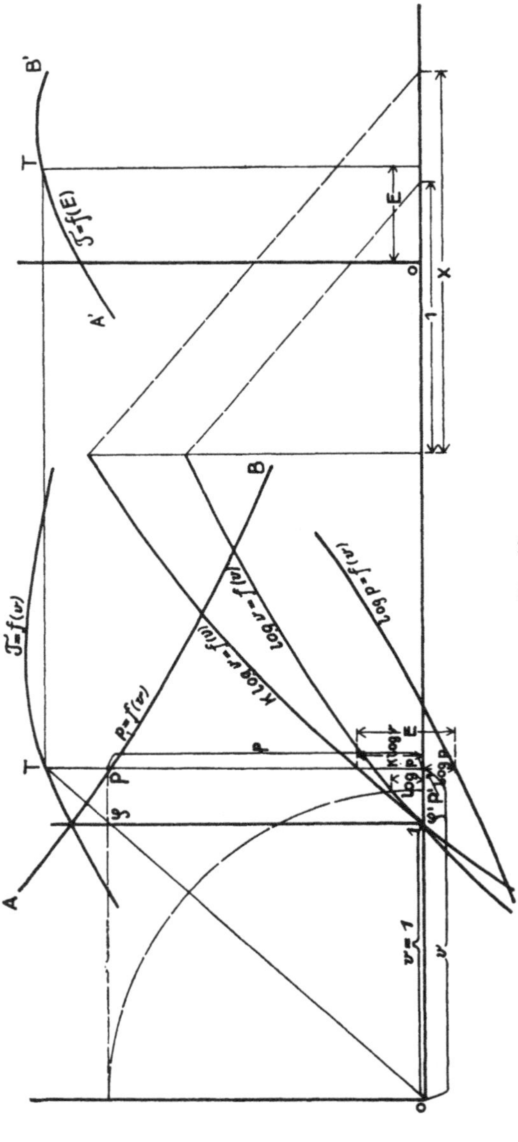

Fig. 40.

Bei der Konstruktion der vollständigen Diagramme gibt es eine Reihe Proben und Vereinfachungen. Der Kreisprozeß muß sich schließen, sämtliche Punkte einer Adiabate müssen auf einer Senkrechten liegen, die wagrechten Entfernungen zwischen zwei Isopleren (Linie konstanten Volumens) oder zwischen zwei Isobaren (Linien konstanten Druckes) sind konstant, man muß also, wenn man eine von diesen Kurven und einen Punkt einer anderen gezeichnet hat, zur Vervollständigung die ganze Arbeit nicht mehr wiederholen.

Stodola schlägt ebenfalls eine Methode zur Konstruktion jeder beliebigen Polytrope bei gegebener Isoplere oder Isobare[1]) vor.

Die Wärme Φ_2, welche im Kreisprozeß eines Verbrennungsmotors verloren geht, findet sich hauptsächlich im Zylinderkühlwasser und in den Auspuffgasen wieder. Bei Rohölmotoren gehen im Mittel von der Gesamtwärme des Brennstoffes rd. 30% mit dem Kühlwasser und 30% mit den Abgasen ab. Im allgemeinen ist bei Motoren mit höherer Kolbengeschwindigkeit der Verlust in den Auspuff größer, da die Gase wenig Zeit haben, ihre Wärme an die Zylinderwandung abzugeben und deshalb wärmer austreten. Dagegen ist bei den langsam laufenden Motoren die Wärmeabgabe an das Kühlwasser größer.

Der eine wie der andere Verlust können auf experimentellem Weg leicht bestimmt werden. Es kann jedoch auch nützlich sein, von vornherein bei einem gegebenen Motor diese Verluste rechnerisch zu bestimmen, ganz besonders dann, wenn man einen Teil der Abwärme für gewerbliche Zwecke verwerten will. Cavalli[2]) schlägt für die durch das Kühlwasser abgeführte Wärme eine Formel vor, die auf Grund der Fourierschen Analyse aufgebaut ist

$$\frac{Q_r}{Q} = \beta \cdot \frac{T_c - \Theta}{1000} \cdot \frac{\dfrac{1}{\mu} + \dfrac{\varepsilon + 1}{\varepsilon - 1}}{\eta_v \sqrt{D\,n}},$$

---

[1]) S t o d o l a, Die Kreisprozesse der Gasmaschine. Z. d. V. d. I. 1898, S. 1045.

[2]) C a v a l l i, Teoria dei Motori a scoppio, Napoli 1911, S. 75.

worin Q_r die durch das Kühlwasser abgeführte Wärme bezeichnet, Q den Wärmewert des Brennstoffes, β einen Koeffizienten, der ungefähr gleich 1,30 ist, T_c die Verbrennungstemperatur, Θ die Wassertemperatur, μ ist das Verhältnis zwischen dem Kolbendurchmesser D und dem Hub, n die Umdrehungszahl, ε und η_v sind das Verdichtungsverhältnis und der volumetrische Wirkungsgrad.

Die Wärmemenge, die die Auspuffgase abführen, kann leicht ermittelt werden. Sie berechnet sich aus der Formel $Q_s = c_p \cdot G \cdot T$, worin c_p die spezifische Wärme der Abgase ist, die sich nach der jeweiligen chemischen Zusammensetzung derselben richtet und $\sim 0{,}24$ ist, und T die Temperatur, welche je nach dem Typ des Motors zwischen 550 und 750⁰ liegt. G ist das Gewicht der Abgase, d. i. das Gewicht der angesaugten Luft plus dem Gewicht des eingespritzten Brennstoffes.

Viertes Kapitel

Berechnung der Zylinderabmessungen.

Bei der Aufgabe, den Zylinderdurchmesser und den Kolbenhub für eine gegebene Motorleistung zu finden, kommen in der Berechnung praktische experimentell zu bestimmende Koeffizienten vor. Man muß deshalb von vornherein einige der wichtigsten Bestimmungsgrößen annehmen.

In der Formel

$$(*) \quad 75\, N_e = \eta_m \frac{1}{\nu}\, p_m \cdot \frac{\pi\, D^2}{4}\, \frac{2\, n\, S}{60}$$

ist η_m der mechanische Wirkungsgrad des Motors, p_m der mittlere Druck des Diagramms, D und S der Durchmesser bzw. der Kolbenhub, n die Umdrehungszahl in der Minute, ν die Hubzahl während eines Arbeitsprozesses (2 oder 4).

Die Werte für η_m und p_m sind Erfahrungswerte für den zu konstruierenden Motor; natürlich hat man sie um so genauer, je mehr Versuchszahlen von Motoren ähnlicher Art vorliegen.

Von vornherein muß jedenfalls die Umdrehungszahl und der Kolbenhub angenommen werden, wenn man, wie fast immer, die Gleichung nach dem Durchmesser D auflösen will. Anstatt die Umdrehungszahl und den Hub könnte man auch die mittlere Kolbengeschwindigkeit $\dfrac{2\, n\, S}{60}$ und die Umdrehungszahl oder das Verhältnis $\dfrac{S}{D}$ und eine andere

der unbekannten Größen, wie Umdrehungszahl oder Kolbengeschwindigkeit annehmen.

Gewöhnlich macht man verschiedene Proben, indem man
einen oder den anderen Faktor annimmt und die errechneten
Werte mit praktischen Versuchsergebnissen ähnlicher schon
ausgeführter Motoren vergleicht. Die Tourenzahl ist bei
dieser Aufgabe öfter gegeben, und wenn sie nicht gegeben
ist, so ist sie doch immer mit einer gewissen Sicherheit durch
den Charakter des Motors bestimmt (durch die Angabe, ob
Schnelläufer oder Langsamläufer, Schiffsmotor, oder statio-
närer Motor, für Dauerbetrieb oder für Reserve usw.) sowie
auch durch die Leistung und das System.

Aus der Formel (*) ergibt sich, daß die Leistung eines
Motors von gegebenen Abmessungen proportional der Umdrehungszahl wächst. Innerhalb ganz enger Grenzen bestätigt
dies die Praxis: mit zunehmender Umdrehungszahl wächst
die Leistung des Motors. Es ist dagegen nicht richtig, daß ein
Motor von 100 Pferden mit 200 Umdrehungen bei 400 Umdrehungen 200 Pferde entwickelt. Je größer nämlich die Umdrehungszahl, desto unvollkommener wird das Diagramm; die
größere Strömungsgeschwindigkeit vermindert den volumetrischen Wirkungsgrad, die Gegendrücke werden höher und die
Reibungsarbeit nimmt zu, während andere Werte konstant
bleiben, wie die Zuflußgeschwindigkeit, die durch den Druck-
abfall gegeben ist. Mit zunehmender Geschwindigkeit wird die
Zeit, die einer Phase zur Verfügung steht, ungenügend; außerdem muß man sich bei dem Entwurf des Motors über die
Umdrehungszahl klar und sich bewußt sein, daß überhaupt
die schnellaufenden Motoren einen niedrigeren Wirkungsgrad
haben als die langsam laufenden.

Auf den Wert des Verhältnisses $\frac{S}{D}$ legt man manchmal
mehr Gewicht als ihm in Wirklichkeit zukommt. Vom thermodynamischen Standpunkt aus ist er von äußerst geringer Bedeutung. Es hat nur einen Einfluß auf die Oberflächen der
wassergekühlten Wände des Zylinders im Verhältnis zum
Zylindervolumen. Aber der Wunsch, das Minimum der Wärme-
durchgangsoberflächen für ein gegebenes Hubvolumen zu be-

kommen, darf nicht dazu führen, andere und wichtigere Faktoren zu vernachlässigen[1]).

Vom konstruktiven Standpunkt aus ist das Verhältnis $\frac{S}{D}$ von Einfluß auf die Länge des Verdichtungsraumes.

Bei gleicher Höhe der Verdichtung wird bei einem kurzen Hub der Abstand zwischen Zylinderdeckel und Kolbenboden im toten Punkt kleiner als bei größerem Hub. Beim Entwerfen können sich bei starker Kompression hieraus Schwierigkeiten ergeben, um den genügenden Raum zur Anordung und für die Höhe der Ventile zu bekommen. Ebenso werden kleine Unterschiede infolge ungenauer Bearbeitung einen ziemlich großen Einfluß auf den Endwert der Verdichtung haben.

Praktisch von allergrößter Bedeutung ist die Kolbengeschwindigkeit. Trotzdem eine theoretische Erklärung zum Beweis fehlt, kann man doch sagen, daß es auch unter den mittleren praktisch zulässigen Geschwindigkeiten für jeden Motortyp eine besondere gibt, welcher die besten praktischen Ergebnisse entsprechen.

Im allgemeinen entsprechen den kleinsten Geschwindigkeiten die besten Wirkungsgrade, aber nicht einmal das steht fest, ebensowenig läßt sich für Motoren von wesentlich verschiedener Leistung die gleiche Geschwindigkeit beibehalten. Die mittlere Kolbengeschwindigkeit nimmt immer mit der Leistung zu, obwohl man Motoren höherer Leistungen eine geringere Tourenzahl gibt als denen kleiner Leistung, damit ein nicht zu großes Mißverhältnis in der Beziehung $\frac{S}{D}$ auftritt.

Von der Kolbengeschwindigkeit hängt die Massenwirkung durch die hin- und hergehende Bewegung ab.

---

[1]) Ca valli (Motori a scoppio Neapel 1911, S. 58) hat diese Untersuchung angestellt und kommt zum Ergebnis

$$\frac{S}{D} = 2 \, \frac{\varepsilon - 1}{\varepsilon + 1},$$

welches für hohe Drücke sich dem Wert 2 zu sehr nähert und deshalb bei Motoren hoher Umdrehungszahl oder Leistung zu außergewöhnlich hohen Kolbengeschwindigkeiten führt.

Für D i e s e l m o t o r e n sind in der allgemeinen Formel folgende praktische Werte einzusetzen:

$\eta_m = 0{,}75$ bis $0{,}80$ für langsamlaufende Viertaktmotoren.

$\sim 0{,}7$ für schnellaufende Viertaktmotoren.

$\sim 0{,}7$ für langsamlaufende Zweitaktmotoren.

$\sim 0{,}65$ bis $0{,}7$ für schnellaufende Zweitaktmotoren.

$p_m = 6{,}5$ bis 7 kg pro cm² bei normaler Belastung je nach Art und Tourenzahl des Motors, wobei noch eine zeitweise Überlast von 20% zulässig ist. Besser läßt sich p_m bestimmen, wenn man auf Grund der im vorhergehenden Kapitel aufgestellten Regeln das Diagramm aufzeichnet, die Dauer der Verbrennung annimmt und einen Koeffizienten für die Unvollständigkeit des praktischen Diagramms wählt.

$v = \dfrac{2nS}{60} = 3$ m in der Sekunde für Gewerbemotoren kleiner und mittlerer Leistung bis zu 4,5 m für größere Leistungen. Für Schnelläufer 3,5 bis 5 und auch mehr.

$n = 250$ bis 100 für Gewerbemotoren von kleinen bis zu großen Leistungen, 275 bis 250 von kleinen bis zu großen Leistungen für Schnelläufer. 500 bis 600 und mehr für besonders schnellaufende Maschinen und Schiffsmotoren geringer Leistung oder Motoren mit vielen Zylindern.

R e c h n u n g s b e i s p i e l e :

Die folgenden Beispiele sind aufgestellt auf Grund jüngst ausgeführter Motoren erster Konstruktionsfirmen und können Anhaltspunkte für die Wahl der Koeffizienten geben. Wenn man die allgemeine Formel:

$$75\, N_e = \eta_m \cdot \frac{1}{\nu} \cdot 10000\, p_m\, \frac{\pi\, D^2}{4} \cdot \frac{2\, n\, S}{60}$$

für Viertaktmotoren $\nu = 4$ und für Zweitaktmotoren $\nu = 2$ setzt und die Konstanten zusammenfaßt, so erhält man:

$N_e = 0{,}872\ \eta_m\, p_m\, D^2 n\, S$ für Viertaktmotoren,

$N_e = 1{,}743\ \eta_m\, p_m\, D^2 n\, S$ für Zweitaktmotoren, worin die Abmessungen in m und die Drücke in kg/cm² angegeben sind.

1. 50 PS - V i e r t a k t - D i e s e l m o t o r, $n = 180$.

Die mittlere Kolbengeschwindigkeit sei $v = 3$ m in der Sekunde. Man hat demgemäß aus $v = \dfrac{2 n S}{60}$ den Hub $S = 0,5$ m.

$$N_e = 50 = 0,872 \cdot \eta_m \cdot p_m \cdot D^2 \cdot 180 \cdot 0,5.$$

Angenommen:

$$\eta_m = 0,76 \text{ und } p_m = 6,9$$
$$50 = 0,872 \cdot 0,76 \cdot 6,9 \cdot D^2 \cdot 180 \cdot 0,5$$
$$D^2 = 0,1212 \text{ daraus } D = 0,348 = \sim 0,350.$$

Für eine Motorleistung von 50 PS bei 180 Umdrehungen in der Minute ergibt sich demgemäß $D = 350$ mm. $S = 500$ mm (L. & W.).

2. V i e r t a k t - D i e s e l m o t o r mit einer Zylinderleistung von 150 PS, $n = 155$.

In Anbetracht der großen Leistung des Motors muß man $v = \sim 4$ m in der Sekunde setzen.

S werde gleich 780 mm festgesetzt.

$$N_e = 150 = 0,872 \cdot \eta_m \cdot p_m \cdot D^2 \cdot 155 \cdot 0,78.$$

Angenommen:

$$\eta_m = 0,78, \ p_m = 6,7$$
$$150 = 0,872 \cdot 0,78 \cdot 6,7 \cdot D^2 \cdot 155 \cdot 0,78$$
$$D^2 = 0,272 \qquad D = \sim 0,520$$

man hat demgemäß

$$D = 520, \ S = 780 \text{ mm (M. A. N.).}$$

3. S c h n e l l ä u f e r, V i e r t a k t m o t o r, Z y l i n d e r l e i s t u n g 40 PS; $n = 375$.

Angenommen $v = 3,75$ m in der Sekunde und $S = 300$ mm.

$$N_e = 40 = 0,872 \cdot \eta_m \cdot p_m \cdot D^2 \cdot 375 \cdot 0,3.$$

Angenommen:

$$\eta_m = 0,7 \text{ und } p_m = 7$$
$$N = 40 = 0,872 \cdot 0,70 \cdot 7 \cdot D^2 \cdot 375 \cdot 0,30$$
$$D^2 = 0,0832 \qquad D = 0,288 = \sim 0,29$$

man hat demgemäß

$$D = 290 \qquad S = 300 \text{ mm.}$$

Es ist beachtenswert, daß man, um die Kolbengeschwindigkeit im richtigen Maße zu halten, auf die sonst üblichen Werte des Verhältnisses $\frac{S}{D}$ Verzicht geleistet hat.

4. Z w e i t a k t m o t o r v o n 250 P S p r o Z y l i n - d e r , 157 U m d r e h u n g e n (zur direkten Kupplung mit Drehhstromgenerator zu 42 Perioden).

Angenommen:

$$v = \infty\, 3{,}75, \quad S = \frac{30 \cdot 3{,}75}{157} = 0{,}717 = \infty\, 0{,}72$$

$$N_e = 250 = 1{,}743 \cdot \eta_m \cdot p_m \cdot D^2 \cdot 157 \cdot 0{,}72.$$

Angenommen: $\eta_m = 0{,}72$ und $p_m = 7$

$$D^2 = \infty\, 0{,}25 \qquad D = 0{,}50.$$

Somit setzt man:

$$D = 500 \qquad S = 720 \text{ mm (Sulzer).}$$

5. 100 P S - Z w e i t a k t - V i e r z y l i n d e r - S c h i f f s - m o t o r (Zylinderleistung 25 PS) bei 390 Umdrehungen.

$$v = 3{,}25, \qquad S = 0{,}25$$

$$N_e = 25 = 1{,}743 \cdot \eta_m \cdot p_m \cdot D^2 \cdot 390 \cdot 0{,}25$$

$$\eta_m = 0{,}68, \quad p_m = 6{,}7$$

gibt

$$D^2 = 0{,}0324 \qquad D = 0{,}18$$

$$D = 180 \qquad S = 250 \text{ mm (Sulzer).}$$

Für die erste überschlägige Berechnung kann man dem Produkt $\eta_m \cdot p_m$ einen mittleren konstanten Wert geben und es mit der anderen konstanten Formel zusammenfassen, man erhält dann die Beziehung:

$$N_e = K D^2 S n$$

worin der Wert K für gewöhnliche Fälle von Gewerbemotoren

$$K = 4{,}5 \text{ bis } 4{,}6 \text{ für Viertaktmotoren,}$$

$$K = 8{,}4 \text{ bis } 8{,}8 \text{ für Zweitaktmotoren}$$

ist.

Zweiter Teil.

Erstes Kapitel

Grundplatte, Gestell, Zylinder.

Der stehende Dieselmotor sitzt auf dem Fundament mit einer besonderen G r u n d p l a t t e; diese trägt die Kurbelwellenlager sowie die Paßflächen zum Aufsetzen des Gestells (Fig. 41). Zum Festhalten auf dem Fundament dienen die

Fig. 41.

bekannten Ausführungen von Verankerungen. Mit dem Gestell wird die Grundplatte durch starke Schrauben verbunden, beide werden deshalb an den Paßflächen sauber bearbeitet. Bei Dieselmotoren besteht die Grundplatte und Gestell selten

aus einem Stück; diese Ausführung kommt nur bei Schiffsmotoren oder ganz kleinen Einheiten vor.

Gewöhnlich besteht die Grundplatte aus Gußeisen;
bei schnellaufenden und sehr leichten Motoren auch aus
Stahlguß oder Bronze.

Bei Mehrzylindermotoren ist die Grundplatte auch aus
einem Stück. Bei Einheiten großer Leistung, bei Sechs-
oder Achtzylinderanordnung teilt man den Motor manchmal in zwei Hälften, zwischen denen das Schwungrad angeordnet wird. Auch für große Vierzylindermotoren gibt es
Ausführungen, bei welchen die Grundplatte senkrecht zur

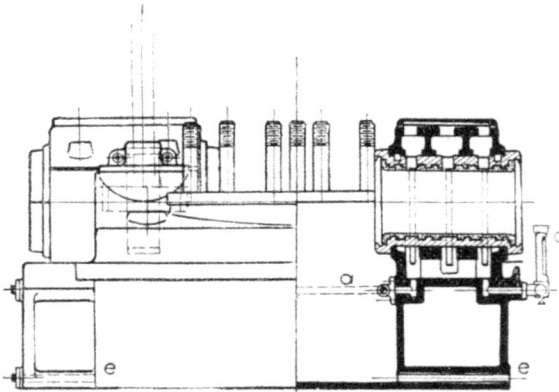

Fig. 42.

Kurbelachse in zwei Stücke geteilt ist, welche zusammen-
gepaßt und verflanscht werden. Diese teuere Ausführung wird
aber nur dann gewählt, wenn die Abmessungen der Ar-
beitsstücke so groß werden, daß man in der Gießerei ein Verziehen des Modells oder Weichen des Sandes befürchten muß,
ebenso wenn zur Bearbeitung nicht genügend große Werkzeug-
maschinen zur Verfügung stehen oder der Transport besondere
Schwierigkeiten bieten könnte.

Fig. 42 bis 43 stellt eine Grundplatte für einen Ein-
zylindermotor normaler Umdrehungszahl vor. Die Schalen
der beiden Lager sind mit Weißmetall ausgegossen. Die

Lager sind selbsttätige Ringschmierlager. Das eine erscheint von außen gesehen länger als das andere und ist in zwei kürzere Lager unterteilt, zwischen denen das Schraubenrad liegt, welches die Steuerorgane antreibt.

Die Schraubenräder und das Stehlager der Zwischenwelle liegen in dem gleichen Ölbad, aus welchem die Lagerschmierringe das Öl in die Lager fördern (s. Fig. 44, Tafel X).

Die Grundplatten für Mehrylindermotoren haben die gleiche Ausführung wie die Grundplatte auf Fig. 42 u. 43. Die Lagerzahl ist um eins größer als die Zylinderzahl.

Die Ölkammern der verschiedenen Lager stehen untereinander und mit einem Ölstandstandszeiger c aus Glas durch ein Rohr a (Fig. 42 u. 43) in Verbindung.

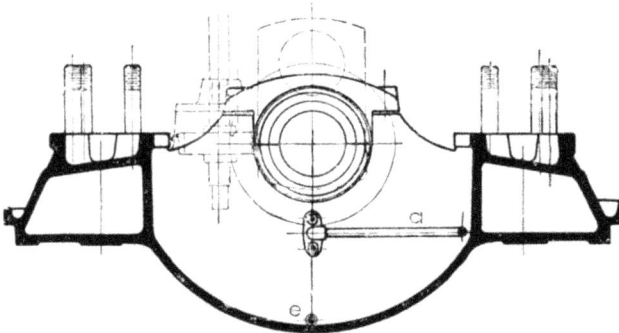

Fig. 43.

Eine andere Rohrleitung e verbindet die Kurbelgruben untereinander und mit außen und dient dazu, das von den Kolben tropfende Öl abzulassen. Das Lagerschmieröl ist nach Reinigung mit einem Zusatz neuen Öles wieder verwendbar, das von den Kolben ablaufende Öl dagegen kann, da es zum größten Teil verbrannt ist, nicht mehr als Schmieröl verwendet werden und wird öfters als Brennstoff für den Motor genommen.

Schnellaufende Motoren haben ähnliche Grundplatten wie die langsamlaufenden Motoren. Da die Schmierung im allgemeinen als Druckschmierung ausgebildet ist, so sind

die Lager entsprechend gebaut, und die Kurbelwanne ist
zum Sammeln und Kühlen des reichlich von den Lagern und
Schubstangenköpfen tropfenden Öles eingerichtet. Von dort
wird das Öl einer Pumpe zugeführt und dann aufs neue wieder
in Umlauf gebracht.

Zur Kühlung des Öles läßt man Wasser durch Rohrleitungen im Öl oder zwischen doppelten Wänden hindurch-
fließen (Fig. 45).

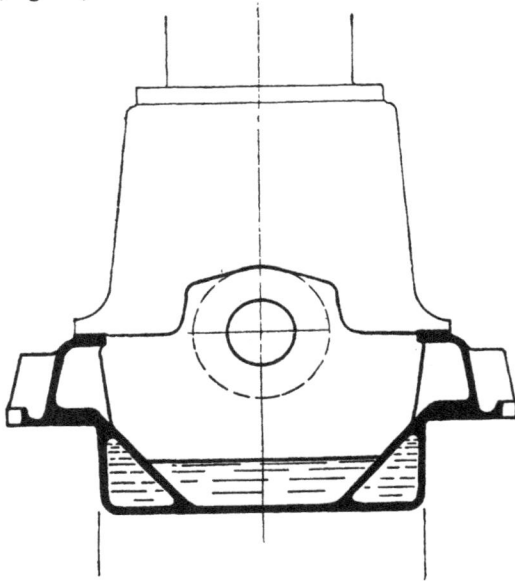

Fig. 45.

Auch die Lager sind manchmal wassergekühlt. Man läßt
das Wasser durch die untere Lagerschale, aber zuweilen auch
durch die Lagerdeckel strömen.

Die Druckschmierung, welche ohne größeren Ölverbrauch
sehr gute Erfolge zeigt, findet immer mehr Anwendung,
einige Firmen verwenden sie in neuerer Zeit auch bei Motoren
normaler Umdrehungszahl.

Für Grundplatten lassen sich keine Unterlagen zur Berechnung geben. Von Fall zu Fall lassen sich nach dem Auf-

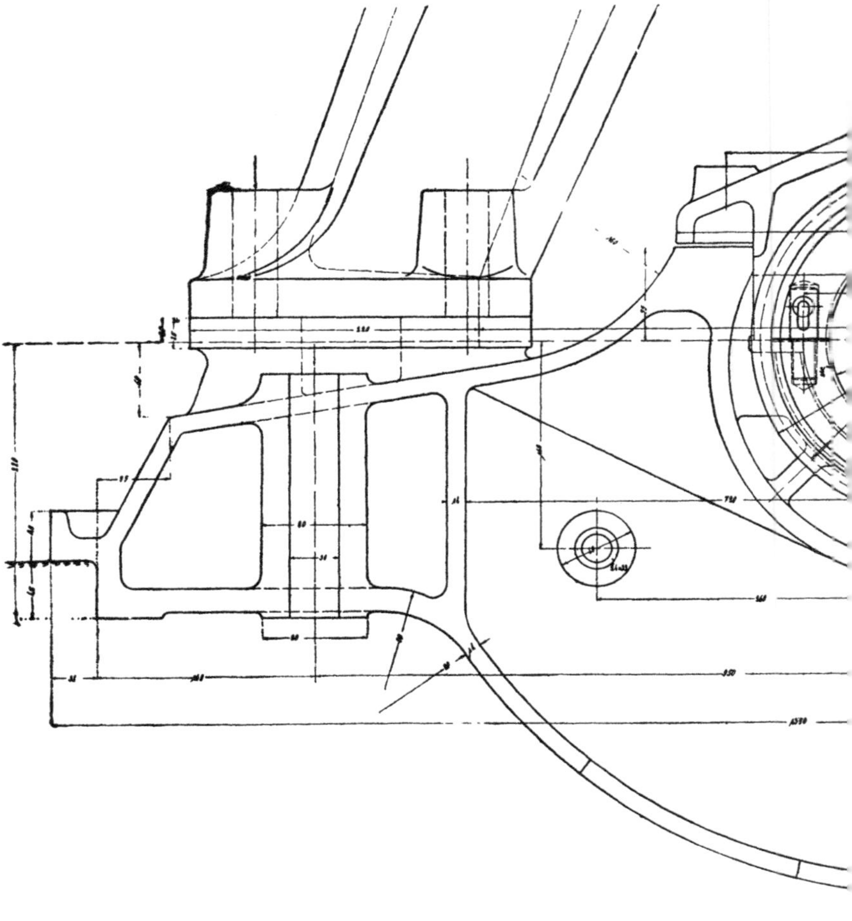

Fig. 44. Querschnitt durch (

Supino-Zeman, Dieselmotoren.

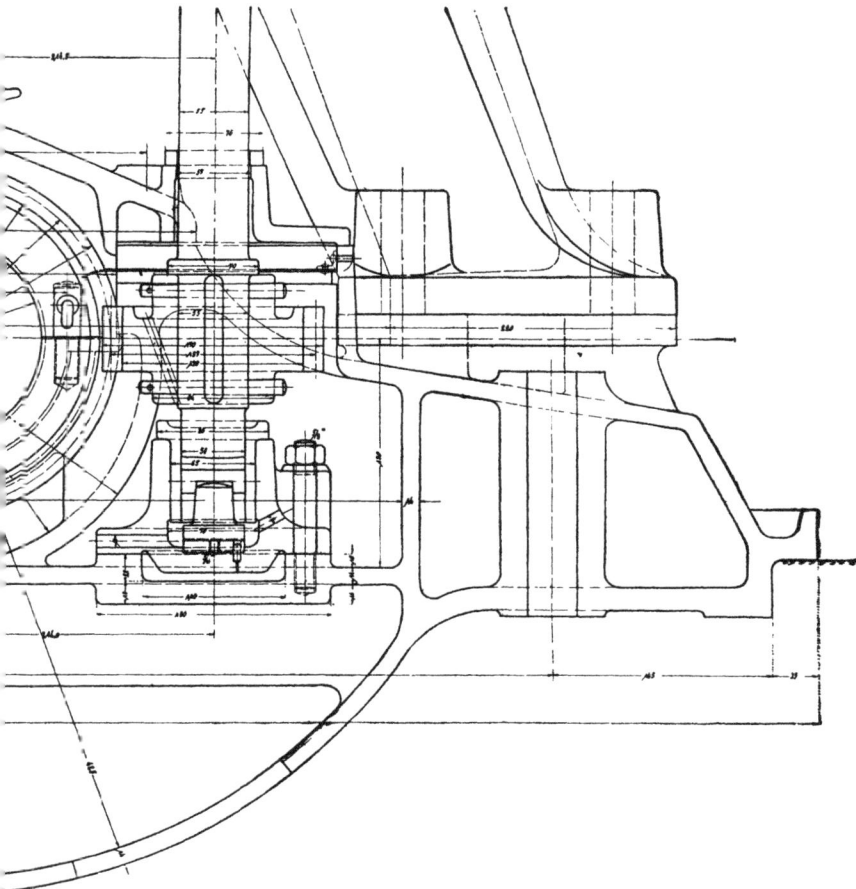

Lager auf der Steuerwellenseite.

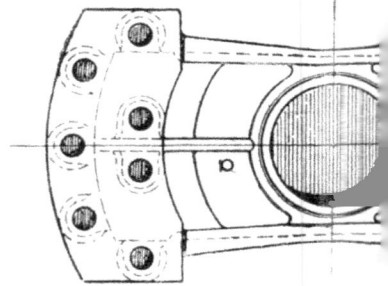

Fig. 48.

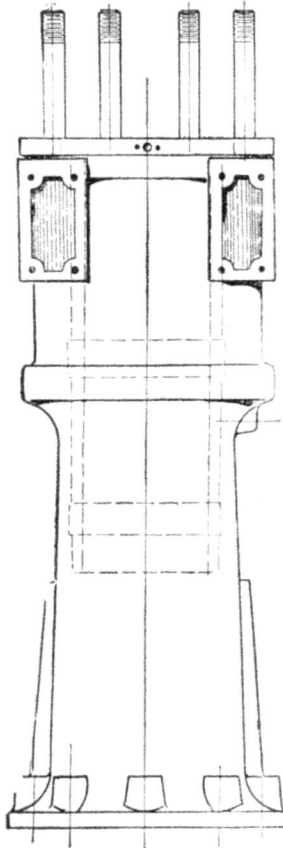

Fig. 46.

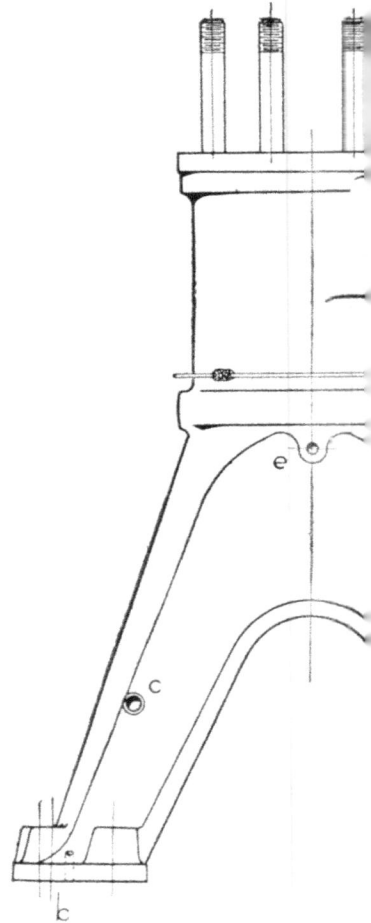

Fig. 47.

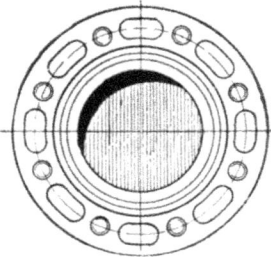

Fig. 49.

Supino-Zeman, Dieselmotoren.

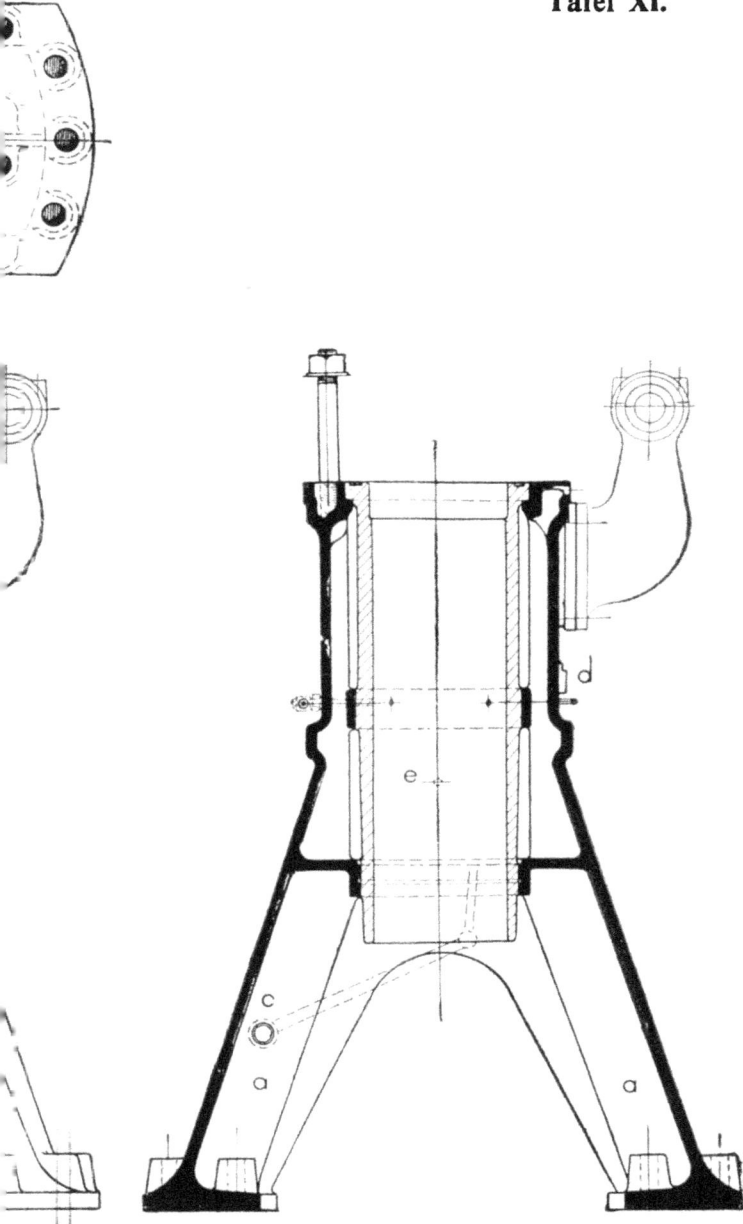

Fig. 50.

zeichnen einiger Schnitte die Beanspruchungen überschlägig feststellen. Die Abmessungen der Lager sollen in dem Kapitel über Kurbelwellen behandelt werden.

Wie schon erwähnt, ist das G e s t e l l mit der Grundplatte verschraubt. Dies geschieht meistens durch Stiftschrauben, die in der Grundplatte sitzen. Bei langsamlaufenden Motoren besteht Zylindermantel und Fußgestell meistens aus einem Stück, die Laufbüchse ist eingesetzt und kann sich der Länge nach frei dehnen (Fig. 46, 47, 48, 49, 50, Tafel XI).

Die Paßflächen zwischen Gestell und Grundplatte müssen genau bearbeitet sein und bei der Aufstellung von Hand nachgerichtet werden, da davon zwei wichtige Dinge abhängen, nämlich das Senkrechtstehen des Zylinders zur Kurbelachse und die Größe des Verdichtungsraumes im Zylinder.

Der in die Grundplatte eingelassene Paßstift, der genau in das Loch b (Fig. 49) des Gestells paßt, sichert das Zusammenfallen der Mittellinien von Gestell und Kurbel. Man kann deshalb bei dessen Anordnung davon absehen, die Löcher für die Schraubenbolzen der Grundplatte im Gestell passend zu bearbeiten.

Die Schenkel des Gestells können geschlossenen (Fig. 51) oder offenen Querschnitt mit Längsrippen in der Mitte oder auf beiden Seiten haben (a Fig. 48 u. 50). Wird der Kompressor außen am Zylindermantel angebracht, so muß man im Gestell eine Öffnung entsprechend dem Ausschlag des Hebels, der zur Übertragung der Pleuelstangenbewegung dient, freilassen (Fig. 51). Bei manchen Ausführungen ist in den Schenkeln eine zweite Öffnung, ähnlich wie die für den Kompressorhebel vorgesehen, um den Pleuelstangenkopf leichter montieren und nachsehen zu können.

Das Loch c (Fig. 49 u. 50) mit einer Bronzebüchse ausgefüttert, ist eines der beiden Lager der Welle, welche die hin und her gehende Kolbenbewegung außerhalb auf eine kleine Kurbel überträgt, von wo aus der Antrieb des Indikators und im allgemeinen auch der der Schmierölpumpe für Kolben und Kolbenzapfen erfolgt.

Das für den Kolben bestimmte Schmieröl wird in ein
Ringrohr aus Kupfer gedrückt, aus welchem es in den Zy-
linder durch vier in diesen eingeschraubte Röhrchen eintritt.
Diese sind beim Durchgang durch den Zylindermantel mit
Stopfbüchsen versehen, um den Austritt des Kühlwassers zu

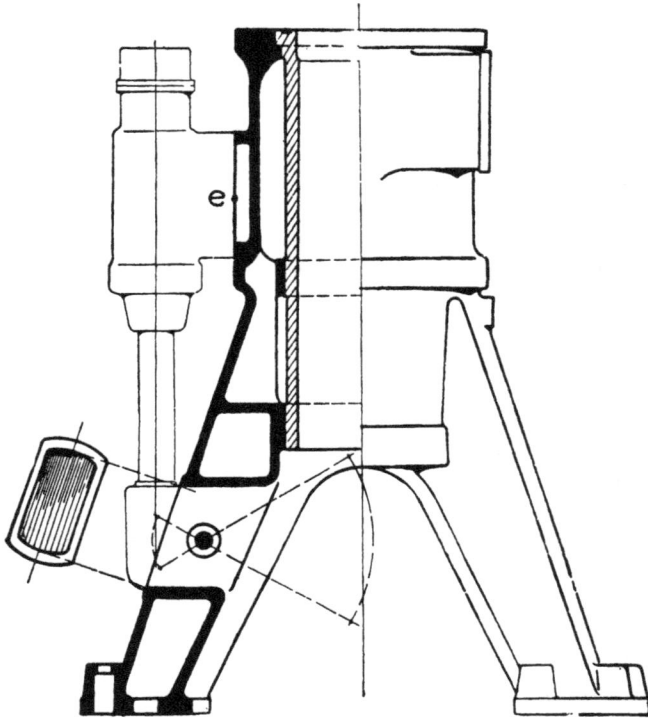

Fig. 51.

vermeiden (s. nächster Abschnitt) und sind gegeneinander
um 90⁰ und zur Richtung der Kurbelachse um 45⁰ versetzt. Da hauptsächlich die vordere und hintere Zylinderwand beansprucht werden, können diese Röhrchen auch
ungleichmäßig verteilt am Umfang des Zylinders sitzen, so
daß sie an der Vorder- und Hinterseite des Motors näher
beieinander liegen. Ihre Mündung muß selbstverständlich

immer von dem Kolben verdeckt werden. Sie münden ungefähr an der Stelle, an welcher sich der erste Kolbenring in der
unteren Totpunktlage des Kolbens befindet.

Das Öl für den Kolbenzapfen tritt in e (Fig. 49) ein und
sammelt sich in einer Vertiefung im Kolben, wie wir später
bei Beschreibung dieses Maschinenteiles sehen werden.

Der Ansatz d (Fig. 49 u. 50) dient zur Unterstützung der
Bedienungsgalerie. Diese erstreckt sich über die ganze Stirn-
seite des Motors und geht manchmal auch noch um den
Motor herum.

Sitzt der Kompressor vorne am Gestell, so ist da-
selbst eine Paßfläche vorzusehen (Fig. 51). Da der schädliche Raum des Kompressors sehr klein ist, muß seine Stellung
mit der größten Genauigkeit fixiert werden; zu diesem Zweck
ist an seinem Sitz eine Leiste oder ein Paßstift angebracht,
welche bei der Montage eingepaßt werden.

Mittels Paßleiste oder Paßstift wird auch die Lage der
Steuerwellenlager bestimmt, welche ebenfalls meistens am
Gestell befestigt werden.

Einfacher wäre es, wie es auch manchmal ausgeführt
wird, diese Lager am Zylinderkopf anzubringen; dadurch
würde aber dessen Montage noch umständlicher. Durch die
große Zahl der Rohrleitungen, welche am Zylinderkopf sitzen,
macht die Montage an und für sich schon genügend Arbeit.
Wenn nun diese Lager am Zylinderkopf angeordnet wären,
so müßte, um den Zylinderkopf abzuheben, auch noch das
Schraubengetriebe der Steuerwelle abmontiert werden. Das
ist bei Mehrzylindermotoren, wenn man nur einen Zylinderkopf abheben will, ganz besonders unangenehm.

Der obere Teil des Gestells muß sehr kräftig ausgebildet
werden, damit darin die starken Stiftschrauben versenkt
werden können, welche Gestell und Zylinderkopf verbinden.

Es wird hierdurch der Einfluß des Kühlwassers ausgeschaltet, womit man auch erreicht, daß das Zylinderende auf höhere
Temperatur gehalten wird. Auch wenn, wie in Fig. 51, das
Material, worin die Schrauben eingelassen sind, nicht voll ist,
trägt man doch aus den obengenannten Gründen Sorge, daß
der Wassermantel nicht bis zu dem Teil der Zylinderfläche

reicht, welcher während der Verdichtung und Verbrennung vom Kolben nicht überschliffen wird (Fig. 50).

Das Kühlwasser tritt durch eine Muffenverbindung aus dem Zylindermantel, geht in den Zylinderkopf über und kommt demgemäß dort schon lauwarm[1]) an.

Fig. 52 zeigt das Gestell eines stehenden Zweitaktmotors, bei dem die Spülung durch Ventile erfolgt. Man sieht hier zur Ableitung der Auspuffgase einen ringförmigen Kanal, welcher mit dem Gestell aus einem Stück gegossen ist und zum Zwecke der Wasserkühlung doppelte Wände besitzt. Auch der Teil der Zylinderwandung zwischen den Auspuffschlitzen ist wassergekühlt; der Wassereintritt erfolgt durch ein gebohrtes Loch.

Schnelläufer haben meistens ein leichtes Kastengestell. Dasselbe besteht auch bei Mehrzylinderanordnung für den ganzen Motor aus einem Stück. Die Zylinder und meistens auch der Kompressor werden in das Gestell eingesetzt und mit demselben verschraubt (Fig. 21 u. 22, Tafel V). Es gibt auch

---

[1]) Bei den liegenden Diesel- und Gasmotoren sind im allgemeinen für Zylinderkopf und Zylinder zwei voneinander unabhängige Kühlwasserleitungen angeordnet; wenn, wie es jedoch manchmal, aber nur bei Gasmotoren, der Fall ist, auch hier nur eine einzige Rohrleitung vorhanden ist, so tritt das Wasser aus dem Zylinderkopf in den Zylinder über, also umgekehrt, wie es hier für die Dieselmotoren angegeben ist.

Der Grund hierfür liegt in der Notwendigkeit, den Verdichtungsraum der Gasmotoren so kühl als möglich zu halten, damit die Verdichtung ohne Gefahr einer Vorzündung so hoch als möglich getrieben werden kann. Bei Dieselmotoren liegt diese Gefahr nicht vor; es muß die Luft am Ende der Verdichtung möglichst warm sein, damit der Brennstoff sich sicher von selbst entzündet.

Da die mittlere richtig eingestellte Kühlwassertemperatur im Zylindermantel für Gas- und Dieselmotor gleich hoch vorausgesetzt werden kann, erklärt sich aus dem Umstand, daß im Zylinderkopf des Dieselmotors die Kühlwassertemperatur höher sein kann, der Minderverbrauch an Kühlwasser beim Dieselmotor gegenüber dem Verbrauch des Gasmotors, auch wenn man das Wasser nicht berücksichtigt, welches der letztere für den Gaserzeuger und den Reiniger verbraucht.

neuere Ausführungen von Gewerbemotoren, bei welchen
dieses Gestell angewandt wird (G. M. A., Neederlandsche
u. a. m.), auch solche, wo Gestell und Laufbüchse zusammen-
gegossen sind (G. M. A., Sabathé usw.). Diese Kastengestelle
haben dünne Wände und sind innen durch Rippen versteift.

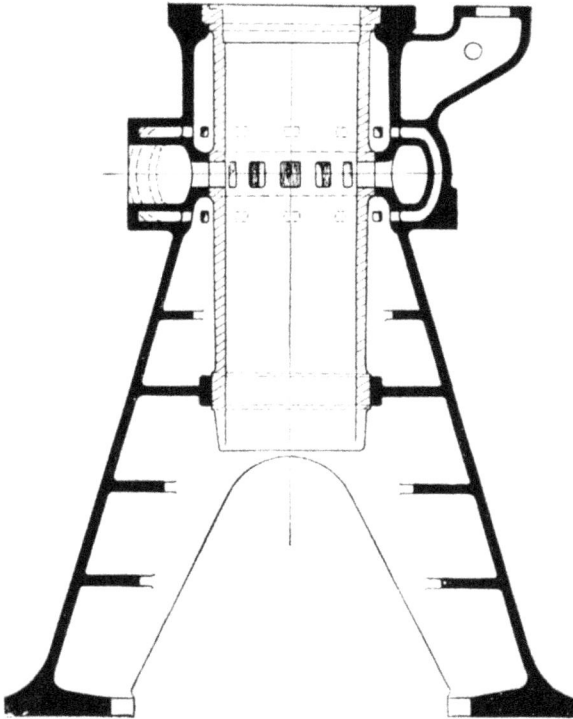

Fig. 52.

Zum Nachsehen dienen große Öffnungen, welche geschlossen
werden, damit das Öl der Druckschmierung nicht heraus-
spritzt.

Um das Herausnehmen der Kurbelwelle ohne Abheben
der Zylinder und des Gestells zu ermöglichen und um den
Motor (wenn er abgestellt ist) besser zugänglich zu machen,

5*

baut die Firma Sabathé ein Kastengestell, bei dem eine Wand
vollständig weggenommen werden kann (Fig. 53). Eine ähnliche Ausführung haben einige Schnelläufer der M. A. N.
(Werk Augsburg)[1]).

Es gibt auch Ausführungen von Schnelläufermotoren,
bei denen jeder Zylinder sein eigenes Gestell hat, ganz
ähnlich wie bei langsamlaufenden
Motoren. Der Raum, in dem sich
die Kurbeln bewegen, muß dabei
jedoch unter allen Umständen nach
außen geschlossen sein (Sulzer).

Bei ganz leichten Marinetypen
trifft man auch sog. Torpedoanord-
nungen, bei der die Zylinder mit
der Grundplatte durch Säulen aus
Schmiedestahl verbunden sind,
die durch Spannstangen verstrebt
werden.

Bei liegenden Motoren tritt an
Stelle der vorbeschriebenen Grundplatte und darauf befestigten Gestells ein einziges, den Zwecken
beider Teile entsprechendes Rah-
mengestell. Die Rahmengestelle der
liegenden einfachwirkenden und doppeltwirkenden Dieselmotoren sind
ähnlich ausgeführt wie die Gestelle
der entsprechenden liegenden Gas-
maschinen.

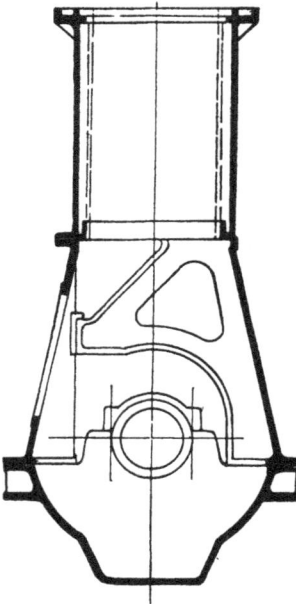

Fig. 53.

Fig. 54 zeigt das Gestell eines einfachwirkenden liegenden Viertaktmotors (M. A. N., Körting), und zwar ist es
das Gestell einer Doppelmaschine, welche durch die Ver-
einigung zweier Gestelle bzw. Zylinder in einem Gußstück
entstanden ist. Der Antrieb der Steuerung erfolgt durch eine
für beide Zylinder gemeinsame Steuerwelle und ein gemein-
sames Exzenter für die zwei Einlaß- und Auslaßventile. Für

---

[1]) Z. d. V. d. I. 1911, S. 1313.

höhere Leistungen können wiederum zwei solcher Doppelmaschinen zusammengestellt werden.

Die Laufbüchsen sind ebenso wie bei den stehenden
Gestellen eingesetzt. Auf der einen Seite des Gestells be-

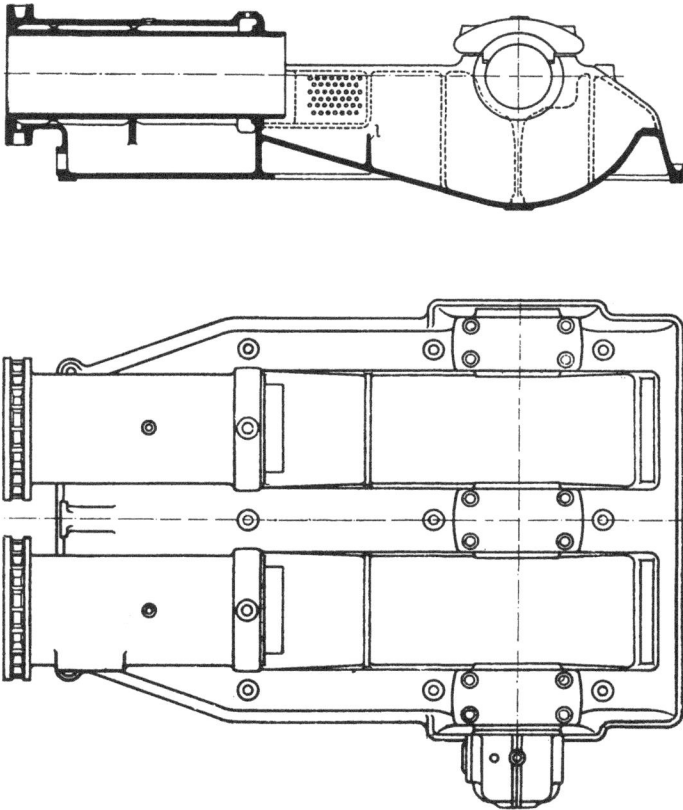

Fig. 54.

finden sich die Paßflächen zum Anbringen der Steuerwellenlager, des Regulatorbockes, der Brennstoff- und Schmieröl-
pumpen und blei kleineren Maschinen des Kompressors. Bei
Maschinen größerer Leistung wird dieser meist auf einem
besonderen Gestell neben dem Maschinengestell angeordnet.

Die Verbrennungsluft wird aus dem Innern des Gestells
angesaugt, wodurch das Ansaugegeräusch wesentlich vermindert und auch verhindert wird, daß etwaige aus dem
Zylinder austretende Verbrennungsgase oder Schmieröldämpfe in den Maschinenraum eintreten können. Die Luft
geht durch den hohlen Gestellbalken (bei Doppelgestellen
durch den mittleren) bis zu einem kurzen Rohrstück,
welches den Gestellbalken mit dem Zylinderkopf verbindet.

Zwischen den Kurbelwellenlagern liegt die Kurbelwanne.
In ihr sammelt sich das vom Triebwerk abspritzende Öl,
welches abgelassen und nach Reinigung wieder verwendet
werden kann. Eine Leiste l sammelt das vom Zylinder kom-

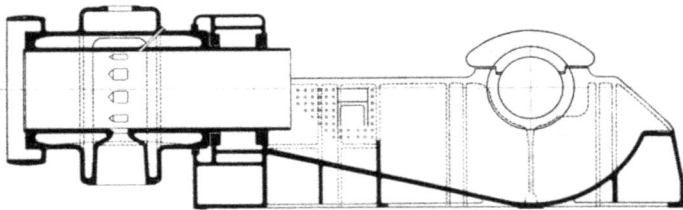

Fig. 55.

mende verbrannte Schmieröl und verhindert, daß es das übrige
Öl verunreinigt.

Auf der einen Seite des Gestells ist neben dem Kurbelwellenlager das Gehäuse mit Lager für die Schraubenräder der
Steuerwelle angebracht. Dieses ist öldicht abgeschlossen, damit
die Schraubenräder ständig in einem Ölbad laufen können.

Das zur Schmierung des Kolbens bestimmte Öl wird
durch eine kleine, von der Steuerwelle aus angetriebene Pumpe
oben durch den Zylindermantel in den Zylinder eingedrückt.
Diese eine Schmierstelle genügt bei Viertaktmotoren, da
sich das Öl von oben nach unten laufend gleichmäßig im
Zylinder verteilt.

Fig. 55 zeigt das Doppelgestell einer einfachwirkenden
Zweitaktmaschine mit an den Rahmen angebauten doppel-
wandigen Zylindern, welche am äußersten Ende von einem
Fuß unterstützt werden.

Auf der Seite des Rahmens sind wie bei dem Gestell der liegenden Viertaktmaschinen Kompressor usw. und auch die Spülpumpe angebaut.

Auch hier ist in der Kurbelgrube eine parallel der Kurbelachse verlaufende Leiste angebracht, welche dazu dient,. das noch verwendbare Öl von dem aus dem Zylinder tretenden Öl und von dem etwa aus der Kolbenkühlvorrichtung rinnenden Wasser zu trennen.

Die Berechnung der Gestelle ist sehr unbestimmt. Die Abmessungen vieler Teile werden mehr mit Rücksicht auf die Gießerei als auf die Festigkeit bestimmt. Die Festigkeit der hauptsächlich beanspruchten Querschnitte ist jedoch nachzuprüfen. Hauptsächlich wird der vertikale Schnitt durch die Kurbellager nachgerechnet. Es ist üblich, so zu rechnen, als ob die Verankerung nicht versteifend wirkte, weil man ihren Einfluß nicht übersehen kann und weil sie oft auf dem Versuchsstand gar nicht vorhanden ist. Die Beanspruchung darf bis 2 kg/mm² betragen.

Die Z y l i n d e r werden meist unabhängig vom Gestell hergestellt und einfach in dasselbe eingepaßt, so daß sie sich in der Längsrichtung frei dehnen können. Man stellt sie aus hartem Gußeisen mit einem großen verlorenen Kopf her. An dem einen Ende beim Zylinderkopf (Fig. 56) haben sie einen Flansch, welcher im Gestell eingepaßt ist. Dieser muß sorgfältig berechnet sein; man muß hier Spannungen Rechnung tragen, welche durch den Druck der zwischen Zylinder und Zylinderkopf eingepreßten Dichtung auftreten. Die Vertiefung für diese Dichtung kann vollständig im Zylinder oder zur Hälfte im Zylinder und zur Hälfte im Gestell angebracht sein (Fig. 57). Durch die letztere Anordnung erhält man auch eine sicherere Abdichtung gegen das Kühlwasser.

Das äußerste Ende des Zylinders ist im Gestell so geführt, daß er sich bei Erwärmung frei dehnen kann.

Das Abdichten des Wassers zwischen Zylinder und Gestell geschieht durch irgendeine der Anordnungen, welche auch bei Gasmotoren in Gebrauch sind; gewöhnlich durch

eine Art Stopfbüchse oder mit gleich gutem Erfolg durch einen
zwischen Zylinder und Gestell angebrachten Gummiring,
welcher in einer Vertiefung *d* in der Zylinderführung sitzt.
(Fig. 56.) Außer von den beiden
äußeren Führungen wird der Zylinder meist auch noch von einer mittleren dazwischenliegenden gehalten
zum Zweck der Verstärkung gegen
den Seitendruck, der infolge der
Schrägstellung der Pleuelstange
auftritt.

Die Zylinder der obenerwähn-
ten liegenden Zweitaktmaschine sind
mit dem Kühlmantel und dem ring-

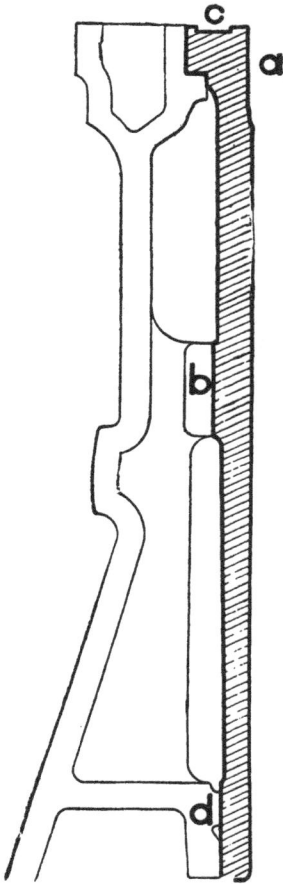

Fig. 57.

förmigen Auspuffkanal, in welchem
die Schlitze aus dem Innern des
Zylinders münden, aus einem Stück
gegossen, dadurch ist es nicht nötig,
an den Auslaßschlitzen besondere
Dichtung gegen das Kühlwasser vorzusehen. Das zur Schmierung des
Kolbens dienende Öl tritt unterhalb
der Auspuffschlitze auf der oberen
Zylinderhälfte ein. Die Auspuffschlitze sind nur auf beiden Seiten
des Zylinders angeordnet, somit sind

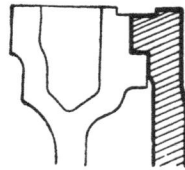

Fig. 56.

also oben und unten, wo die Gleitdrücke des Kolbens auftreten, keine Schlitze. Ein weiterer Vorteil dieser Anordnung
besteht darin, daß von dem von oben nach unten fließen-
den Öl nur wenig durch die Auspuffschlitze verloren geht.

Am inneren Ende ist der Zylinder etwas weiter ausge-
dreht als auf Kolbendurchmessser, und zwar bis zu der Stelle,
welche der erste Kolbenring um 1 bis 2 mm überschleift,
wenn die Kurbel im oberen Totpunkt steht. Durch diese Aussparung wird verhindert, daß da, wo der erste Kolbenring
am Hubende anhält, infolge der Abnutzung der Zylinderwände
durch den Kolbenring eine Stufe entsteht, gegen die der Ring
bei jeder Umdrehung anstoßen würde. Weiter dient diese
Aussparung auch zur leichteren Einführung des Kolbens in
den Zylinder.

Die Stärke der Zylinderwandungen nimmt im allgemeinen
nach außen ab. Für den inneren Teil, welcher den höchsten
Drücken ausgesetzt ist, läßt sich die Wandstärke mit der
Formel von Bach berechnen.

$$\delta = \frac{D}{2}\left(\sqrt{\frac{K + 0.4\,p}{K - 1.3\,p}} - 1\right),$$

worin D der Zylinderdurchmesser, K die Beanspruchung des
Materials in kg pro cm^2 und p der höchste Druck des Diagramms ist. Wird $K = 250$ und p z. B. zu 30 Atm. angenommen, so ist:

$$\delta = \frac{D}{2}\left(\sqrt{\frac{250 + 0.4 \cdot 30}{250 - 1.3 \cdot 30}} - 1\right) = 0.055\,D.$$

Zum Wert von δ, welchen man erhält, rechnet man immer
noch eine Konstante von 15 bis 10 mm für kleine bzw. große
Motoren hinzu, um dem Wiederausbohren Rechnung zu
tragen, das mit der Zeit durch das Unrundwerden infolge
Abnutzung notwendig wird. Diese Konstante, welche die
Sicherheit wesentlich vergrößert, macht es unnötig, den
Wert p aus übergroßer Vorsicht noch besonders hoch zu
setzen.

Die Länge des Zylinders wird aus Hub und Kolbenlänge
bestimmt. Steht der Kolben in seinem äußersten Totpunkt,
so darf er aus dem Zylinder um etwa $^1/_5$ seiner Länge heraus-
ragen.

Zweites Kapitel.

Kurbelwellen, Schubstangen, Kolben, Schwungräder.

Die Kräfte, welche auf die Kurbelwelle eines Dieselmotors wirken, sind infolge der großen Höchstdrücke auf den Kolben sehr bedeutend. Deshalb findet man, wie bei Verpuffungsmotoren, auch bei Dieselmotoren die charakteristischen kräftigen Wellen, obwohl bei den letzteren nicht die plötzlichen Drucksteigerungen auftreten wie bei den ersteren.

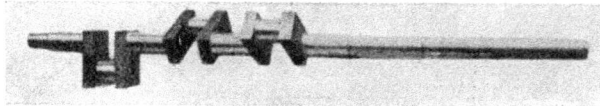

Fig. 58.

Die Kurbelwellen werden aus weichem Stahl hergestellt. Gewöhnlich, auch wenn der Motor mehrere Zylinder hat, aus einem Stück (Fig. 58). Es ist bei größeren Wellen schwer, die Kurbelkröpfung durch Biegen der Welle herzustellen. Die Kurbelwellen werden aus dem vollen Block geschmiedet und können deswegen nur in großen Stahlwerken hergestellt werden. Aus diesem Grunde beziehen sie auch die Dieselmotorenwerkstätten von dort, vorbearbeitet oder fertig. Die vorbearbeiteten Wellen haben an Stelle der Kurbeln Parallelepipede (Fig. 59. Umriß mit starken Linien gezeichnet). Aus diesen werden kleinere Prismen herausge-

schnitten (wie in Fig. 59 punktiert
angegeben) und aus dem verbleibenden Stück werden die Kurbel-
arme und Kurbelzapfen herausge-
arbeitet. Schließlich wird die Welle
auf der Drehbank fertig gedreht (in
Fig. 59 ist die fertig bearbeitete
Kurbelwelle dünn ausgezogen).

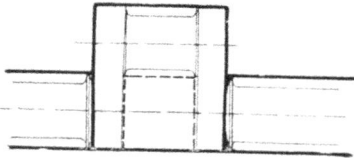

Fig. 59.

Auch die Bearbeitung auf der
Drehbank ist ziemlich schwierig,
da man das Stück nicht immer
auf seiner Länge in mehreren Punkten unterstützen kann (ganz besonders, wenn man die Kurbelzapfen
bearbeitet und der übrige Teil der
Welle sich nicht um die eigene Achse
dreht). Durch das Eigengewicht
biegt sich die Welle durch, und durch
den Angriff der Werkzeuge entstehen
oft ziemlich heftige Schwingungen.

In solchen Fällen benutzt man
manchmal besondere Drehbänke, bei
denen die Welle fest bleibt und der
Drehstahl sich um die Welle dreht.
Es scheint jedoch, daß die Erfolge
hinsichtlich Genauigkeit der Arbeit
nicht immer besser sind.

Fig. 60 zeigt eine fertige Kurbelwelle für einen Zwillings - Dieselmotor. Die Kurbeln sind gegen-

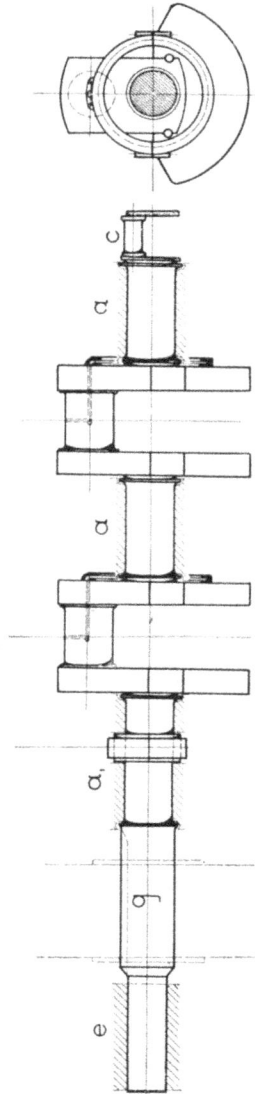

Fig. 60.

einander um 360° versetzt. Die kleine Kurbel c treibt die
Luftpumpen an. a, a und a_1 sind die Wellenstücke, welche
in den Lagern der Grundplatte laufen, auf das letztere ist
das Zahnrad zum Antrieb der Steuerung aufgesetzt, e ist
das Wellenstück im Außenlager.

Das Schwungrad und die Riemenscheibe werden auf den
Teil mit größerem Durchmesser aufgesetzt, in welchem die
Nuten für die Keile eingearbeitet sind.

Zur Schmierung der Schubstangenköpfe sind an allen
Kurbeln auch an der Kompressorkurbel Ringe aus Bronze
oder schmiedbarem Guß angebracht. Aus diesen tritt das
Öl infolge der Zentrifugalkraft in die Kurbelzapfen, von wo
es durch gebohrte Löcher auf die Lauffläche gelangt. Die
eben erwähnte Kompressorkurbel ist oft nicht aus einem
Stück mit der Welle, sondern durch Schrauben mit ver-
senkten Köpfen daran befestigt (vgl. Fig. 23, Tafel VI).

Die Kurbeln haben Gegengewichte, wie meistens bei
Ein- und Zweizylindermotoren (bei ersteren jedoch nicht
bei kleinen Einheiten). Bei Vierzylindermotoren ist die Anordnung von Gegengewichten bei entsprechender Kurbelversetzung nicht erforderlich, da dann die drehenden und die
hin- und hergehenden Massen sich in jeder Stellung untereinander ausgleichen, mit Ausnahme der Massen der Spülluftpumpen,
vorausgesetzt, daß nicht für jeden Zylinder eine solche vorhanden ist. Bei Dreizylindermotoren läßt man öfters die
Gegengewichte weg, obwohl sich die Massen nicht von selbst
ausgleichen, sondern ein Kräftepaar auftritt, welches auf die
Maschine eine Schaukelbewegung ausübt.

Im übrigen wird man auch bei Anwendung sehr großer
Gegengewichte, selbst wenn man sie mit Blei ausgießt (Fig. 61),
immer nur einen unvollständigen Massenausgleich erzielen.

Die Wellen der Schnelläufer sind im großen und ganzen
gleich denen der langsamlaufenden Motoren. Sie unterscheiden
sich nur durch das System der Schmierung, welche im allgemeinen eine Druckschmierung ist. Das Öl tritt am Lagerdeckel ein (Fig. 62), ein Teil dient zum Schmieren des Lagers
selbst, tritt heraus und fällt in die Grundplatte zurück. Der
Rest geht durch eine Bohrung in der Welle in den Schub-

stangenkopf. Auch hier geht ein Teil nach außen verloren, das, was noch übrig bleibt, geht durch die Kurbelstange zum Kolbenzapfen.

Das aus den Lagerschalen und den Schubstangenköpfen herausspritzende Öl sammelt sich wieder in der Grundplatte, wo es, wie im vorhergehenden Kapitel erwähnt (Fig. 45), abgekühlt und wieder in Umlauf gebracht wird.

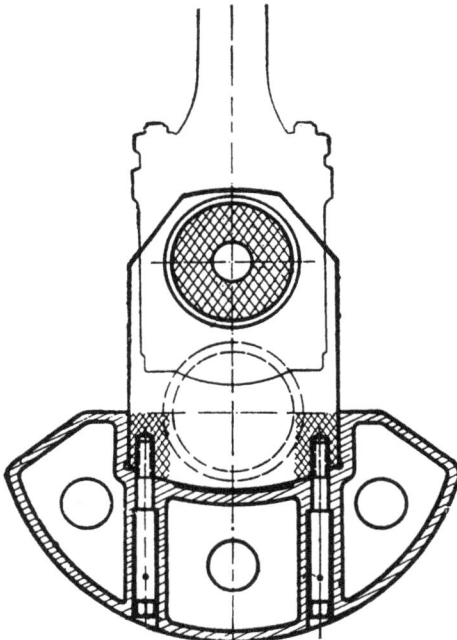

Fig 61

Über die Berechnung der Dieselmotorwellen ist nichts Besonderes zu erwähnen, sie erfolgt, wie bei allen anderen Kolbenmaschinen, auf Grund des Tangentialdruckdiagramms. Den Durchmesser des Kurbelzapfens hält man im allgemeinen mit dem Lagerzapfendurchmesser gleich; wenn er sich aus der Rechnung auch anders ergibt, richtet man sich doch nach den größeren Abmessungen. Für den Höchstdruck beim Anlassen durch Druckluft, wobei auf den Kolben 45 oder auch 50 Atm. wirken, darf die Beanspruchung 10 kg für den cm² erreichen.

Hat man die Abmessungen für die Welle des Einzylindermotors festgelegt, so kann man den Wellen für den Ausbau auf Zwei-, Drei- oder Vierzylindermotoren die gleichen Ab-

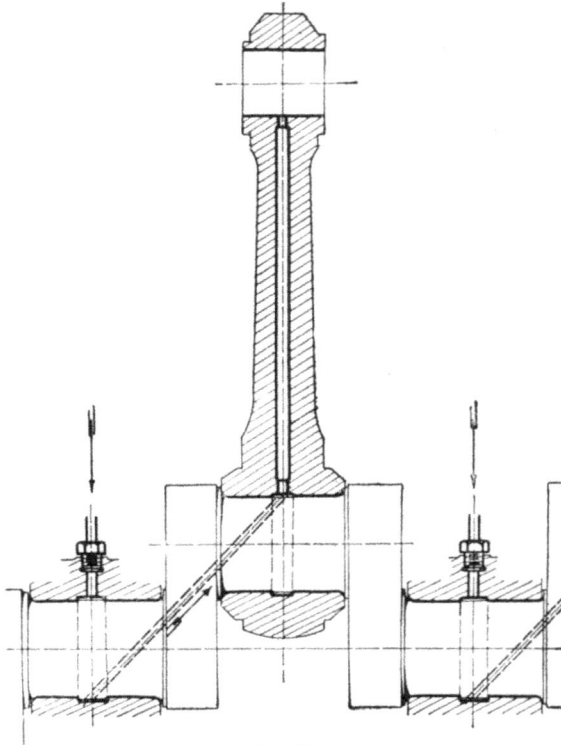

Fig. 62.

messungen geben, da die resultierenden Kräfte niemals merklich höher sind als die Höchstkraft in einem Zylinder.

Die Länge des Zapfens folgt aus der empirischen Gleichung

$$p \cdot v = K,$$

worin der Druck p sich durch Multiplikation der Kolbenbodenfläche mit dem mittleren Druck des Diagramms (für

Dieselmotoren etwa 7 Atm.) und durch Division dieses Produktes durch die Projektion der Zapfenfläche (Durchmesser multipliziert mit der Länge) ergibt.

$$p = \frac{\pi\, D^2}{4}\, \frac{p_m}{l \cdot d}$$

v ist die Umfangsgeschwindigkeit des Kurbelzapfens in Metern in der Sekunde.

K ist eine Konstante, abhängig von der Art des Zapfens, von dem System der Schmierung usw.

Für Viertaktmotoren mit normaler Geschwindigkeit ist:

$K = 14$ bis 16 für Ringschmierlager;
$K = 25$ bis 30 für die Kurbelzapfen mit Zentrifugalschmierung.

Für Schnelläufermotoren mit Druckschmierung ist:

$K = 30$ bis 40 für die Lager;
$K = 50$ bis 60 für die Kurbelzapfen.

Die Konstante für die Kurbelzapfen ist immer größer als die für die Lager, obschon die Schmierung der letzteren einfacher und besser ist. Dies erklärt sich durch die kräftige Ventilation, welche bei der Bewegung der Schubstangenköpfe entsteht.

Bei Ringschmierung wird der Abstand zwischen den Lagermitten normaler Motoren zweieinhalbmal so groß wie der Zylinderdurchmesser, wohingegen er bei Druckschmierung öfters nicht einmal gleich dem doppelten Zylinderdurchmesser wird.

Die Schubstangen für Dieselmotoren sind meist aus Schmiedestahl und manchmal, besonders aber bei leichten Motoren, hohl. Der Stangenkopf ist ein M a r i n e - k o p f , dessen Lagerschalen aus Gußeisen mit Weißmetallausguß oder Bronze hergestellt sind. Die Schrauben macht man genügend stark, wenn sie auch keinen bedeutenden Beanspruchungen ausgesetzt sind, und zwar rechnet man sie gewöhnlich für eine Beanspruchung von 200 kg/cm². Sie werden nur dann, und zwar auf Zug, beansprucht, wenn die

Massen vor dem Hubwechsel zu Ende des Auspuffens verzögert
werden müssen.

Beim Aufzeichnen ist zu berücksichtigen, daß die Abmessungen des Kopfes so sein müssen, daß der Kopf durch den
Zylinder durchgehen kann, da man den Kolben nur zusammen
mit der Schubstange herausnehmen kann.

Dieser Bedingung kann man bei großen Motoren oder
Schnelläufermotoren leichter entsprechen, wenn man den Kopf
anstatt mittels zweier mittels vier Schrauben zusammenhält.

In manchen Fällen ordnet man Stahl-
gußköpfe an, welche an das geschmiedete
Ende der Stange angeschraubt werden.
Mittels Einlagen zwischen Kopf und Stange
kann man sehr leicht den Verdichtungsgrad
einstellen (Fig. 63).

Den anderen Stangenknopf, der bei älteren Ausführungen meistens auch ein M a -
r i n e k o p f war, bildet man jetzt bei
kleineren Maschinen mit Vorliebe als geschlossenen Kopf aus, da diese Bauart billiger und einfacher ist. Bei Maschinen großer
Leistung lassen sich jedoch die Lagerschalen
eines zweiteiligen Kopfes leichter und besser
nachstellen als wie beim geschlossenen Kopf.

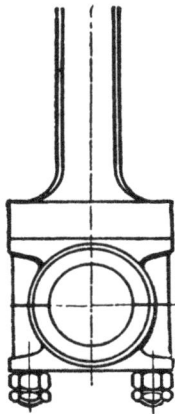

Fig. 63.

Bezüglich des Ausbauens der Schubstange bie-
tet die zweiteilige Ausführung gegenüber der geschlossenen jedoch
keine Vorteile, da man die Schubstange nicht herausnehmen
kann, wenn man den Kolben an Ort und Stelle läßt. Wenn man
den Kolben herauszieht, ist es sehr leicht, durch Herausschlagen
des Kolbenzapfens die Pleuelstange vom Kolben loszulösen.

Auch die Kolbenzapfenlagerschalen kann man außer aus
Bronze aus Guß (oder Stahlguß) mit Weißmetall ausgekleidet
herstellen.

Fig. 64 zeigt eine Kolbenstange, worin der Kolbenzapfen starr befestigt ist, der sich in den mit Lagern ver-
sehenen Warzen des Kolbens dreht. Bei dieser Konstruktion wird sich ein Unterschied zwischen Zylinderachse und
Kurbelmitte infolge ungenauen Ausrichtens mehr bemerkbar

machen. Aus diesem Grund ist die Kolbenstange oben breit
geschmiedet, damit sie in der Längsrichtung der Motorachse
weniger steif ist (Sabathémotoren).

Der Wert des Verhältnisses $\frac{l}{r}$ zwischen Schubstangenlänge und Kurbelhalbmesser ist bei stehenden Motoren immer

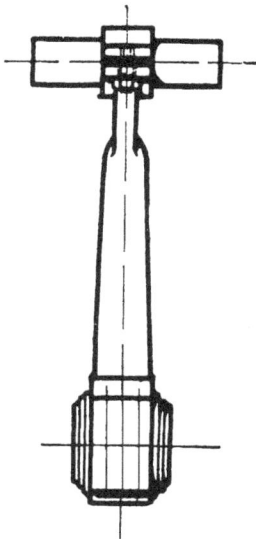

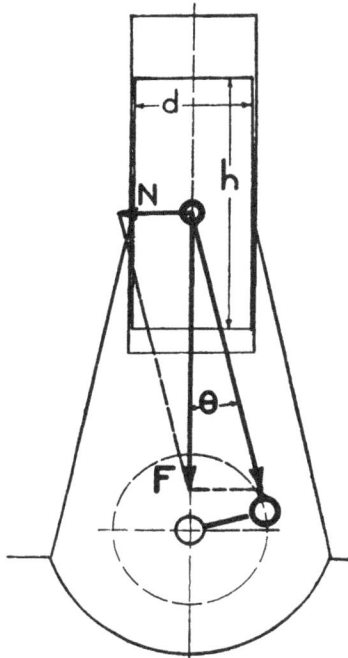

Fig. 64   Fig. 65.

etwa = 5, während er bei liegenden Motoren gewöhnlich = 6
oder mehr ist. Bei Schnelläufern oder Schiffsmotoren oder
in all den Fällen, wo man besonderen Wert auf geringe Bauhöhe der Maschine legt, sinkt dieser Wert öfters bis auf 4,5.

Bei einfach wirkenden Motoren hat der K o l b e n nicht
nur abzudichten, sondern er muß, da der Kreuzkopf fast immer
fehlt, auch als Führung dienen.

Da die Schubstange im allgemeinen kurz ist und die
Drücke hoch sind, ist die Komponente (Fig. 65) senkrecht zur
Bewegungsrichtung infolge der Schrägstellung der Schub-

Fig. 66.

stange sehr groß. Aus diesem Grunde kommt auch bei einfach wirkenden Motoren die Anordnung eines besonderen
Kreuzkopfes vor, meistens wird jedoch mit Rücksicht auf die
Billigkeit und die kleinere Bauhöhe der Kreuzkopf weggelassen
und wird durch besonders lange Kolben ersetzt (Fig. 66).

Fig. 68 zeigt einen solchen Kolben. Am Kolbenboden
und in der Gegend, wo sich die elastischen Kolbenringe befinden, bis zu den Kolbenzapfenwarzen, sind die Wandungen
stark, gegen das offene Ende des Kolbens werden sie schwächer
und sind teilweise durch Rippen c verstärkt. Die sechs oder
sieben Kolbenringe sind aus besonders gutem Gußeisen; ihre
Breite ist ungefähr gleich groß wie ihre Höhe[1]).

Die Kolbenringe werden zweimal hintereinander abge-
dreht. Das erstemal, bevor man sie auseinanderschneidet,
dreht man sie nach dem Durchmesser, den sie haben sollen,
wenn sie entspannt sind. Dann schneidet man sie, wie in
Fig. 67 dargestellt, auf, indem man den durch Schraffierung be-
zeichneten Teil wegnimmt und
dreht sie ein zweites Mal auf
den Zylinderdurchmesser, wobei sie durch einen kleinen Stift
zusammengehalten werden.

Um die gegeneinander ver-
setzten Ringe geschlossen zu
halten, läßt man einen kleinen

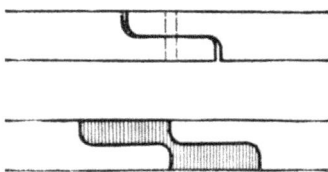

Fig. 67.

Stift, der im Kolben in jeder Nute angebracht ist, in ein
entsprechendes Loch im Ring eintreten.

Der Kolbenbolzen aus gehärtetem Stahl, genau aufs
Maß geschliffen, ist meist zylindrisch und wird von zwei
Stellschrauben festgehalten. Manchmal sind die in den
Kolben eingelassenen Teile des Bolzens leicht konisch. In
diesem Fall wird an der Verjüngung des Konus ein Teil abge-
dreht und ein Gewinde eingeschnitten, die darauf geschraubte
Mutter preßt sich gegen die Kolbenwandung und hält den
Bolzen fest. Der kleine Federkeil n verhindert den Bolzen,
sich zu drehen. Die Warzen im Kolben sind meistens durch
Rippen g versteift (s. Fig. 68).

Der Außendurchmesser des Kolbens ist um einige Zehntelmillimeter kleiner als der Zylinderdurchmesser. Am oberen
Teil, wo die Nuten für die Kolbenringe sind, ist der Durchmesser
des Kolbens wegen der größeren Dehnung durch die Wärme
noch um einige Zehntelmillimeter geringer.

---

[1]) Bach, Maschinenelemente. 10. Auflage, S. 731.

Der Kolbenboden ist manchmal eben, öfters gewölbt und hat stets eine große Wandstärke. Gewöhnlich ist er durch ringförmige Rippen verstärkt, wie in Fig. 68 im Schnitt gezeigt, oder durch Verstrebungen, die, wie in derselben Figur punktiert dargestellt, ausgebildet sind. Ist der Kolbenboden sehr konkav, so muß der Kolben am Hubende sehr nahe am Zylinderkopf stehen, damit der Verdichtungsraum genügend klein wird. In diesem Fall muß man, um für die Ventile Platz zu bekommen, am äußeren Rand zwei Aussparungen anbringen (Figur 69).

In die Schraubenlöcher a (Fig. 68) schraubt man Ösenschrauben ein, um den Kranhaken einzuhängen, wenn man den Kolben herauszieht. Bei den Sulzermotoren ist in der Mitte des Bodens ein Verteilerkegel m angeordnet, welcher die Zerstäubung des Brennstoffes zu begünstigen scheint. Dieselbe Firma setzt bei ihren neuesten Ausführungen an dieselbe Stelle eine Stahl- oder Nickelplatte, welche mit eingegossen ist und beabsichtigt damit, die Abnutzung zu vermindern, welche auf dem Kolbenboden durch das Aufspritzen des Brennstoffes entsteht.

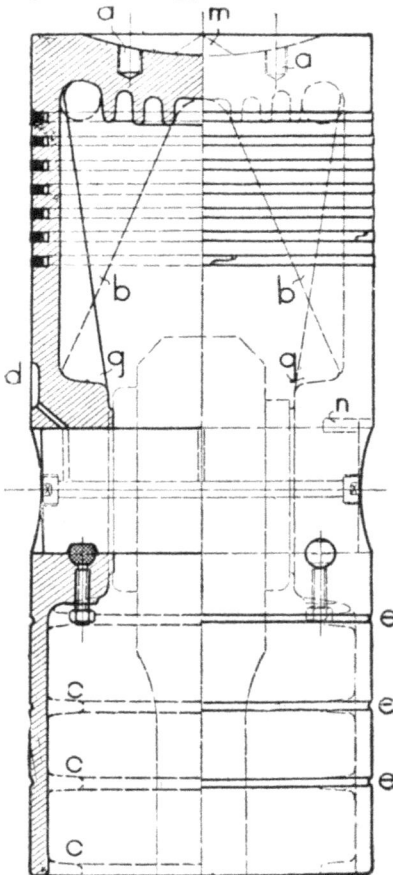

Fig. 68.

Die Verhältnisse, unter denen die Kolbenböden der
Dieselmotoren arbeiten, sind sehr ungünstig, was leicht zu
verstehen ist, wenn man an die gleichzeitige Einwirkung
der äußerst hohen Temperaturen und hohen Drücke denkt,

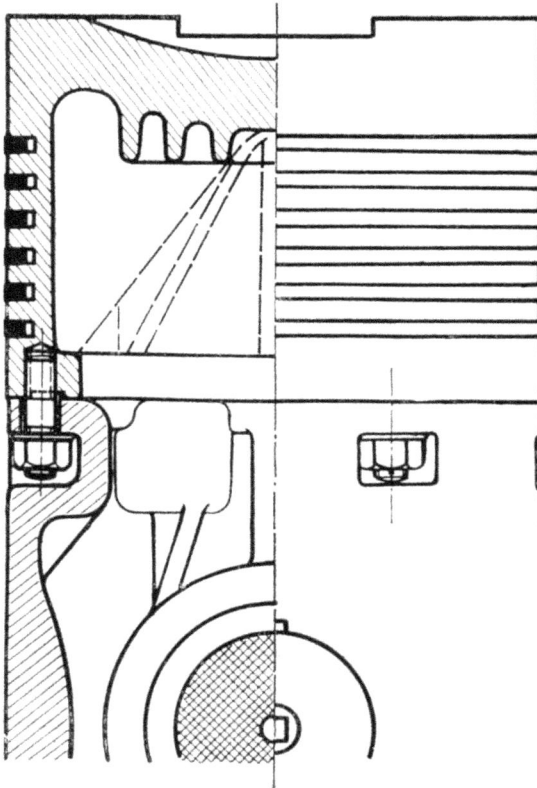

Fig. 69.

denen sie ausgesetzt sind. Aus diesem Grund ist bei ihrem
Entwurf die Untersuchung der möglichen Ausbildungen von
Verstärkungen mit verschiedenen Abmessungen und der
verschiedenen Gußeisensorten von größerer Wichtigkeit als
eine genaue Berechnung. Übertrieben stark dürfen die Abmes-

sungen nicht werden, sonst werden die hin- und hergehenden
Massen unzulässig groß und der Kolbenboden ein schädlicher
Wärmespeicher; außerdem treten im Innern des Materials
Spannungen auf, welche durch zu große Temperaturunter-
schiede der verschiedenen Schichten entstehen. Am besten
verwendet man erstklassiges Material, eine erfahrungsgemäß
gute Gußlegierung und ordnet die Versteifungen zweckmäßig
an. Viele Konstrukteure bauen die Kolben für Größen oberhalb eines gewissen Zylinderdurchmes-
sers (gewöhnlich 300 bis 350 mm) zwei-
teilig (Fig. 69). Dadurch erhält man
zwar ein größeres Kolbengewicht, aber
einfachere Gußstücke, und das Auswech-
seln eines Ersatzstückes ist weniger
schwierig und kostspielig.

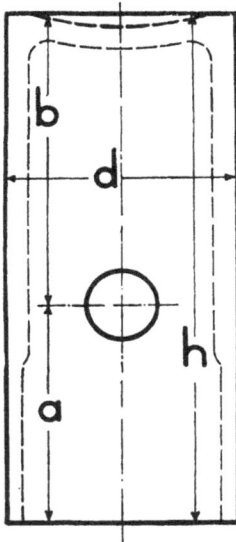

Bei größeren Einheiten der Zwei-
takt- und Viertaktmotoren wird der
Kolbenboden zur Wasserkühlung dop-
pelwandig hergestellt. Die Wasserzu-
führung geschieht unter höherem Druck
durch Posaunenrohre (M. A. N.) oder
man läßt das Wasser unter gewöhn-
lichem Druck frei zufließen und richtet einen Wasserstrahl gegen den Kolbenboden. Das Wasser fällt in den Kühl-
raum zurück, von wo aus es durch
einen Überlauf nach außen geführt wird
(Sulzer). Bei einigen Motoren, haupt-

Fig. 70.

sächlich Schiffsmotoren, geschieht die Kühlung des Kolbenbodens durch einen Ölumlauf (M. A. N. u. a.).

Über die Bestimmung der Lage des Kolbenzapfens,
d. h. das Verhältnis zwischen den Längen b und a (Fig. 70),
fehlen praktische Regeln. Um den Motor möglichst niedrig
zu bauen, wäre es vorteilhaft b klein zu halten. Damit aber
begegnet man der Unannehmlichkeit, daß der obere Schubstangenkopf dem Kolbenboden zu nahe kommt, wodurch wegen
der Ausstrahlung der Wärme aus dem Kolbenboden schwierige
Arbeitsverhältnisse für ihn entstehen. Wird b im Verhältnis

zu a groß gewählt, so arbeitet der obere Schubstangenkopf zwar unter günstigeren Bedingungen, doch baut sich der Motor dadurch etwas hoch.

Im allgemeinen ist das Verhältnis $\dfrac{b}{a} = 1{,}2$ bis $1{,}4$, am meisten $1{,}35$.

Die ganze Baulänge h wird unter Berücksichtigung der spezifischen Pressung gewählt, welche für die Beanspruchung der Projektionsfläche $d \cdot h$ durch den Druck N zulässig ist (Fig. 65).

Fig. 71 stellt das Diagramm des Druckverlaufes vor unter der Voraussetzung, daß das Verhältnis zwischen Schubstangen-

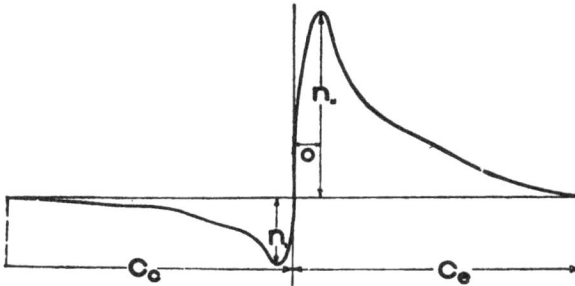

Fig. 71.

länge und Kurbelradius $1 : 5$ ist und die Spannungen dem normalen Diagramm entsprechen.

Auf den Längen C_c und C_e sind als Abszissen der Verdichtungshub bzw. der Expansionshub aufgetragen. Für die beiden anderen Hübe kann die Kraft N vernachlässigt werden. Als Ordinaten sind die Werte der Kraft N bezogen auf den Quadratzentimeter, der Kolbenfläche aufgetragen.

Diese Ordinaten sind für beide Hübe entgegengesetzt gezeichnet, da die Drücke auf die direkt gegenüberliegenden Zylinderflächen wirken. Da

$$N = F \tan \varphi = A\,p \tan \varphi,$$

worin A die Kolbenfläche vom Durchmesser d und p die Spannung im Zylinder ist, so erhält man die Ordinaten der Kurve:

$$n = \frac{N}{A} = p \operatorname{tg} \varphi.$$

Beim Verdichtungshub ist der größte Druck n_1 ungefähr 1,2 kg, beim Expansionshub ist der größte Druck n_2 ungefähr 3,4 kg und herrscht im Abstand o vom inneren Totpunkt entfernt, d. h. nach ungefähr $^1/_{10}$ des Hubes.

Der größte spezifische Druck K des Kolbens auf die Zylinderwände wirkt also ungefähr auf $^1/_{10}$ des Expansionshubes und hat den Wert

$$K = \frac{n_2 \cdot \frac{\pi}{4} d^2}{h\,d} = \frac{3,4 \cdot \frac{\pi}{4} d}{h} = \curvearrowleft 2,7 \frac{d}{h},$$

woraus
$$h = \curvearrowleft \frac{2,7\,d}{K}.$$

Bei normalen Ausführungen, bei denen das Verhältnis $\frac{h}{d}$ zwischen 2,2 bis 1,9 von den kleinen bis zu den großen Motoren schwankt, ist der Wert K dementsprechend 1,2 bis 1,4 kg/cm^2.

Nach einer gewissen Betriebszeit werden Kolben und Zylinder sich durch die Reibung infolge des Gleitbahndruckes N so abgenutzt haben, daß sie nicht mehr genügend dichthalten und man gezwungen wird, die Zylinder auszubohren und die Kolben auszuwechseln. Um die Abnutzung klein zu halten, hatten ältere Konstruktionen, wie schon erwähnt, einen Kreuzkopf. Heute ist diese Ausführung beinahe vollständig aufgegeben[1]), da von einigen Konstrukteuren andere demselben Zweck dienende Vorrichtungen geschaffen worden sind.

Bei liegenden Motoren, bei denen, wie vorerwähnt, das Verhältnis zwischen Schubstangenlänge und Kurbelhalbmesser größer ist als bei stehenden, erreicht man, daß die Kraft N im allgemeinen kleiner wird als bei stehenden Motoren. Beim Arbeitshub, bei dem N nach unten wirkt, kommt zu N noch die Belastung durch das Kolbengewicht. Da aber N kleiner ist und der spezifische Druck durch das Kolbengewicht nur sehr gering ist, gelingt es, die auf die Laufbahn wirkende Kraft nicht größer werden zu lassen als bei stehen-

---

[1]) Bei einem Vierzylindermotor von 600 PS, der 1910 in Brüssel ausgestellt war, war die Neederlandsche Fabrick wieder zur Anwendung des Kreuzkopfes zurückgekehrt.

den Motoren, ja bei manchen Ausführungen wird diese Kraft
kleiner als bei stehenden Motoren.

Seit einigen Jahren bringt man an den Kolben besondere
Gleitschuhe an. Diese sitzen auf der Seite des Kolbens, auf
welcher der Gleitbahndruck des Verdichtungshubes wirkt, also
der Seite gegenüber, auf welcher die Kraft N (durch den
Arbeitsdruck) am größten ist.

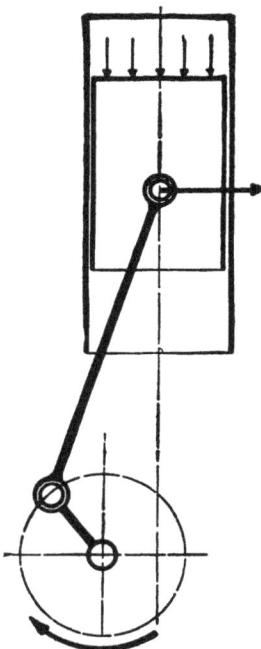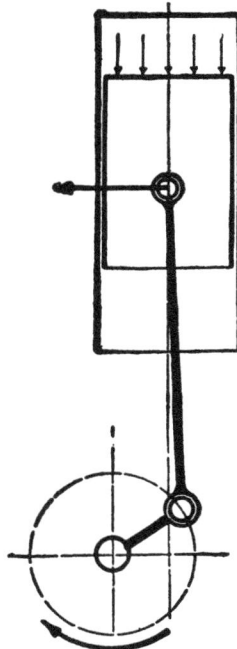

Fig. 72.   Fig. 73.

Diese Gleitschuhe waren anfangs aus Weißmetall, man
macht sie bei neuen Ausführungen jetzt aber auch aus Gußeisen, das haltbarer und billiger ist. Man ordnet zwei solche
Gleitschuhe an, einen am oberen Ende des Kolbens gleich
unterhalb der Kolbenringe und einen am unteren Ende. Die
Schuhe ragen einige hundertstel Millimeter über den Kolben
heraus und ermöglichen, die Kolben genau einzupassen. Durch

Unterlegen ganz dünner Bleche kann man diese Schuhe oder Backen wieder nachstellen, wenn der Zylinder im Laufe der Jahre etwas ausgelaufen ist.

Die Abnutzung der Kolben und der Zylinder ließe sich auch durch Versetzen der Motorachse verringern (Fig. 72 u. 73). Während des Arbeitshubes ist die Spannung im Zylinder am höchsten und damit N am größten. Wird aber die Kurbelachse versetzt, so wird tang φ und damit auch das Produkt p tg $\varphi = N$ kleiner werden. Diese Anordnung bietet dieselben Vorteile, welche die Verwendung langer Schubstangen mit sich bringt, ohne daß sich der Motor unangenehm hoch baut. Sie findet bei stehenden Motoren, hauptsächlich Benzin- und Petroleummotoren Anwendung und auch bei liegenden Gasmotoren gibt es Beispiele dieser Ausführung S. L. M., Winterthur). Bei Dieselmotoren ist unseres Wissens diese Anordnung jedoch noch nicht getroffen worden.

Wenn die Reibungsarbeit im Verdichtungshub und im Expansionshub gleich groß wäre, würde man damit die Bedingungen für die geringste Abnutzung erhalten. Dies wäre der Fall, wenn man die Motorachse so versetzen würde, daß die Flächen des Diagramms Fig. 71 oberhalb und unterhalb der Abszissenachse einander gleich werden. Bei Einhalten dieser Bedingung würde der Zylinder nach beiden Seiten hin symmetrisch oval (in Wirklichkeit geschieht dies jedoch beinahe nur nach der Seite hin, auf der N beim Arbeitshub wirkt). Beim Wiederausbohren des Zylinders würde man so verhältnismäßig eine geringere Vergrößerung des Durchmessers erhalten[1]).

Zur Schmierung des Kolbens und des Kolbenbolzens dient im allgemeinen eine besondere kleine Pumpe mit zwei Tauchkolben (Fig. 74), welcher das Öl von einem Behälter zufließt. Eine der beiden Druckleitungen der Pumpe bringt das Öl in einen Ring aus Kupferrohr, von wo es in den Zylinder durch vier Düsen (ee) eintritt (vgl. auch Tafel III und Fig. 49 u.

---

[1]) Man weiß aus der kinematischen Maschinenlehre, daß bei Kurbeltrieben mit versetzter Achse der Hub größer als π ist, und daß die Zeiten für den Hin- und Hergang des Hubs verschieden lang sind. Bei geringer Versetzung sind diese Eigentümlichkeiten wenig bemerkbar.

50)[1]), die andere Druckrohrleitung tritt bei C in den Zylinder
ein. Eine Vertiefung (Fig. 68) im Kolben, die gerade dann
an der Düse C (Fig. 74) vorübergeht, wenn die Pumpe drückt,

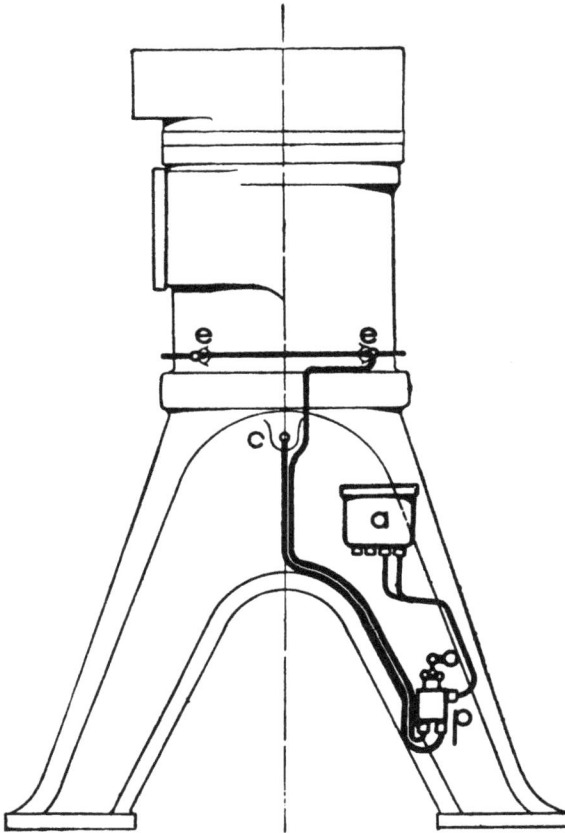

Fig. 74.

nimmt das Öl auf und führt es durch gebohrte Kanäle in
den Kolben und den Kolbenbolzen.

---

[1]) Bei stehenden Zweitaktmotoren sind zwei Ringe und zwei Rei-
hen Düsen oberhalb und unterhalb der Auspuffschlitze angeordnet.
Denn durch diese Auspuffschlitze geht unvermeidlich Schmieröl verloren. Über die Anordnung bei liegenden Motoren siehe S. 72.

Öfters hat die Pumpe einen dritten Plunger, welcher das Öl für den Niederdruckkolben des Kompressors liefert. Die Figur zeigt die allgemein übliche Ausführung. Andere Konstrukteure verwenden Druckschmierapparate der gleichen Art, wie sie bei Dampfmaschinen gebraucht werden, wieder andere setzen bei Mehrzylindermaschinen alle Pumpenkolben zusammen und steuern sie von einem einzigen Exzenter aus.

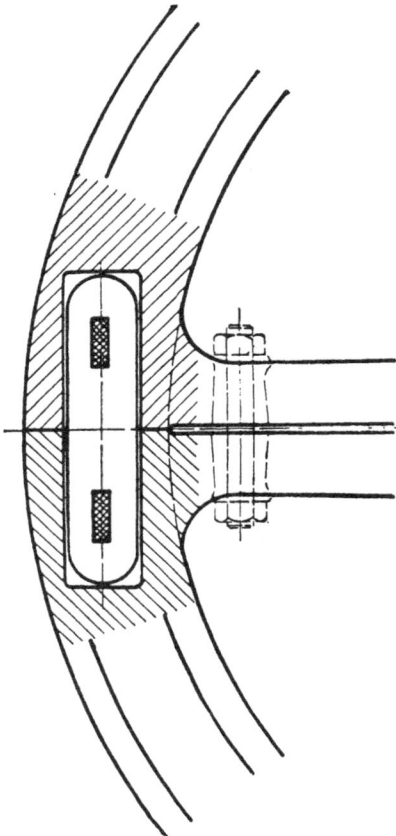

Die Konstruktion der Schwungräder für Dieselmotoren bietet nichts Besonderes. Fast immer werden sie in zwei Hälften hergestellt, die an den Naben und am Kranz miteinander verschraubt werden. Die Nabenverbindung wird manchmal durch zwei warm aufgezogene stählerne Schrumpfringe verstärkt. Die Verbindung des Kranzes wird zuweilen außer mit Schrauben oder anstatt mit Schrauben durch einen Bolzen, der mit Keilen festgehalten wird, bewirkt (Fig. 75). Wenn bei kleinen Motoren das Schwungrad aus einem einzigen Stück besteht, so ist es zur Vermeidung zu hoher Gußspannungen vorteilhaft, die Nabe dreifach unter je 120° zu schlitzen und sie mit den gewöhnlichen warm aufgezogenen Schrumpfringen zusammenzuhalten.

Fig. 75.

Die Zahl der Arme ist sechs oder für Schwungräder
großen Durchmessers acht. Wenn der Radkranz besonders
breit wird, verwenden manche Konstrukteure eine doppelte
Reihe von Armen oder zwei nebeneinander gesetzte gleich
große Schwungräder. Die Befestigung auf der Kurbelwelle
geschieht mittels zweier um 90° versetzter Tangentialkeile,
oder auch mittels eines oder zweier Vierkantkeile.

Der Kranz wird mit Zähnen versehen, worin das Schaltwerk zum Drehen des Motors eingreift (vgl. Z u b e h ö r -
t e i l e). Ist das Rad ein Riemenschwungrad, so werden die
Zähne nach innen gesetzt, wenn nicht, so können sie außen
angebracht sein.

Unter allen gebräuchlichen Motoren sind die Viertakt-
Dieselmotoren diejenigen, bei welchen während eines Arbeitshubes die Ungleichförmigkeit am größten ist[1]). Oder mit
anderen Worten, für eine gewisse Ungleichförmigkeit muß
man bei diesen Motoren in den Schwungmassen verhältnismäßig große lebendige Kräfte unterbringen. Daraus ergibt
sich die Notwendigkeit, da mehrere Zylinder anzuordnen,
wo man mit einem einzigen ein übertrieben großes Schwungrad-
gewicht erhalten würde.

Im allgemeinen geht man bei Einzylindermotoren nicht
über 150 PS, von 60 bis 300 PS verwendet man öfters Zweizylindermotoren, Drei- und Vierzylindermotoren werden von
150 PS an verwendet.

Um das Gewicht der Schwungmassen möglichst klein zu
halten, läßt man gewöhnlich ziemlich hohe Umfangsgeschwin-
digkeiten zu; im allgemeinen 30 m in der Minute, und bei
schweren Schwungrädern, welche keine Riemen tragen, auch
34 und 36 m.

Um bei einem gegebenen Motor für einen gegebenen Ungleichförmigkeitsgrad das erforderliche Gewicht des Schwungradkranzes zu bestimmen, verfährt man nach der gebräuchlichen Rechnungsweise mit Hilfe des Tangentialdruckdiagramms unter Berücksichtigung der hin- und hergehenden Massen.

---

[1]) Vgl. in der Zeitschrift Il Politecnico Nr. 24, 1910, den Auf-
satz des Verfassers.

Für überschlägige Berechnungen verwendet man die Formel

$$G = \frac{C\,N}{D^2\,n^3\,\delta},$$

darin ist:

$\delta =$ der Ungleichförmigkeitsgrad

$G =$ das Kranzgewicht $= 0,65$ bis $0,70$ des Gesamtgewichts des Schwungrades.

$N =$ die Motorleistung in effektiven Pferdestärken.

$D =$ der Schwerpunktsdurchmesser des Kranzquerschnittes.

$n =$ die minutliche Umdrehungszahl des Motors.

$C =$ ein Koeffizient des Tangentialdruckdiagramms und damit eine Funktion der im Zylinder erreichten Spannungen, der hin- und hergehenden Massen, der Zylinderzahl usw. Der Wert C wird für jedes Motormodell bestimmt und dann werden mit der oben genannten Formel sämtliche dazugehörigen Schwungräder hiernach berechnet.

Für stehende Viertakt-Dieselmotoren sind die Werte von C

$56 \cdot 10^6$ bis $62 \cdot 10^6$ für Einzylindermotoren.

$25 \cdot 10^6$ bis $27 \cdot 10^6$ für Zweizylindermotoren (Kurbelversetzung um 360^0).

$13 \cdot 10^6$ bis $14 \cdot 10^6$ für Dreizylindermotoren (Kurbelversetzung um 240^0).

$2,8 \cdot 10^6$ bis $3,5 \cdot 10^6$ für Vierzylindermotoren (Kurbelversetzung 180^0 und 360^0).

Die höheren Werte gelten für die kleineren Motoren.

Für Viertakt-Schnelläufermotoren sind die Werte von C ungefähr

$27 \cdot 10^6$ bis $30 \cdot 10^6$ für Zweizylindermotoren (Kurbelversetzung um 360^0).

$14 \cdot 10^6$ bis $15 \cdot 10^6$ für Dreizylindermotoren (Kurbelversetzung 240^0).

$4 \cdot 10^6$ für Vierzylindermotoren (Kurbelversetzung 180^0 und 360^0).

Bei Zweitaktmotoren ist C ungefähr halb so groß, als bei Viertaktmotoren.

Drittes Kapitel.

Zylinderköpfe, Ventile, Zerstäuber.

Bei Dieselmotoren sind im allgemeinen alle Ventile, wie das Brennstoffventil, das Anlaßventil, ferner bei Viertaktmotoren das Ansauge- und Auspuffventil, bei Zweitaktmotoren die Spülventile im Zylinderkopf angeordnet. Selten, hauptsächlich bei älteren Ausführungen, ist das Anlaßventil in den Zylinder eingesetzt.

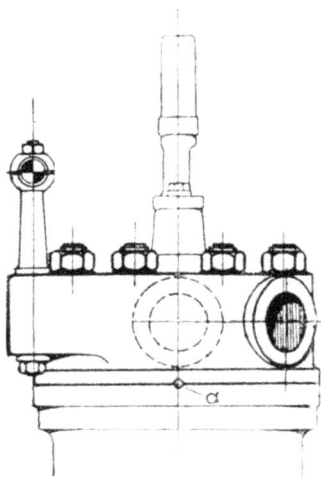

Fig. 76.

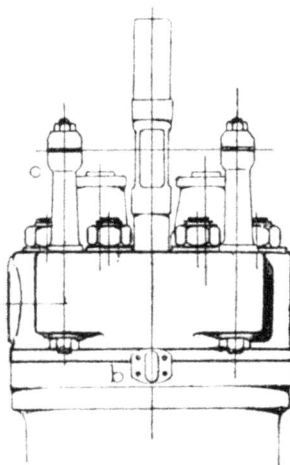

Fig. 77.

Der Zylinderkopf des stehenden Dieselmotors ist zylindrisch mit ebenem Boden und mit dem Gestell durch starke Stiftschrauben verbunden (Fig. 76, 77, 78, 79). Die Eindrehung

für die ebene Dichtung *g* (Fig. 78), welche zwischen Kopf
und Zylinder die Abdichtung gegen außen besorgt, sichert die
zentrische Lage dieser beiden Teile. Der Stift *a* (Fig. 76)
dient zum gegenseitigen Einstellen. In den Böcken *c*
lagert die Welle, auf welcher die Steuerhebel sitzen.

Die Anordnung der Ventile mit senkrechten Spindeln ge-
währt ein sicheres Arbeiten und die Möglichkeit, die Form
des Bodens gegen den Zylinder zu eben zu halten, was die Ausbildung eines genügend kleinen Verdichtungsraumes erleichtert.

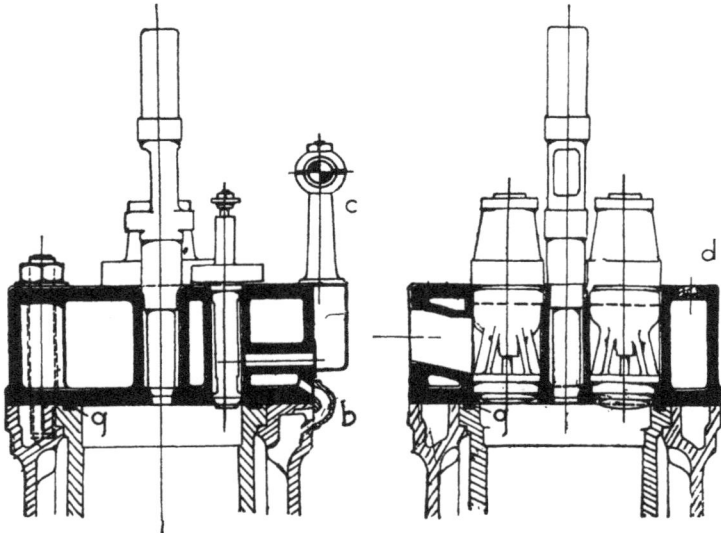

Fig. 78.   Fig. 79.

Deswegen findet man bei einigen liegenden Motoren
eine gleiche Ausbildung des Zylinderkopfes, wobei auf den
Vorteil senkrecht stehender Ventile verzichtet wird. (Körting,
Tafel VIII.) Bei beinahe allen Ausführungen ist es jedoch
gelungen, die Verdichtung in den gewollten Grenzen zu
halten, auch wenn man den Verbrennungsraum wie bei den
Gasmotoren ausgebildet (Fig. 80), bei welchen die Ansauge-
und Auslaßventile vertikal übereinander stehen. (M. A. N.,
S. L. M., Winterthur, Dingler, G. F. D.)

Bei dem erstgenannten Zylinderkopf, d. h. der Ausführung mit geraden Böden (Fig. 76 bis 79) sind das Ansauge-
und Auslaßventil und das Brennstoffventil meistens in derselben Querschnittsebene angeordnet. Die Anschlußstutzen
stehen sich jedoch im allgemeinen nicht diametral gegenüber,
weil bei Mehrzylindermotoren der zwischen den Zylindern befindliche Raum zum Unterbringen der nötigen Rohrleitungen
nicht genügen würde.

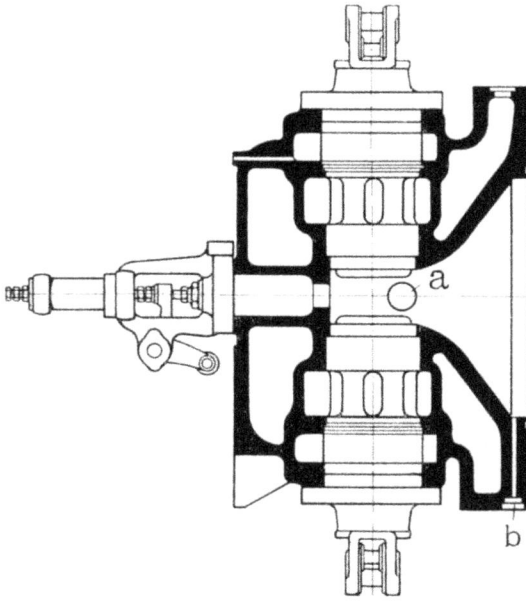

Fig. 80.

Aus diesem Grunde ist der Flansch des Auspuffrohres
gegen die vordere Seite des Zylinderkopfes gerückt (Fig. 81). Bei
Schnelläufern (mit Druckschmierung), bei denen der Zwischenraum zwischen den Zylindern noch kleiner ist, mündet
auch der Ansaugeflansch öfters nach vorne (Fig. 82). In Anbetracht des im Verhältnis zur Leistung kleinen Zylinderdurchmessers ist es bei diesen Motoren auch schwierig,
den Ventilen genügende Abmessungen zu geben, wenn man

sie mit dem Brennstoffventil in dieselbe Querschnittsebene
setzt; aus diesem Grunde war man gezwungen, letzteres
außerhalb des Mittelpunktes zu legen (Fig. 82). (M. A. N.,
Graz, Sabathé u. a.)

Das Anlaßventil liegt in einer zu dieser Querschnittsebene senkrechten Querschnittsebene oder aber öfters auch
ein klein wenig dagegen versetzt, damit die Hebel untergebracht werden können.

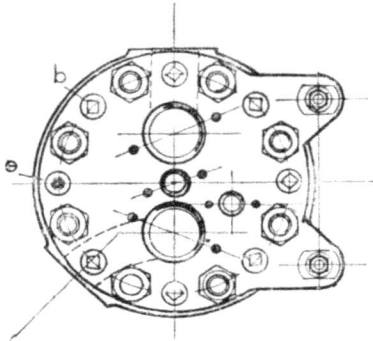 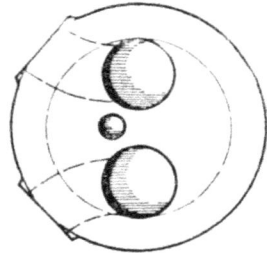

Fig. 81.   Fig. 82.

Man sieht daraus, daß die Zylinderköpfe nur selten
symmetrisch sind. (Dazu würde gehören, daß die Kanäle
wie in Fig. 82 ausmünden und das Auslaßventil in einer Querschnittsebene liegt, die senkrecht zu der steht, in welcher
die beiden anderen Ventile liegen.) Aus diesem Grunde sind
verschiedene Modelle nötig, um die Köpfe für Links- und
Rechtsausführungen zu erhalten.

Das Kühlwasser tritt von unten durch einen Anschluß
b (Fig. 77 u. 78) in die Zylinderköpfe ein und oben auf der
entgegengesetzten Seite aus (Fig. 81).

Bei Motoren mit einer Leistung von über 40 PS fließt
das Wasser auch durch das Auspuffventilgehäuse und bei
Motoren großer Leistung auch durch den Ventilteller. Um
diese letztere Ausführung, welche immer Verwicklungen mit
sich bringt, zu vermeiden, gibt es Konstruktionen, bei denen
zwei Auslaßventile angeordnet sind, wodurch man Abmes-

sungen erhält, bei welchen es genügt, nur das Ventilgehäuse zu kühlen (M. A. N.).

Da die Ansaugeventile durch die frische Luft, welche sie durchströmen, gekühlt werden, brauchen sie keine andere Kühlvorrichtung.

Durch die Löcher im Zylinderkopf, welche zum Entfernen der Kernmasse gedient haben und mit Schraubenstopfen b (Fig. 81) aus Bronze verschlossen sind, lassen sich die Kühlwasserräume von den Krusten und Ablagerungen säubern, welche das Wasser zurückläßt. Öfters macht man jedoch auch eigens für diesen Zweck besondere größere Öffnungen.

Einige senkrechte radiale Rippen verbinden die beiden Böden des Zylinderkopfes in den Zonen, in welchen man den Einfluß der Verbindung durch die Ventilführungen für nicht genügend hält. Ausschnitte in diesen Rippen erlauben dem Kühlwasser, hindurchzuströmen.

Die Zylinderköpfe der Zweitaktmotoren sind den eben beschriebenen ähnlich. Das Brennstoffventil und das Anlaßventil haben die gleiche Stellung und Ausbildung. Um das Brennstoffventil herum werden die Spülventile (zwei oder vier) angebracht. Diese sind im allgemeinen den Ansaugeventilen der Viertaktmotoren gleich. Der innere Hohlraum des Kopfes wird durch eine Wand in zwei Teile geteilt; in dem unteren beim Zylinder liegenden Teil fließt das Kühlwasser, in den oberen tritt die Spülluft ein.

Mit Ausnahme weniger Elemente, die man leicht bestimmen kann, lassen sich mittels Rechnung die Abmessungen und Wandstärken des Zylinderkopfes nur annähernd ermitteln. Es genügt jedoch, einige allgemein gehaltene Unterlagen zu geben, welche unter Beachtung der Erfahrungswerte anderer Ausführungen und unter Berücksichtigung der Anforderungen der Gießerei den Zwecken der Praxis genügen.

Der Außendurchmesser des Zylinderkopfes ergibt sich aus der Zeichnung und ist bei normalen Modellen im allgemeinen nur wenig kleiner als $2D$, wenn D der Zylinderdurchmesser ist. Die Höhe ist $0,7 D$ oder meist $0,8 D$. Die Zahl der Schrauben ist stets gerade; 8 für mittlere Leistungen, 10 und 12 für große Leistungen; bei Zweitaktmotoren können

es auch mehr sein, ihre Zahl ist nicht beschränkt, wie bei
Viertaktmotoren, bei denen die Entfernung zwischen zwei
Schrauben so groß sein muß, daß dazwischen noch genügend
Raum für den Ansauge- oder Auspuffkanal frei bleibt.

Den Schraubendurchmesser bestimmt man durch Berechnen der Zugspannung für eine Beanspruchung von ungefähr
6 kg/mm² bei einem Drucke von 30 kg/cm² im Zylinder, wobei
man mit Rücksicht auf den Druck durch die angepreßte
Dichtung und das Anziehen der Schrauben die Berechnung
für eine doppelt so große Beanspruchung durchführt, als sich
in der Rechnung ergibt. Die Richtigkeit der gewählten Guß-
eisenwandstärke kann man, wie schon gesagt, auf rechneri-
schem Wege nur annähernd und nur mit Hilfe unsicherer
Hypothesen nachprüfen.

Von den beiden Böden sollte der äußere eine größere
Wandstärke haben, da er bei der Biegung des Zylinderkopfes
auf Zug beansprucht ist. Man muß jedoch dem Umstand Rechnung tragen, daß der dem Zylinderinnern zugewendete Boden
während des Betriebes einer sehr hohen Temperatur ausgesetzt ist und daß diejenigen Teile, welche innerhalb des ab-
dichtenden Umfanges zwischen den Ventilsitzen und Rippen
verbleiben, außer den Beanspruchungen, die auf den Zylinder
im allgemeinen wirken, noch die Beanspruchung durch die
Biegung infolge der Gasdrücke als halb eingespannte Scheiben
aufzunehmen haben.

In Anbetracht der unregelmäßigen Form dieser Partien
ist eine Berechnung ihrer Beanspruchung nicht möglich, aber
in Berücksichtigung dieser Kräfte macht man den unteren
Boden immerhin stärker als den oberen. Unmöglich ist es
ferner, die Beanspruchungen des Materials infolge verschiedener Dehnung durch verschieden große Temperaturen zu
ermitteln[1]).

---

[1]) Das folgende Rechnungsbeispiel zeigt, wie man die Kräfte
bestimmt, und wie man angenähert die Beanspruchung im Material erhält.

Die Fig. 83 und 87 zeigen die Form des Kopfes und seine Abmessungen.

Bei dem liegenden Zylinderkopf, bei dem die Ansauge-
und Auslaßventile bzw. die Spülventile senkrecht übereinander stehen (Fig. 80) hat das Brennstoffventil eine wage-
rechte axiale Lage. Senkrecht hierzu, auf der Seite des Kopfes,
sitzt das Anlaßventil, dessen Mündung a in Fig. 80 sicht-

Zylinderdurchmesser $D = 330$ mm.

Durchmesser des Schraubenlochkreises $D_1 = 540$ mm.

Durchmesser der belasteten Flächen mit der Annahme, daß der
Druck auf die Dichtung sich linear ändert $D_2 = 440$ mm.

Durchmesser des Kreises, welcher die Schraubenpfeifen berührt
$D_3 = 430$ mm.

Rechnen wir den Höchstdruck für die größte Anlaßspannung,
welche 45 Atm. sein soll, so wird die Gesamtbelastung

$$P = \frac{\pi}{4} D^2_2 \, p = \backsim 68\,500 \text{ kg}$$

$$M_f = \frac{1}{2} P \left(\frac{D_1}{\pi} - 0,212 \, D_2 \right) = \backsim 2\,700\,000 \text{ kg mm.}$$

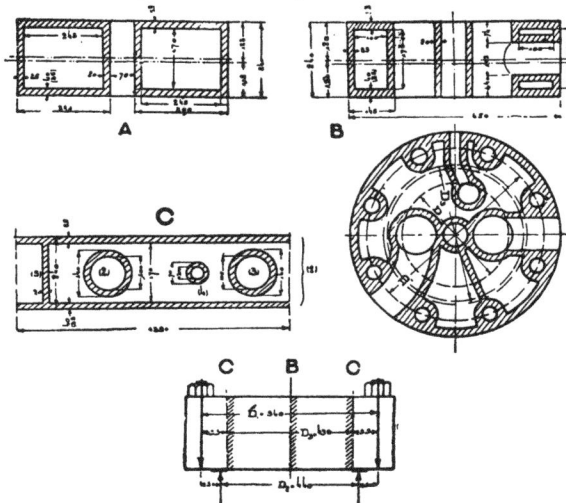

Fig. 83—87.

Prüfung des Querschnittes A. Nimmt man an, daß die
Stärke der beiden Böden gleich ist, und zwar 35 mm, so erhält man
eine Neutrale in der Mitte, 120 mm von den beiden Böden entfernt.

bar ist. Bei den Zylinderköpfen liegender Motoren ordnet die M. A. N. an der Öffnung b noch ein besonderes Ventil an, welches beim Schalten des Motors aufgedrückt werden kann, so daß man nicht gegen die Kompression schalten muß. Ebenso lassen sich durch dieses Ventil etwaige Ver-

---

Bei dieser Annahme begeht man einen Fehler von ungefähr 5%, der vernachlässigt werden kann in Anbetracht des Umstandes, daß die ganze Berechnung nur annäherungsweise gemacht werden kann.

$$I = 2\,\frac{1}{12}\,(290 \cdot 240^3 - 245 \cdot 170^3) = \curvearrowright 467\,546\,000$$

$$\frac{I}{v} = \frac{467\,546\,000}{120} = \curvearrowright 3\,900\,000.$$

Die Beanspruchung des Schnittes A ist demgemäß:

$$\sigma_A = \frac{M_f}{\dfrac{I}{v}} = \frac{2\,700\,000}{3\,900\,000} = \curvearrowright 0{,}7 \text{ kg/mm}^2.$$

Prüfung des Querschnittes B:

$$I = \frac{1}{12}\,(145 \cdot 240^3 - 100 \cdot 188^3 + 100 \cdot 142^3 - 145 \cdot 102^3) +$$

$$+ 2 \cdot \frac{1}{12}\,(20 \cdot 240^3) + \frac{1}{12}\,(145 \cdot 240^3 - 100 \cdot 170^3) = \curvearrowright 310\,000\,000.$$

$$\frac{I}{v} = \frac{310\,000\,000}{120} = 2\,580\,000.$$

Die Beanspruchung in Querschnitt B ist demgemäß:

$$\sigma_B = \frac{2\,700\,000}{2\,580\,000} = \curvearrowright 1{,}05 \text{ kg/mm}^2.$$

Prüfung des Querschnittes C. In Anbetracht der unregelmäßigen Form des Zylinderkopfes ist die Prüfung der Querschnitte nicht genügend, man muß deshalb nachsehen, welche Beanspruchungen in einem zylindrischen Schnitt auftreten und wählt den am meisten beanspruchten, denjenigen mit dem Durchmesser D_3, der die Schraubenpfeifen berührt.

Aus diesem Grund wickeln wir den Zylinder mit dem Durchmesser D_3 ab und nehmen an, daß die Last auf dem Schwerpunktkreis mit dem Durchmesser $^2/_3\,D_3$ angreife. Man erhält damit das Biegungsmoment im Schnitt C.

$$M_f = \frac{\pi}{4}\,D^2_3\,p \cdot \frac{D_3 - \dfrac{2}{3}\,D_3}{2}$$

$$M_f = \curvearrowright 65\,500 \cdot 72 = \curvearrowright 4\,700\,000.$$

brennungs- oder Schmierölrückstände auch während des Ganges der Maschine entfernen. Der Anschlußstutzen für die Ansaugeluft ist beim Zylinderkopf des Viertaktmotors seitlich direkt gegenüber dem Anlaßventil angeordnet; der Flansch für das Auspuffrohr sitzt unten am Kopf.

$$I_1 = \frac{1350 \cdot 240^3}{12} - \frac{1350 \cdot 170^3}{12} = \infty \ 1\,007\,000\,000$$

$$I_2 + I_3 = 2\left\{0,049\,(140^4 - 100^4)\right\} = \infty \quad 27\,800\,000$$

$$I_4 = 0,049\,(70^4 - 30^4) \qquad\qquad = \infty \quad 1\,137\,000$$

$$I_5 = \frac{20 \cdot 170^3}{12} \qquad\qquad = \infty \quad 8\,188\,000$$

$$\overline{\qquad\qquad\qquad\qquad 1\,044\,125\,000}$$

$$v = 120, \quad \frac{I}{v} = \frac{1\,044\,125\,000}{120} = \infty\,8\,700\,000.$$

$$\sigma_c = \frac{4\,700\,000}{8\,700\,000} = \infty\,0{,}54.$$

Prüfung der Schnitte C und B mit Berücksichtigung des Schraubenanzuges. Hinsichtlich der Belastung durch das Anziehen der Schrauben ist der Kopf auf den Umfang der Dichtung mit dem Durchmesser D_2 aufgestützt und auf den Umfang mit dem Durchmesser D_1 belastet.

Schnitt C. Angenommen die Belastung durch die Schrauben sei

$$S = \frac{1}{2}\,P$$

$$S = 34\,250 \ \text{kg}$$

$$M_f = 34\,250 \cdot 50 = 1\,712\,500.$$

$$\frac{I}{v} = 8\,700\,000.$$

$$\sigma_c' = \frac{1\,712\,500}{8\,700\,000} = \infty\,0{,}2.$$

Damit ist die gesamte Beanspruchung des Schnittes C

$$\sigma_c + \sigma_c' = \infty\,0{,}75 \ \text{kg/mm}^2.$$

Schnitt B:

$$M_f = \frac{1}{2} \cdot 34\,250 \left[\frac{D_1}{\pi} - \frac{D_2}{\pi}\right]$$

$$M_f = \infty\,545\,000$$

$$\frac{I}{\sigma} = 2\,580\,000$$

$$\sigma_B' = \infty\,0{,}21.$$

Bei liegenden Zweitaktmotoren ist der Zylinderkopf ganz ähnlich ausgebildet, der Anschlußstutzen für die Spülluft befindet sich ebenfalls auf der Seite direkt gegenüber dem Anlaßventil.

Bei den Modellen der Zylinderköpfe mit ebenem Boden sind die V e n t i l e in besonderen G e h ä u s e n oder L a t e r n e n eingesetzt, die am Kopf durch Flanschen festgehalten werden. In diesen Gehäusen ist der Sitz und die Ventilführung enthalten und die Spannfeder eingesetzt. Um das Ventil herauszunehmen, genügt es, das Ventilgehäuse abzumontieren, wobei man den Zylinderkopf an Ort und Stelle läßt. Nur bei ganz kleinen Motoren, bei denen der Kopf eine ziemlich kleine Masse hat und demgemäß mit Leichtigkeit abgenommen werden kann, trägt er Ventilführung und -Sitz.

Bei den Zylinderköpfen liegender Motoren mit senkrechten Luft- bzw. Abgasventilen sitzen bei Viertaktmotoren zwar die Saugventile in einem Gehäuse, die Auspuffventile dagegen nicht (Tafel IX, Fig. 27), damit man nach Wegnahme des Gehäuses samt Ventil das größere Auspuffventil bequem nach oben herausnehmen kann.

Bei liegenden Zweitaktmotoren sind beide Spülventile in Gehäusen eingebaut, da man diese Ventile ja nur in Ausnahmefällen auszubauen hat (Fig. 80).

Die Gesamtbeanspruchung im Schnitt B ist demgemäß

$$\sigma_B^- + \sigma_B^{'} = \curlywedge 1{,}25 \text{ kg/mm}^2.$$

Um der Wirkung des Druckes auf den unteren Zylinderdeckelboden Rechnung zu tragen, macht man den unteren 40 mm und den oberen 35 mm stark.

Erfahrungsgemäß verbessern sich durch diese Maßnahme die Festigkeitsverhältnisse des ganzen Kopfes und der dem Zylinderinnern zugewendete Boden erhält eine genügende Widerstandsfähigkeit.

Wie schon gesagt, haben die freigebliebenen Zonen unregelmäßige Formen, so daß man sie einer zweckmäßigen Berechnung nicht unterziehen kann.

Die Fig. 88, 89 u. 90 zeigen einige Beispiele von V e n -
t i l g e h ä u s e n. Diejenigen der Fig. 88 und 89 dienen für
das Saugventil wie für das Auspuffventil bei Motoren geringer
Leistung. Fig. 90 zeigt ein Auspuffventil für einen Motor von
mehr als 35 PS, mit der Kammer a für den Kühlwasserumlauf.

Die Ventilspindeln laufen in einer ziemlich langen Führung, gewöhnlich mit nur sehr wenig Spiel. Der Kolben,

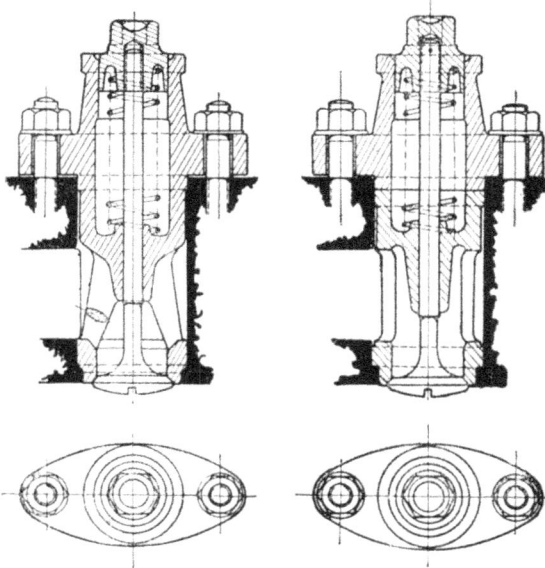

Fig. 88 u. 89.

der die Feder hält, ist genau in den oberen zylindrischen
Teil des Gehäuses eingepaßt und dient als weitere Führung.

Die in den Figuren dargestellten Ventilführungen entsprechen den gebräuchlichsten Ausführungen; die sonst
noch vorkommenden weichen im Grunde genommen nur wenig
von diesen ab, ihre Beschreibung ist deshalb überflüssig.
Erwähnenswert sind einige Ventilführungen bei Sabathémotoren, an welchen die Saug- und Auspuffkanäle sitzen,
womit sich eine Vereinfachung in der Konstruktion des Zylinderkopfes ergibt.

Die Ventilteller der Auspuffventile sind meist aus Guß-eisen. Die Spindeln haben entweder Ansätze zum Befestigen des Tellers oder werden in diesen eingeschraubt. Gußeisen ist widerstandsfähiger als Schmiedeeisen oder Stahl gegenüber der Wärme und der Abnutzung infolge der großen Durchgangs-geschwindigkeit. Ventilteller mit großen Durchmessern sind hohl und wassergekühlt.

Zum Einschleifen des Ventils ist eine Einrichtung vorzu-sehen, um das Ventil auf seinem Sitz drehen zu können. Es genügt im allgemeinen ein Schlitz in der Spindel, um einen Schrauben-schlüssel einführen zu können, oder zwei Löcher in der Spindel, in welche ein besonderer Schlüssel eingreift.

In Anbetracht des geringen verfügbaren Raumes können die Ventile nur einen bestimmten größ-ten Durchmesser haben, welcher sich aus der Zeichnung ergibt. Da weiterhin der Ventilhub der kon-stanten Durchgangsgeschwindigkeit wegen stets gleich einem Viertel des freien Durchmessers, d. h. des mittleren Ventilsitzdurchmessers ge-

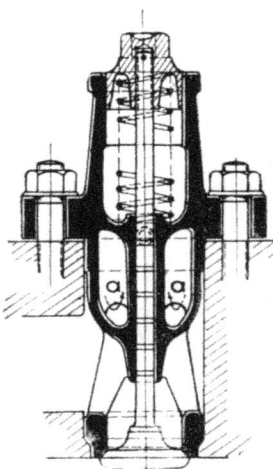

Fig. 90.

wählt wird, ergeben sich als mitt-lere Durchgangsgeschwindigkeiten der Ansaugeluft und der Auspuffgase im allgemeinen 30 bis 40 m in der Sekunde.

Es wurde übrigens schon erwähnt, daß man, um den Ventildurchmesser etwas vergrößern zu können, im Zylinder kleine Aussparungen entsprechend vorsieht und daß man dann und wann auch das Brennstoffventil aus der Mitte des Kopfes versetzt.

Die Ventilfeder berechnet man für eine Belastung der Ventilfläche von 0,5 bis 0,6 kg/cm². Bei Schnelläufermotoren muß man jedoch prüfen, ob die Beschleunigung, welche die Feder dem Ventil beim Schließen erteilt, genügend groß ist, um die kinematische Kette der Steuerorgane geschlossen zu halten.

Beim Aufzeichnen des Ventilgehäuses ist es gut, wenn
man die Stärke der Befestigungsflanschen am Kopf reichlich
groß wählt. Schwach bemessene
Flanschen verziehen sich unter
der Schraubenbelastung, und da
sich infolgedessen auch der ganze
Ventilsitz etwas verzieht, wird
dadurch auch der Lauf der Ventilspindel in ihrer Führung beein-
trächtigt.

Fig. 91 zeigt ein Anlaß-
ventil. Der Flansch, der bei
dieser Ausführung nicht aufsitzt,
drückt das Gehäuse gegen einen
konischen Sitz im Zylinderkopf.
Zum Dichthalten gegen Außen
ist in g eine Packung eingelegt.

Die Luft tritt bei e ein und
füllt die ganze Kammer und das
Innere des Ventilgehäuses. Damit der darin herrschende Druck
das Ventil nicht zum Öffnen
bringen kann, ist zum Ausgleich
dieses Druckes die Ventilspindel
mit einer Verstärkung c versehen, auf welche der gleiche
Druck entgegengesetzt wirkt.
Wenn auch, um das Ventil geschlossen zu halten, eine besonders starke Feder nicht nötig
ist, empfiehlt es sich immerhin,
für dieses Organ eine genügend
starke Feder vorzusehen. Es kann
nämlich infolge eines fühlbaren

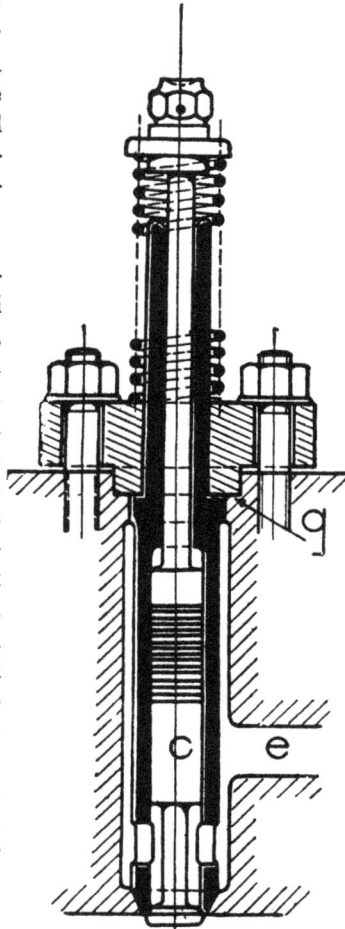

Fig. 91.

Verlustes während des Kompressionshubes das Anlassen des
Motors unmöglich werden, da der Motor sich dann nach jedem
Hub wieder rückwärts drehen würde.

Der Teil *c* ist manchmal mit kleinen den Kolbenringen ähnlichen Liderungsringen versehen.

Das B r e n n s t o f f v e n t i l ist eines der charakteristischsten Organe des Dieselmotors. Es hat zwei Aufgaben zu erfüllen: 1. Es soll das Öl im richtigen Zeitpunkt in den Zylinder eintreten lassen, wirkt also als Ventil. 2. Es soll den Brennstoff in feinste Teilchen zerteilen und wirkt in dieser Eigenschaft wie ein Zerstäuber. Das Ventil ist als N a d e l ausgebildet (*b* Fig. 92) und endigt in einen Konus, welcher von einer Feder auf einen kegelförmigen Sitz (Fig. 92) aufgedrückt wird.

Von einer Nocke gesteuert, hebt sich die Nadel im gewünschten Augenblick und stellt damit die Verbindung zwischen dem Zerstäuber und Zylinder her. Die Zerstäubung geschieht bei dem dargestellten Ventil durch einige Ringe (Fig. 94), welche ringsherum gelocht sind und durch einen Konus, in welchem längs der Mantellinien Nuten angebracht sind. Ringe und Konus sind auf eine Büchse *g* (Fig. 92) aufgesetzt.

Solange die Dieselmotoren nur für die Verwendung von Gasöl gebaut wurden, waren die Zerstäuberringe, die Büchse und der Konus aus Bronze hergestellt. Da dieses Metall aber von Teeröl angegriffen wird, macht man neuerdings den Konus, die Ringe und die Büchse aus Gußeisen oder besser die beiden letzteren aus Spezialstahl.

Gußeisen hat einen geringeren Ausdehnungskoeffizienten als Stahl, es wird deshalb namentlich bei größeren Motoren, auch wenn Teerölbetrieb nicht in Frage kommt, die Brennstoffnadel aus Gußeisen hergestellt, da sie bei der Erwärmung immer noch leicht in der Führung gleitet.

Weiterhin dient zur Zerstäubung die Düsenplatte *o* aus Stahl (Fig. 92), welche in der Mitte ein kleines Loch hat.

Der Brennstoff tritt von der entsprechenden Pumpe gefördert etwas oberhalb der gelochten Ringe ein. Die Druckluft aus den Hochdruckbehältern füllt den ganzen Raum, in welchem die Büchse sich befindet, strömt, sobald sich die Nadel hebt, unter einem Druck von 50 bis 70 Atm. in den

Zylinder, in welchem eine Spannung von 30 bis 35 Atm. herrscht, und reißt den Brennstoff mit sich. Dieser zerteilt sich beim Durchgang durch die gelochten Ringe, die Nuten

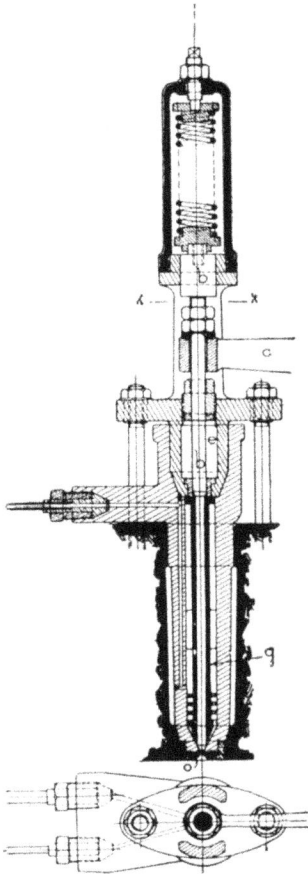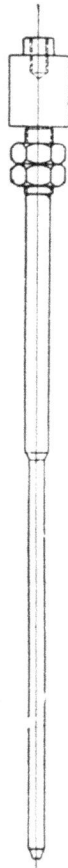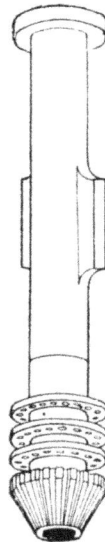

Fig. 92.   Fig. 93.   Fig. 94.

im Konus (in dem die Flüssigkeitsteilchen gegeneinander geworfen werden) und die Düsenplatte o in einen feinen Nebel.

Der fein zerteilte Brennstoff entzündet sich beim Eintritt in den am Ende des Verdichtungshubes heißen Zylinder-

raum und die Verbrennung dauert (annähernd unter gleichem
Druck) während der ganzen Zeit an, in der das Öl in den Zylinder eingeführt wird.

Meistens ist die Steuerung so eingestellt, daß der Hub
und die Öffnungsdauer der Nadel mit der Belastung nicht
wechseln. Wenn nun der Druckunterschied zwischen dem
Innern des Zerstäubers und des Zylinders gleichbleibt, so ist
die Austrittsgeschwindigkeit und die Luftmenge für jede
Phase ebenfalls konstant und unabhängig von der Belastung
des Motors. Mit der Belastung verändert sich aber die Fördermenge, welche die Pumpe für eine Verbrennungsphase in das
Ventil bringt. Da aber die Austrittsgeschwindigkeit der Luft,
wie vorhin erwähnt, gleich ist, so bleibt die Geschwindigkeit,
mit der der Brennstoff in den Zylinder eingeführt wird, ebenfalls gleich. Die verschiedenen Brennstoffmengen, welche
im Brennstoffventil für die verschiedenen Belastungen gelagert
werden, treten also in den Zylinder stets unter denselben
Strömungsbedingungen ein, aber die Z e i t e n , die hierzu
nötig sind, sind verschieden lang.

Im Diagramm eines Dieselmotors beeinflußt deshalb die
Belastung nur die D a u e r der Verbrennungsperioden, in
gleicher Weise wie die Belastung die Dauer der Einlaß-
periode bei einer Dampfmaschine mit veränderlicher Expansion
beeinflussen würde.

Auf Seite 44 haben wir gesehen, daß der thermische
Wirkungsgrad des Gleichdruckkreisprozesses größer wird mit
der Verkleinerung der Gleichdruckperiode. Der Regulier-
vorgang entspricht demgemäß diesem Gesetz; man könnte
nur eine Einwendung machen, nämlich die, daß bei kleinerer
Belastung ein Überschuß an Druckluft vorhanden ist.

Da die Öffnungsdauer der Nadel konstant ist, während
die Austrittsdauer des Brennstoffes sich verändert, so tritt,
bis sich die Nadel schließt, unnötigerweise immer noch weiter
Luft in den Zylinder ein, wenn auch schon aller Brennstoff
aus dem Ventil in den Zylinder eingeblasen ist. Bei einigen
großen Motoren hat man deshalb eine Veränderung des Nadel-
hubes durch den Regulator vorgesehen (S. 132, Fig. 122). Man
kann diesen oben geschilderten Unannehmlichkeiten aber auch

dadurch aus dem Wege gehen, daß man den Einblasedruck
herabsetzt, wenn der Motor nicht seine ganze Leistung entwickelt.

Das Brennstoffventil besteht aus einer gußeisernen
Hülse, in welche die Büchse, die die Zerstäuberringe und den
Konus mit den Nuten trägt, eingesetzt ist. Diese Hülse wird
von dem Führungsgehäuse auf einen konischen Sitz auf-
gepreßt. Das Gehäuse ist mit zwei oder vier Schrauben auf
dem Zylinderkopf befestigt, ferner ist in ihm die Stopfbüchse e
(Fig. 92) zur Dichtung der Nadelführung untergebracht.
Mittels zweier Arme, zwischen denen sich der Hebel c bewegt,
ist das Gehäuse mit dem der Federhülse verbunden.

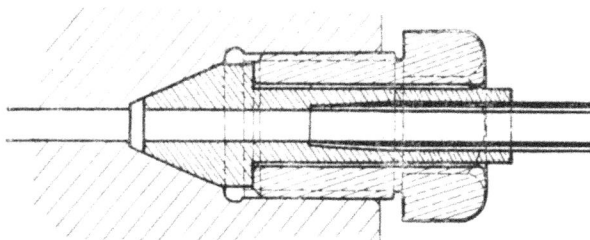

Fig. 95.

Die Spannung der Feder wird mittels einer Schraube eingestellt, welche auch dazu dient, die Feder zu entspannen,
bevor man die Hülse entfernt. Die auf die Nadel aufgeschraubte
Mutter und Gegenmutter dienen dem Hebel als Anschlag
und ermöglichen, das kleine Spiel einzustellen, welches zwischen der Nockenscheibe und der Hebelrolle sein muß, solange
diese nicht von der Nocke emporgehoben wird.

Die Stopfbüchse e wird von einer Bronzemutter mit einer
Druckscheibe zusammengehalten. Die Packung besteht im allgemeinen aus Blei- oder Weißmetallspänen, die fest eingepreßt
werden. Ein wenig Graphit, der unter die Metallpackung ge-
mischt wird, erleichtert das Laufen der Nadel in der Packung.

Der Brennstoff sowie die Druckluft werden in Kupfer-
rohrleitungen zum Einblaseventil geführt, die Luftleitung
hat einen etwas größeren Durchmesser als die Brennstoffleitungen. Die Rohrleitungen werden an das Gehäuse mittels
Kupferkonussen angeschlossen (Fig. 95).

Die Luft wird oben in das Gehäuse eingeführt, der Brennstoff wird durch Kanäle, die in die gußeiserne Büchse gebohrt
sind, nach unten geleitet, so daß er wenig oberhalb der Zerstäuberringe eintritt. Da derartig lange und feine Löcher schwierig zu bohren sind, wählt man manchmal einen Ausweg; man
führt z. B. den Brennstoff in dem Zwischenraum, der zwischen
der inneren Wand des Gehäuses und einer eingesetzten Büchse,
die unten mit Löchern versehen ist, herunter.

Bei dem Versuch, Teeröl zum Betrieb von Dieselmotoren
zu verwenden, ergaben sich anfänglich bedeutende Schwierigkeiten, da es nicht gelingen wollte, im kalten Motor beim
Anlassen oder bei geringe-
ren Belastungen das Teer-
öl zur Selbstzündung zu
bringen[1]).

Der Teerölbetrieb bei
Dieselmotoren erfolgt in
Deutschland heute nach
zwei Verfahren.

Bei dem ersten wird
zum Anlassen der Maschine
und bei geringen Belas-
tungsstufen Gasöl einge-
blasen und bei höheren Be-

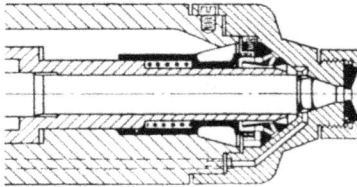

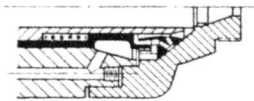

Fig. 96.

lastungen Teeröl verwendet. Zu dieser Umschaltung sind besondere Einrichtungen vorgesehen, die, vom Regulator abhängig, das Gasöl oder Teeröl der Brennstoffpumpe zubringen.

Das andere Verfahren ist unter dem Namen Zündöl-
verfahren bekannt und durch Patente geschützt und besteht
darin, daß zur Einleitung der Zündung ein Tropfen Gasöl vor
dem Teeröl in den Zylinder eingespritzt wird. Durch diesen
Zündtropfen wird die Selbstzündung eingeleitet und das Teeröl
verbrennt bei jeder Belastung anstandslos. Selbstverständlich müssen die Brennstoffventile so gebaut sein, daß mit der
ersten Einspritzluft das Zündöl zwangläufig in den Zylinder
gelangt und erst nachher das Teeröl eintreten kann.

---

[1]) Siehe Heft 55 der Mitteilungen über Forschungsarbeiten
und Z. d. V. D. I. 1907, S. 613 u. 1109, 1911, S. 1340.

Dieses Verfahren hat die besten Erfolge gezeitigt und hat selbst die Verwendung von Teer im Dieselmotorbetrieb möglich gemacht.

Fig. 96 zeigt die Ausbildung des Verteilerorganes und die Zündölzuführung in den Brennstoffeinsatz des wagrechten Brennstoffventils (M. A. N.). Da hier zwei Brennstoffe zur Anwendung kommen, müssen selbstverständlich die Behälter, Leitungen und Brennstoffpumpen für die beiden Brennstoffe vorhanden sein.

Als weiterer Vorteil dieses Zündölverfahrens hat sich herausgestellt, daß infolge der Vorlagerung des Zündöltropfens Druckschwankungen der Einblaseluft von der Maschine wesentlich weniger empfunden werden und daß man bei allen Belastungen der Maschine mit dem gleichen Einblasedruck arbeiten kann. Dieser Umstand ist auch der Grund, warum man selbst bei reinem Gasölbetrieb die Zündöltropfenvorlagerung anwendet, sei es nach dem eben geschilderten Verfahren durch Beibehaltung einer zweiten Rohrleitung oder durch entsprechende Ausbildung des Brennstoffventils (Bauart Hesselmann).

Das hier beschriebene Brennstoffventil entspricht im allgemeinen der Ausführung vieler Dieselmotorenbauer (M. A. N., Germaniawerft usw.). Konstruktiv ganz anders durchgebildet sind diejenigen der Bauart Sulzer, welche wir in Fig. 97, 98 und 99 wiedergeben. Der Steuerhebel wirkt hier nicht direkt auf die Nadel, sondern indirekt durch Vermittlung einer kleinen wagrechten Zwischenwelle. Der Teil a dieser Welle ist verjüngt, wird am Ende festgehalten und wirkt als Torsionsfeder (Fig. 99).

Die Stopfbüchse e sichert das Dichthalten. Der Steuerhebel ist bei dieser Konstruktion aus dem Durchmesser des Zylinderkopfes herausgesetzt, und wie aus Fig. 98 und 99 ersichtlich, ist dies mit der Absicht geschehen, das Brennstoffventil abnehmen zu können, ohne die Steuerhebel zu berühren. Im folgenden Kapitel wird dargelegt, wie andere Konstrukteure auf verschiedenen Wegen zum gleichen Ergebnis gekommen sind.

Die Arbeitsweise des Ventils der Bauart Sulzer ist dem Erstbeschriebenen im Wesen identisch. Grundsätzlich verschieden sind dagegen die Brennstoffventile der Bauart Lietzen-

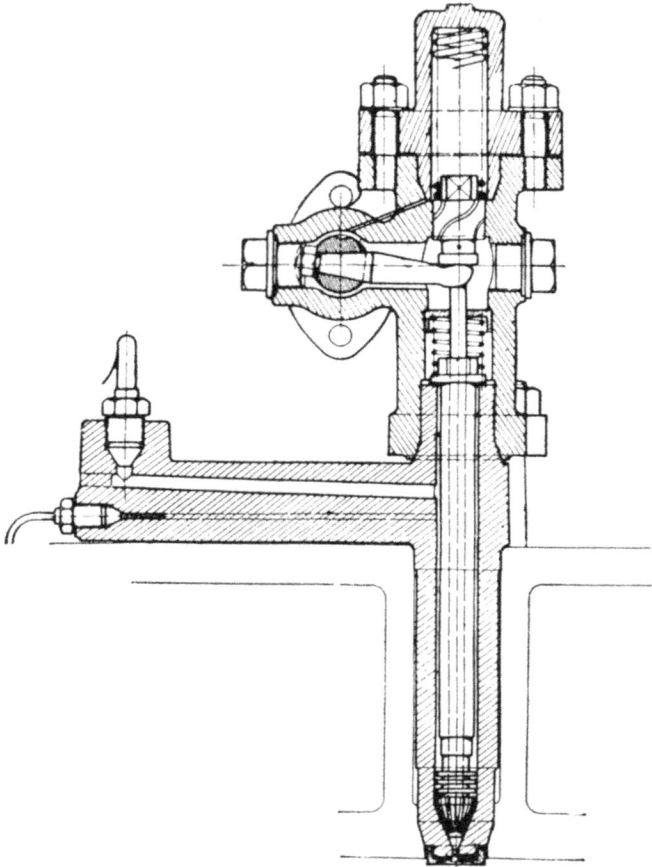

Fig. 97.

meyer, welche außer von diesem Konstrukteur auch von verschiedenen anderen Firmen hauptsächlich für liegende Modelle gewählt worden sind (Körting, Dingler usw.).

Diese Ausführung bezweckt, die B r e n n s t o f f -
p u m p e d e r B e l a s t u n g d u r c h d i e E i n b l a s e -
s p a n n u n g z u e n t z i e h e n , wodurch wesentliche Er-

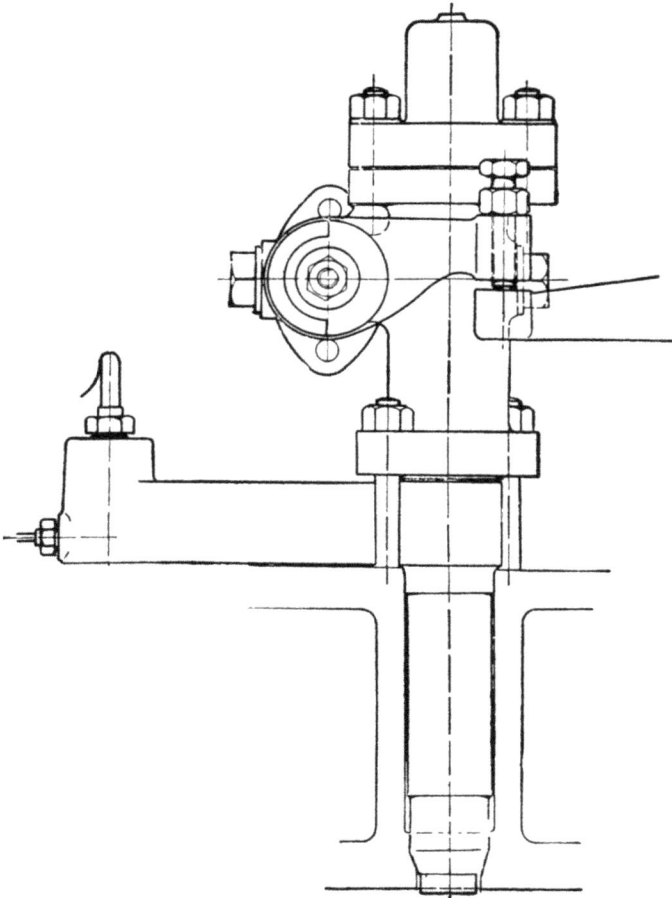

Fig. 98.

sparnisse an Arbeit und geringere Verluste erreicht und die
Anforderungen bezüglich der Beschaffenheit der Dichtungen,
Stopfbüchsen usw. vermindert werden sollen. Aus diesem

8*

Grund ist die Einlaßnadel so angebracht, daß sie, anstatt die Verbindung zwischen Brennstoffverteiler und Zylinder zu öffnen oder zu schließen, nur die Druckluftleitung öffnet

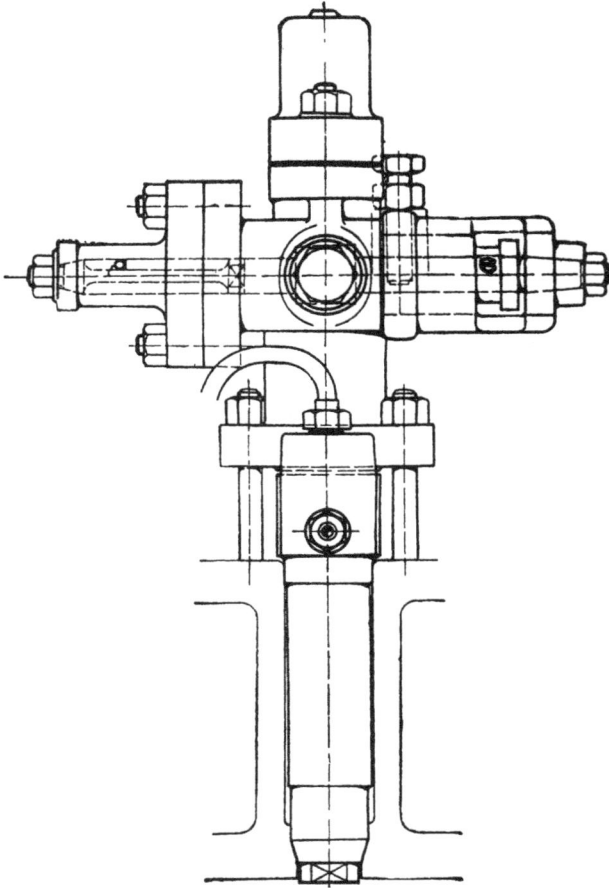

Fig. 99.

bzw. schließt, wohingegen die Verteilerkammer stets offen ist und in ihr in jedem Augenblick die gleiche Spannung herrscht, wie im Zylinder selbst. Es genügt deshalb, die

Brennstoffpumpe nur während des Saug- und Auspuffhubes des Motors fördern zu lassen, um zu erreichen, daß
der Gegendruck, den sie zu überwinden hat, beinahe gleich
Null wird. Öffnet nun die Nadel rechtzeitig den Lufteintritt,
so wird Luft in den Zylinder einströmen und beim Durchströmen des Verteilers die Brennstoffmenge, die vorher von der
Pumpe dorthin gebracht wurde, mitreißen und in gewöhnlicher
Weise zerstäuben.

Ein besonderes Brennstoffventil brauchen die Sabathémotoren mit gemischtem Arbeitsverfahren (s. Seite 29, Fig. 34).
Das Einblasen des Brennstoffs geschieht in zwei aufeinander-
folgenden Abschnitten. Kurz bevor die
Kurbel den oberen Totpunkt erreicht,
tritt eine gewisse Menge Brennstoff in
den Zylinder ein und verbrennt annähernd
bei konstantem Volumen. Eine zweite
Ladung tritt unmittelbar darauf ein, es
erfolgt die zweite Phase, die Verbrennung
bei konstantem Druck.

Bei geringer Belastung wird, wie bei
den Dieselmotoren, im Diagramm die Linie
konstanten Druckes kürzer oder verschwindet auch ganz, so daß der Kreisprozeß nur
als eine einfache Verpuffung verläuft.

Fig. 100 ist eine schematische Darstellung dieses Brennstoffventils. Der
ganze Raum e sowie der Raum a sind
mit Druckluft gefüllt, welche nach a
durch Öffnungen in der Führung des

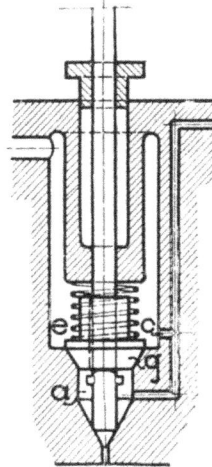

Fig. 100.

Teils g von e aus eintritt. Der Brennstoff wird in den unteren
Raum a gebracht. Ist a gefüllt, so tritt der Rest durch die
Bohrung c in den Raum e ein. Beginnt die Nadel sich zu heben,
so läßt sie zunächst den in a enthaltenen Brennstoff austreten,
was der Verbrennungsphase bei konstantem Volumen entspricht; geht die Nadel dann höher, so hebt sie mittels
zweier Vorsprünge auch das Ventil g und ermöglicht damit
dem in e gelagerten Brennstoff in den Zylinder einzutreten,
was die Verbrennungsphase bei konstantem Druck ergibt.

Mit der Belastung ändert sich auch die geförderte Brennstoffmenge, welche aus der Bohrung *c* austritt. Damit ver-
kürzt oder verlängert
sich die isobarische Ver-
brennung, wohingegen
die Phase bei konstan-
tem Volumen gleich
bleibt. Bei sehr kleiner
Belastung reicht die
Brennstoffmenge nicht
mehr bis zur Höhe des
Loches *c*, die Verbren-
nung bei konstantem
Druck fällt weg.

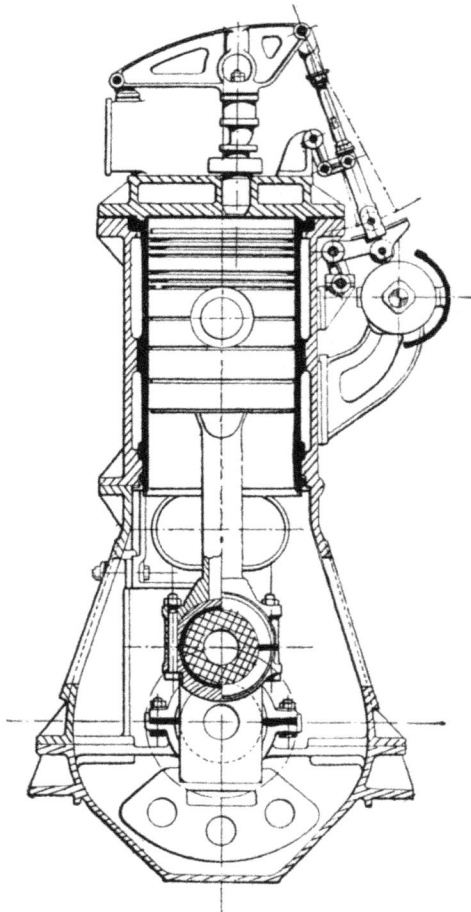

Die Anordnung ist
derart getroffen (Fig.
101), daß mit Verringe-
rung der Motorleistung
die Nadel sich auch
weniger hebt, so daß
sie nicht einmal mehr
zur Berührung mit dem
Ventil *g* kommt. Dies
aber hat tatsächlich
eine Ersparnis an Ein-
blaseluft zur Folge, die
um so mehr ins Gewicht
fällt, als diese Motoren
vornehmlich zur Anwen-
dung in der Marine be-
stimmt sind und hier
eine Verringerung der
Leistung gleichbedeu-
tend ist mit der Ver-

Fig. 101.

ringerung der Umdrehungszahl, d. h. es vergrößert sich die
Zeitdauer, während welcher die Brennstoffnadel gehoben ist,
was einen starken Mehrverbrauch an Druckluft verursacht.

Viertes Kapitel.

Steuerung.

Bei Dieselmotoren sind sämtliche Ventile gesteuert. Die Steuerhebel werden im allgemeinen durch N o c k e n angetrieben, seltener mittels Exzentern (Fig. 102). In letzterem Falle sind Wälzhebel nötig, um die Hubgeschwindigkeit zu beschleunigen und die Aufsetz-geschwindigkeit zu verzögern[1]). Der Wälzhebelantrieb ist wesentlich teuerer als der mittels Nocken und wird seltener und bei stehenden Maschinen nur für solche größerer Leistung verwendet. Bei liegenden Maschinen mit senkrechten Ansauge- und Auslaß- bzw. Spülventilen ist der Antrieb mit Exzentern und

Fig. 102.

Wälzhebeln notwendig bei Doppelmaschinen, d. h. Maschinen mit zwei Zylindern und nur einer Steuerwelle.

Die Steuerung stehender Viertakt-Dieselmotoren entspricht meistens der Anordnung des Schemas Fig. 103. Die Steuerwelle hat die halbe Umdrehungszahl der Motorwelle und trägt die Nocken $a_1 b_1 c_1 d_1$, welche die Ventilhebel $a\,b\,c\,d$ antreiben, d. s. Saugventilhebel, Brennstoffventilhebel, Anlaß- und Auspuffventilhebel. Der Drehpunkt der Hebel

---

[1]) Über die Berechnung der Wälzhebel vergleiche H. Dubbel, Großgasmaschinen, Berlin, 1910, S. 69 u. f. und auch Holzer, W ä l z h e b e l, Z. d. V. D. I. 1908, S. 2043 u. f.

liegt in der festen Welle *g g*, die in den beiden Böcken (*c* in
Fig. 77, 78) am Zylinderkopf gelagert wird. Die Hebel *a* und
d sind direkt auf der Achse *gg* aufgesetzt. Die Hebel des Brenn-
stoff- und des Anlaßventils drehen sich um eine exzentrische
Büchse, welche ihrerseits auf der Achse *gg* sitzt und einen
Handgriff *o* trägt, dessen Bestimmung wir unten sehen werden.

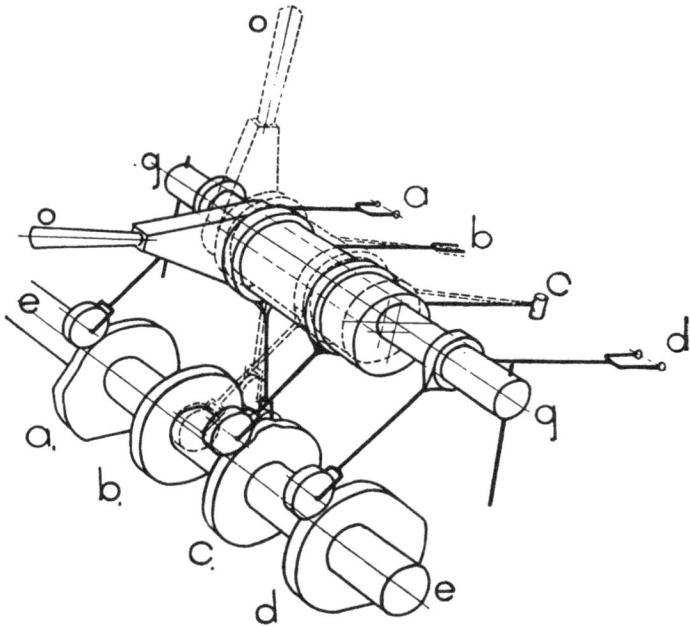

Fig. 103.

Die Hebel *a c d* tragen Rollen, welche auf der Außen-
seite der Steuerwelle sitzen, so daß beim Vorbeigehen des
Nockens sich der den Ventilen zugewandte Hebelarm senkt,
beim Hebel *b*, d. i. der Brennstoffventilhebel, sitzt die Hebelrolle auf der Innenseite und wird vom Nocken derart betätigt, daß sich die Brennstoffnadel hebt. Die Ausbildung
der verschiedenen Ventile, die in Kapitel III beschrieben
sind, rechtfertigt diese Anordnung.

Der Zweck des Handgriffes o und der exzentrischen Büchse, auf welcher die Hebel b und c aufgesetzt sind, ist in den Fig. 104 bis 106 deutlich klar gemacht. e bedeutet die Hebelrolle des Anlaßventils, c die des Brennstoffventils. Wird der Handgriff wagrecht gestellt (I), so entfernt die exzentrische Büchse, auf welcher der Handgriff sitzt, die Hebelrolle c vom Brennstoffnocken, setzt dagegen e auf den Anlaßventilnocken auf. Die Versetzung ist derart, daß die Rolle c nicht früher von der Nockenerhebung berührt wird und das Brennstoffventil infolgedessen so lange nicht geöffnet werden kann, als das Anlaßventil in Tätigkeit ist. Steht der Hebel in dieser Stellung und werden die Ventile der Anlaßgefäße geöffnet, so wird durch die Druckluft der Motor in Gang gebracht. Dreht man hierauf den Hebel in die senkrechte Stellung (II), so erfolgt das Gegenteil. Das Brennstoffventil tritt in Tätigkeit, wohingegen das Anlaßventil ausgeschaltet wird, da die betreffende Rolle so abgehoben wird, daß die Nockennase an ihr vorbeigeht, ohne sie zu berühren. Diese Stellung entspricht also dem normalen Gang des Motors. Steht der Handgriff in der Zwischenstellung (III), so wird keines der beiden Ventile betätigt und der Motor ist stillgesetzt.

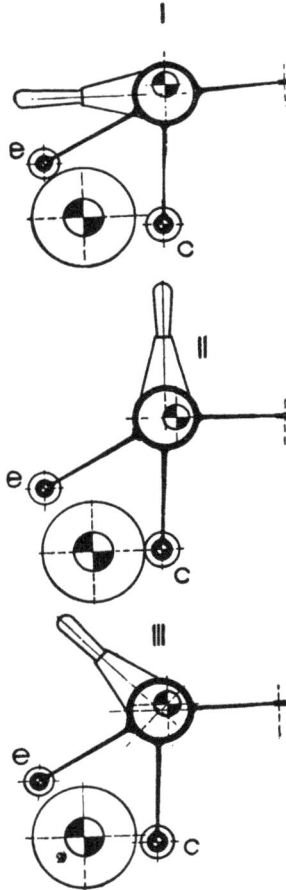

Fig. 104—106.

Diese einfache Manövriervorrichtung wird von fast allen Firmen, die stehende Dieselmotoren bauen, mit nur geringen Abweichungen ausgeführt.

Ihre konstruktive Ausbildung geht aus Fig. 107 hervor,
welche die Gesamtanordnung der feststehenden Welle zeigt,
um welche sich alle Hebel drehen.

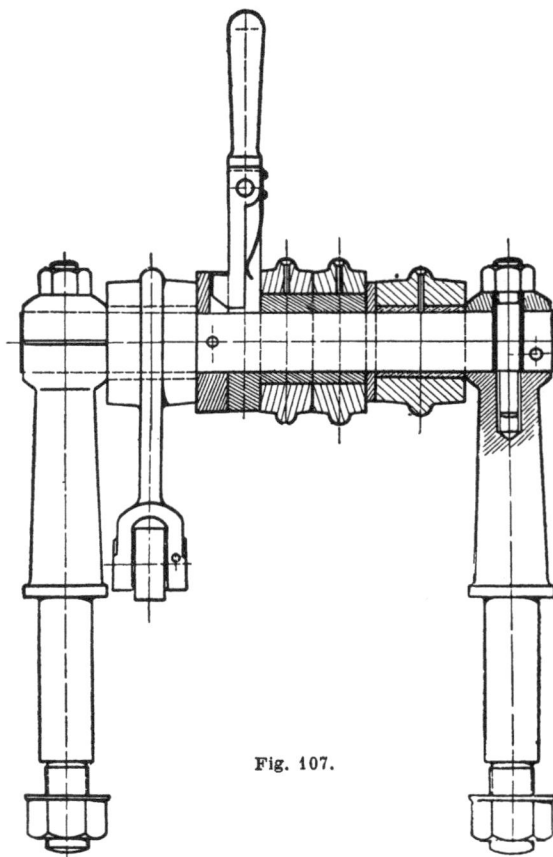

Fig. 107.

Um das Besteigen einer Bedienungsbühne zur Vornahme
dieser Manöver zu vermeiden, verbindet man diesen Handgriff
mit einer Zugstange, die von unten betätigt wird. Bei manchen Mehrzylindermotoren bildet man diese Vorrichtung so
aus, daß man mittels eines einzigen Hebels gleichzeitig alle
Zylinder bedienen kann. Diese Anordnung trägt sicher

dazu bei, das Anlassen des Motors weniger umständlich zu machen. Wenn man die Zylinder nacheinander e i n s c h a l - t e n will, ist es vorteilhaft, bei dem Zylinder zu beginnen, der erfahrungsgemäß am ehesten bereit zum Anspringen ist und läßt die anderen noch weiter mit Druckluft arbeiten.

Viele Konstrukteure bringen, wenn der Motor drei oder vier Zylinder hat, nicht an allen Zylindern Anlaßventile an, sondern nur an zweien manchmal auch nur einem. Dies geschieht natürlich aus Sparsamkeitsrücksichten.

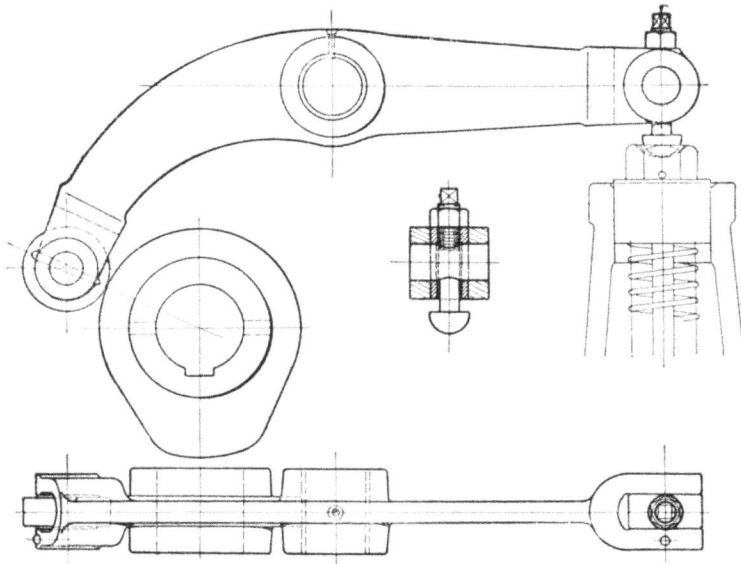

Fig. 108—110.

Die Fig. 108 bis 110 zeigen die konstruktive Ausbildung eines Ansauge- oder Auspuffventilhebels mit den zugehörigen Nocken. Man sieht hier die Rolle aus gehärtetem Stahl, den Hebel aus Stahlguß mit eingesetzter Bronzebüchse für den Drehzapfen und die Lagerung des Kugelgelenks, welches auf das Ventil drückt.

Durch das Gewinde im Gelenk kann man das Spiel zwischen Nockenscheibe und Hebelrolle auf den richtigen Wert einstellen.

Eine von der gewöhnlichen gebräuchlichen Ausbildung der Steuerung abweichende Ausführung (Güldner, Körtings-Schiffstype, Harlé usw.) zeigt Fig. 111. Die Steuerwelle ist nach unten gelegt und steuert die Ventilhebel nicht direkt, sondern bewegt sie mittels Zugstangen, die am unteren Ende die Rolle tragen.

Ihrer Originalität wegen soll die Steuerung der Waffen- und Maschinenfabrik Budapest, die für Einzylindermotoren verwendet wurde, angeführt werden, obwohl diese Konstruktion jetzt aufgegeben ist. Bei dieser Ausführung fehlt die wagrechte Steuerwelle. Sie ist durch eine ebene Scheibe am oberen Ende der senkrechten Welle ersetzt, die Erhebungen an Stelle der Nocken trägt[1]).

Fig. 112 zeigt die Ansicht der Steuerung der Sulzer-Zweitakt-motoren. Die Anzahl der Spül-ventile beträgt vier (die beiden Ventile, die in der Figur sichtbar sind, sind mit a bezeichnet), b ist das Brennstoffventil, c das Anlaß-ventil. Die vier Spülventile müssen sich natürlich alle gleichzeitig öffnen und schließen. Zwei Hebel, die von zwei gleichen und unter demselben Winkel aufgekeilten Nocken betätigt werden, steuern sie paarweise. Außer der gewöhnlichen festen Welle e befindet sich hier noch eine weitere g, und zwar derart angebracht, daß der Abstand zwischen g und e gleich dem Abstand der beiden Bolzen des Kreuzstückes d ist. Das System der beiden Wellen und der beiden eben erwähnten Bolzen, verbunden durch den Steuerhebel und die Klinke i, bilden zusammen ein Parallelogramm, welches einen gleich-mäßigen und gleichzeitigen Hub der Ventilpaare bedingt.

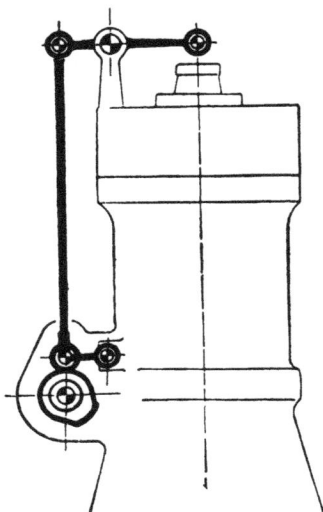

Fig. 111.

---

[1]) R. Diesel, Der heutige Stand der Wärmekraftmaschine. Z. d. V. D. I. 1903, S. 1370.

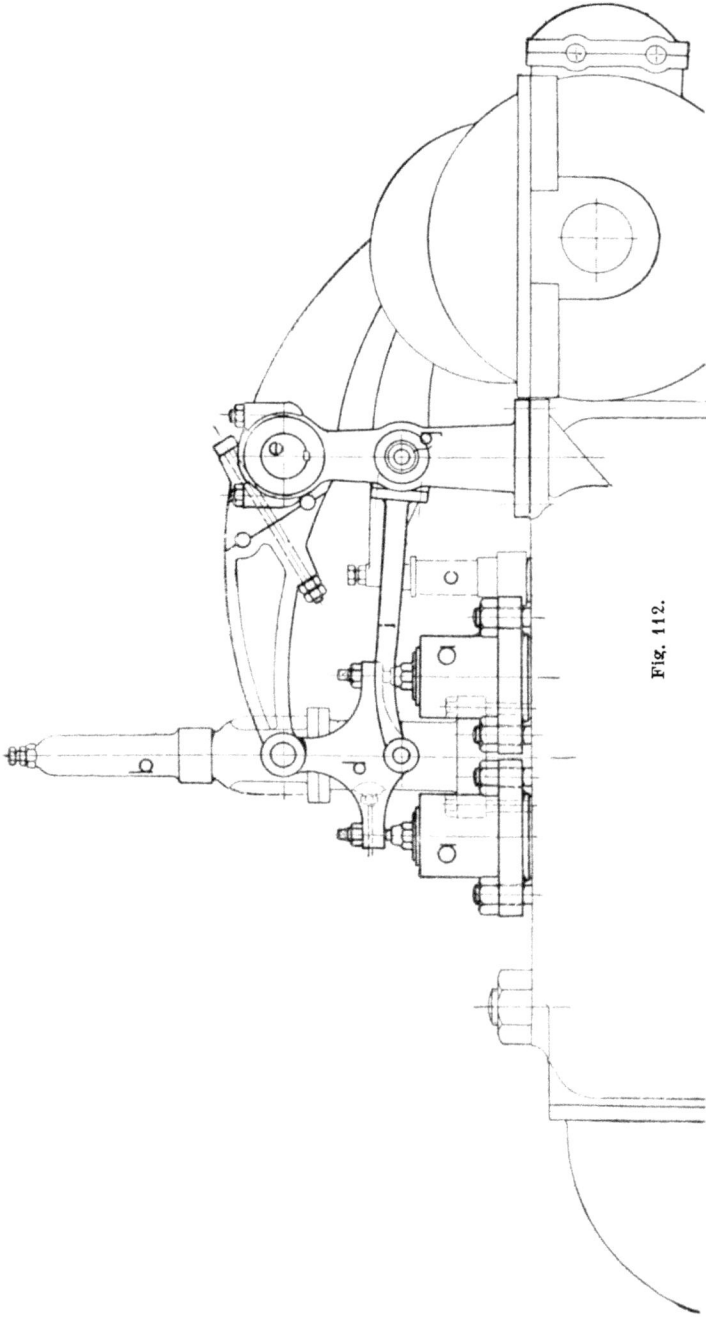

Fig. 112.

Um die Achse *g* dreht sich ebenfalls der Hebel des Anlaßventils.

Zum Nachsehen der Ventile wäre es nötig, vorerst die
feste Welle mit dem ganzen Hebelsystem abzunehmen. In
der Figur sieht man deutlich, auf welch elegante Weise diese
Forderung umgangen ist. Durch diese Lösung wird, namentlich bei großen Motoren, wo die Demontage und Untersuchung
der Ventile, welches öfters und schleunigst vorgenommen
werden muß, wesentlich erleichtert. Der Hebel ist geteilt
und durch eine Schraube, welche mit zwei zylindrischen
Keilen eine Spannungsverbindung bildet, zusammengehalten.
Durch Lösen der Schrauben werden die Keile gelockert. Da
nun der eine Hebelteil entfernt werden kann, lassen sich

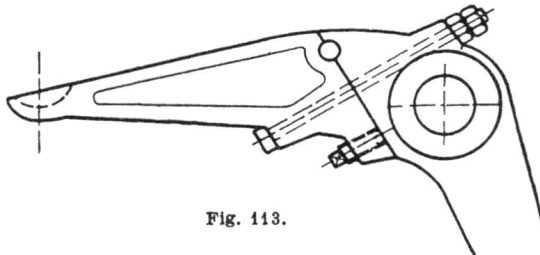

Fig. 113.

die Ventilgehäuse herausziehen. Ähnliche Ausführungen findet
man auch bei großen Motoren anderer Firmen.

Die Brennstoffnadel ist dasjenige Ventil, welches am
häufigsten nachgesehen und gereinigt werden muß. Das Bedürfnis nach einer Anordnung, welche gestattet, es herauszunehmen, ohne die übrige Steuerung zu berühren, macht
sich deshalb noch fühlbarer. Aus diesem Grund suchte man
auch für Motoren minder großer Leistung eine Anordnung zu
finden, welche dieser Bedingung entsprechen und zugleich
erlauben sollte, das Spiel zwischen der Nockenscheibe und
der Rolle in bequemerer Weise einzustellen, als es mittels
Mutter und Gegenmutter auf der Brennstoffnadel, wie in
Fig. 93 gezeigt, möglich war. Bei der Beschreibung des Brennstoffventils von Sulzer (Fig. 97, 98, 99) haben wir bereits eine
dieser Ausführungen erwähnt.

Eine andere Ausführung, ebenfalls von der Firma Sulzer, ist in Fig. 113 abgebildet. Es handelt sich hier um einen Hebel, der in ähnlicher Weise wie der Spülluftventilhebel, geteilt ist, bei dem der eine der beiden Keile durch eine Druckschraube mit Gegenmutter ersetzt ist. Diese Ausbildung entspricht gerade der Forderung, das Spiel zwischen Hebelrolle und Nockenscheibe bequem einstellen zu können.

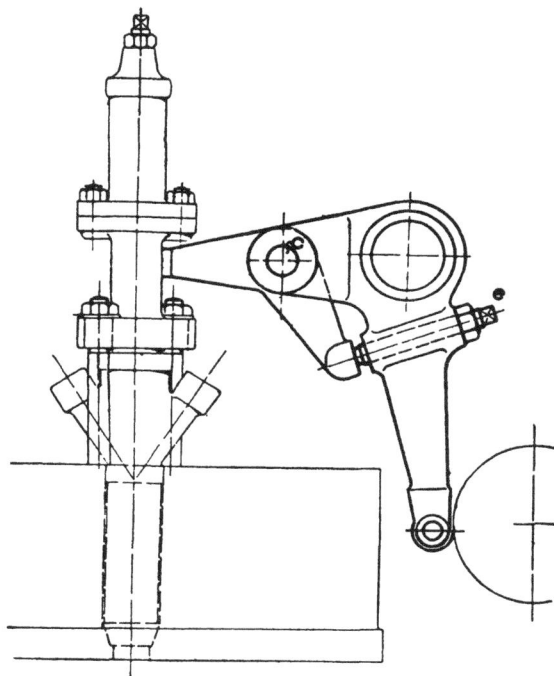

Fig. 114.

Sehr gut und zeitlich eines der ersten ist das System Langen & Wolf (Fig. 114). Es genügt, den Bolzen c, der durch einen Splint festgehalten wird, herauszunehmen, um den Winkelhebel zu entfernen und das Brennstoffventil frei zu bekommen. Durch Drehen der Schraube e wird das Spiel der Hebelrolle genau eingestellt. Fig. 115 zeigt das in der letzten Zeit bei großen Tosimotoren zur Ausführung gekommene System.

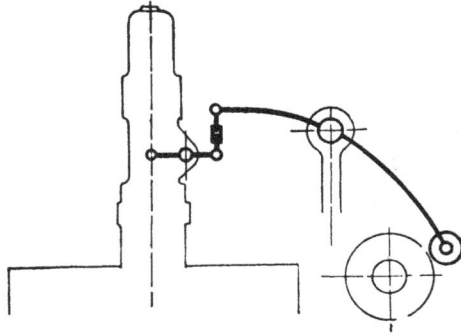

Fig. 115.

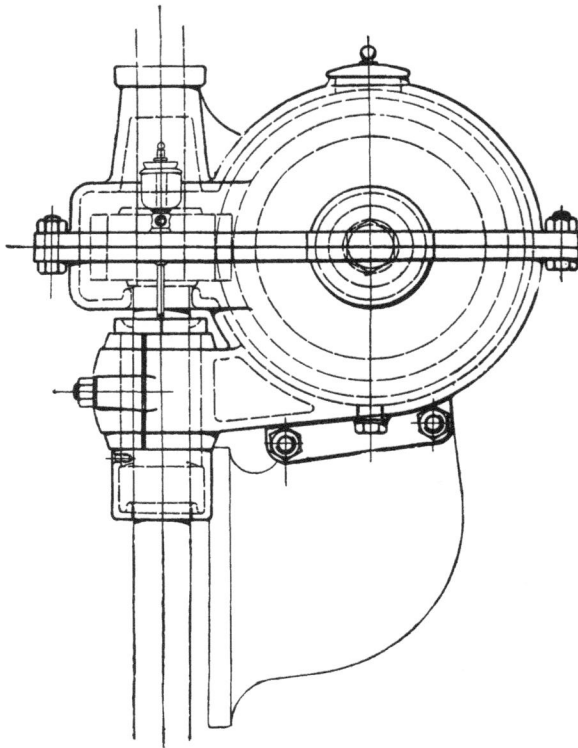

Fig. 116.

Die Steuerwelle wird im allgemeinen durch eine Schraubenradübersetzung von der Motorwelle angetrieben, und hat bei Viertaktmotoren die halbe Umdrehungszahl der letzteren.

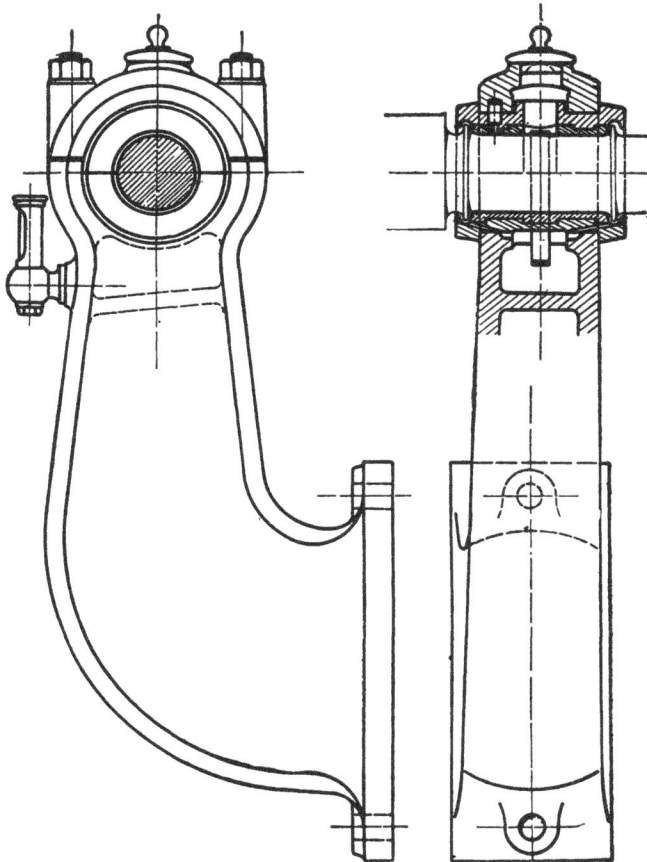

Fig. 117—118.

Bei Zweitaktmotoren ist die Umdrehungszahl der Steuerwelle gleich der der Kurbelwelle.

Die Schraubenräder der Steuerung eines stehenden Motors laufen in einem Gehäuse (Fig. 116), welches mit Öl gefüllt ist.

An diesem Gehäuse ist ein Lager für die senkrechte Zwischenwelle angegossen, welche immer die Umdrehungszahl des
Motors hat. Oberhalb oder unterhalb dieses Steuerräder-
kastens ist der Regulator auf der senkrechten Welle angebracht.

Die horizontale Steuerwelle läuft in Lagern, die öfters
mit Ringschmierung ausgestattet sind (Fig. 117 u. 118).

Die L a g e r werden am Gestell befestigt, zwei für
jeden Zylinder (Fig. 23, Tafel VI), oder man setzt nur
ein inneres Lager zwischen die Zylinder (Fig. 17, Tafel II).

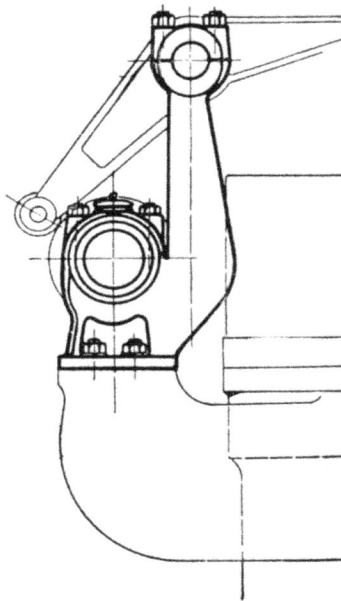

Bei der Montage werden sie
gegeneinander ausgerichtet
und sodann ihre Lage mittels
Paßleisten oder auch Paß-
stiften fixiert. Es gibt Ausführungen, bei denen die
Lagerböcke anstatt am Gestell
am Zylinderkopf sitzen und
auch solche, die mit den
Ständern, welche die feste
Welle tragen, um die sich die
Ventilhebel bewegen, in einem
Stück vereinigt sind (Fig. 119).

Diese Anordnung hat den
Nachteil, daß man die Steuerwelle ausbauen muß, wenn
man einen Zylinderkopf abnehmen will, welche Forderung sich besonders bei Mehrzylindermotoren unangenehm
fühlbar macht.

Fig. 119.

Die N o c k e n s c h e i b e n sind auf der Steuerwelle
durch Keile oder Stifte befestigt. Es empfiehlt sich jedoch,
ihre Stellung erst bei der Montage des Motors zu fixieren.
Für das Ausprobieren genügt es, sie mit Druckschrauben
festzuhalten.

Die Form des Ansauge- und Anlaßnockens sieht man aus den Fig. 108 und 110. Den Brennstoffnocken zeigen

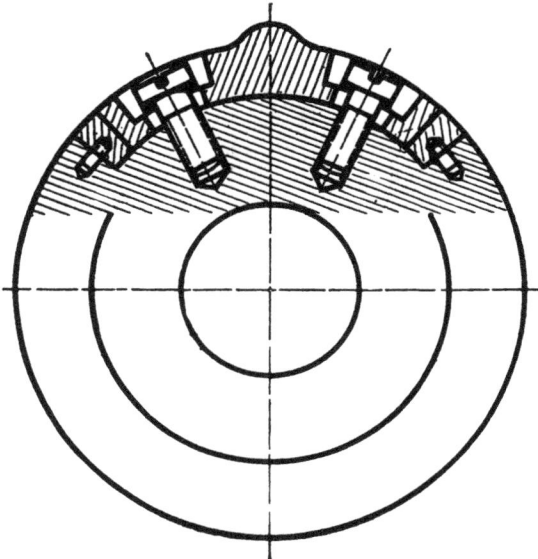

Fig. 120.

Fig. 120 und 121. Der Nocken ist vom Scheibenkörper getrennt und auf diesem mittels zweier Schrauben befestigt.

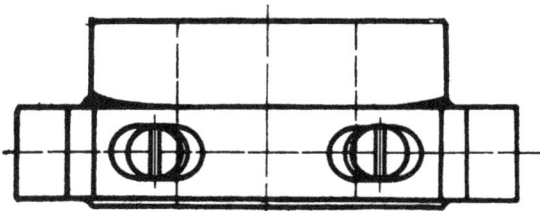

Fig. 121.

Die Schraubenköpfe sitzen in länglichen Schlitzen, so daß man den Zeitpunkt des Brennstoffeintritts vor- oder nachstellen kann, ohne die Verbindung der Scheibe mit der Welle

9*

zu lösen. Hat man beim Probelauf auf Grund der Indikator-
diagramme die günstigste Lage des Nockens festgestellt, so
kann man ihn, wie in Fig. 120 gezeigt, durch zwei schmiede-
eiserne Beilagen fixieren.

Bei Besprechung des Brennstoffventils wurde erwähnt,
daß man bei großen Motoren, um Druckluft zu sparen, die
Größe und die Dauer des Hubes der Brennstoffnadel bei ge-
ringerer Belastung verkleinert. Fig. 122 zeigt die von der
Firma Sulzer für diesen Zweck gewählte Ausführung. Die
Brennstoffnockenscheibe besteht aus zwei Scheiben e, zwi-

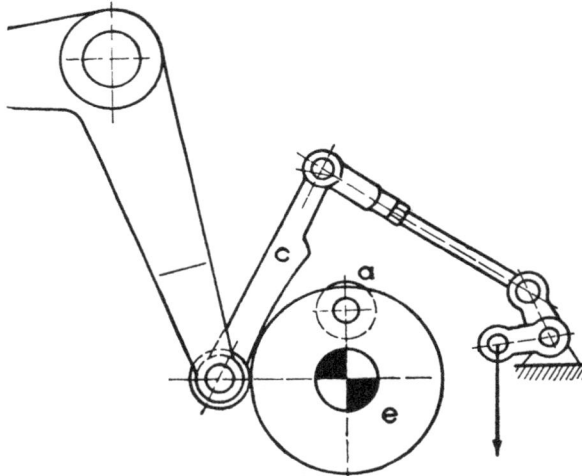

Fig. 122.

schen denen die Rolle a sitzt. Der Brennstoffventilhebel
hat zwei andere Rollen, die auf den Scheiben e laufen und
ist mit einem Stück von besonders ausgebildetem Profil verbunden, welches durch einen Druckluft-Servomotor gesteuert
wird und mit der Belastung seine Lage ändert. Läuft die
Rolle a am Kurvenhebel c vorbei, so wird dieser, je nachdem
er mehr oder weniger geneigt ist, mehr oder weniger gehoben
und somit die Nadel mehr oder weniger geöffnet.

Um den Motor beim Anlassen schneller auf höhere Umdrehungszahl zu bringen, haben einige Ausführungen eine

Vorrichtung zur Verminderung der Kompression, die der bei
Gasmotoren gebräuchlichen ähnlich ist. Gewöhnlich wird
eines der Ventile offen gehalten, d. h. die Verdichtung verhindert, wenn der Motor auf die Anlaßstellung gedreht
werden soll. Fig. 123 zeigt eine derartige Vorrichtung
(M. A. N. u. a.)[1]).

Das Profil der verschiedenen Nocken wird entsprechend
der Ventilerhebung und der Öffnungsdauer bestimmt. Für

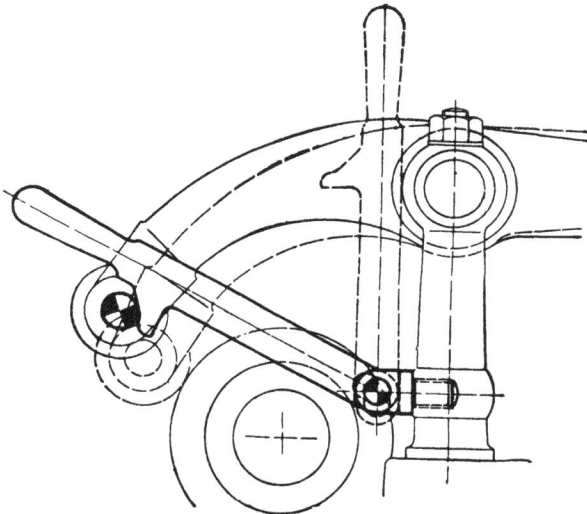

Fig. 123.

Ansauge- und Auslaßventile setzt sich dieses Profil meistens
zusammen aus zwei Tangenten an die Nockenscheibe, die
durch einen Kreisbogen mit einem Halbmesser gleich der
Nockenscheibe plus der Ventilerhebung verbunden sind. Sowohl bei der Bestimmung der Berührungspunkte der Tangenten wie auch des Halbmessers der Nockenerhebung muß
man das Spiel zwischen der Hebelrolle und der Nockenscheibe berücksichtigen.

---

[1]) Vgl. S. 102.

Ist die Größe dieses Spiels gleich c (Fig. 124), so ist der wirkliche Ventilöffnungswinkel d anstatt e und der Wert der größten Ventilerhebung a anstatt a_1. Ist das Nockenprofil gegeben, so hängt die Form der Ventilerhebungskurve nur vom Durchmesser b ab.

Die zweckmäßigste Methode zur Bestimmung des geeignetsten Durchmessers ist die, daß man das Diagramm der Ventilerhebungen bei verschiedenen Kolbenstellungen mit der Kolbengeschwindigkeitskurve in diesen Stellungen vergleicht.

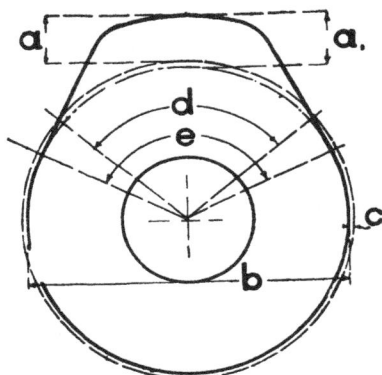

Fig. 124.

Je mehr diese beiden Diagramme einander gleichen, um so eher bleibt die Geschwindigkeit der Gase durch das Ventil konstant und um so besser ist dann das Profil.

Außer dem erwähnten Profil, bestehend aus Tangenten und Kreisbogen, wurden auch schon andere versucht, z. B. das der Polarsinoide[1].

Bei Dieselmotoren ist der Durchmesser b beinahe stets doppelt so groß wie der kleinere Durchmesser des Auspuff- oder Ansaugeventilkegelrumpfes.

Die Öffnungsdauer der verschiedenen Ventile ist für die einzelnen Motortypen verschieden und hängt besonders von der Kolbengeschwindigkeit ab.

Bei Viertaktmotoren öffnet das Saugventil ungefähr 20° vor dem inneren Totpunkt und schließt ungefähr 20° hinter dem äußeren Totpunkt. Das Auspuffventil hat ein Voreilen von 30° bis 40° und schließt mit einem Nacheilen von ungefähr 10°.

Das Einblasen des Brennstoffes erfolgt bei langsamlaufenden Motoren unter einem Voreilwinkel von 1° bis 2°, bei Schnell-

---

[1] Z. d. V. D. I. 1905, S. 1627.

läufern von 5⁰ bis 7⁰ und dauert während ungefähr $^1/_{10}$ des Hubes. Das Anlaßventil öffnet sich kurz hinter dem Totpunkt und bleibt während 30 bis 40% des Hubes geöffnet.

Bei Schiffsmotoren und bei allen jenen Motoren, welche bei jeder beliebigen Stellung der Kurbelwelle, ohne daß man sie in Anlaßstellung bringt anspringen sollen, muß die Summe der Anlaßventilöffnungswinkel der verschiedenen Zylinder gleich 360⁰ sein, so ist z. B. bei einem Zweitakt-Vierzylindermotor jedes Ventil während 90⁰ geöffnet.

Bei der Steuerung liegender Dieselmotoren hat man zu unterscheiden zwischen solchen Motoren mit Zylinderköpfen mit ebenen Böden, d. h. mit wagrecht liegenden Ventilen und Motoren mit senkrecht stehenden Luft- bzw. Abgasventilen.

Die Steuerung der erstgenannten Art entspricht fast vollkommen der vorbeschriebenen Ausführung bei stehenden Motoren, indem hier die in diesem Fall wagrechte Zwischenwelle eine unter rechtem Winkel dazu liegende Quersteuerwelle antreibt, von der alle Steuerbewegungen abgeleitet werden. Bei der zweiten Art werden bei allen Ausführungen die Ansauge- und Auspuff- bzw. Spülventile sowie das Anlaßventil mittels Nocken oder Exzenter und Hebeln von der Zwischenwelle aus angetrieben. Bei kleineren Motoren erfolgt auch der Antrieb des Brennstoffventils von der seitlichen Längssteuerwelle aus, wohingegen bei größeren Motoren eine Quersteuerwelle mit Nocken das wagrecht liegende Brennstoffventil betätigt. Fig. 125 zeigt die Anordnung der Steuerung bei einem liegenden Viertaktmotor (M. A. N.). Die Längssteuerwellen drehen sich bei liegenden Viertaktmotoren mit der halben Umdrehungszahl des Motors, wohingegen sie bei Zweitaktmaschinen dieselbe Umlaufzahl wie die Maschine haben.

Weiterhin werden bei liegenden Dieselmotoren von der Längswelle aus die Brennstoffpumpe und der Regler angetrieben. Der Regler sitzt auf einem an der Längsseite des Gestells befestigten Bock und wird durch ein Kegelräderpaar angetrieben. Im Gegensatz zu den stehenden Motoren, bei denen der Regler auf der senkrechten Zwischenwelle sitzt, kann man

bei liegender Bauart dem in der vorbeschriebenen Weise ange-
ordneten Regulator eine etwas höhere Umdrehungszahl als
die des Motors geben, wodurch man bei gleicher Verstellkraft

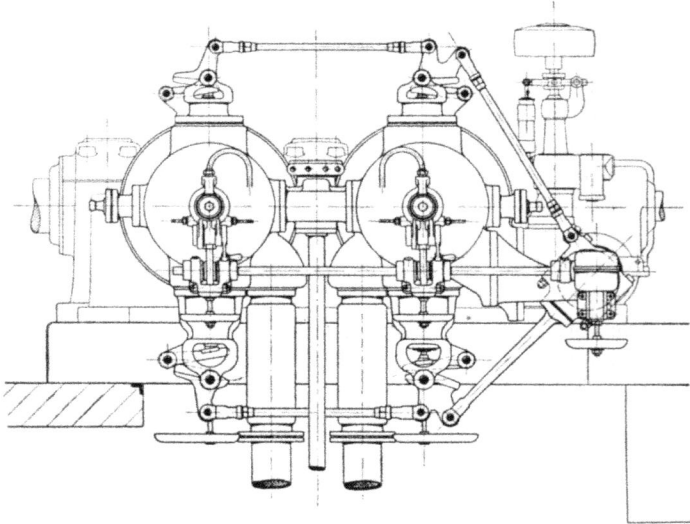

Fig. 125

des Reglers ein kleineres Reglermodell wählen kann und sich
mit der Umlaufszahl den normalen Ausführungen der Spezialfabriken für Regulatoren anpassen kann.

Fünftes Kapitel

Brennstoffpumpe und Regulierung.

Die Brennstoffpumpe des Dieselmotors hat die Aufgabe, das Treiböl in den Zerstäuber zu fördern. Sie muß deshalb den in diesem herrschenden Einblasedruck (45 bis 75 Atm.) überwinden.

Da durch die Brennstoffpumpe gleichzeitig die Regelung des Motors erfolgt, muß sie bei jedem Hub genau die Treibölmenge fördern, welche der jeweiligen Belastung des Motors für eine Verbrennungsphase entspricht.

Die Pumpe muß kräftig und sehr sorgfältig konstruiert sein, da sie eine sehr große Druckhöhe zu überwinden hat und ihre Fördermengen, so klein sie sind, innerhalb weiter Grenzen veränderlich sein müssen.

Der Kolben, welcher stets als Tauchkolben ausgeführt wird, ist aus Stahl. Die Ventile bestehen aus Bronze oder Nickelstahl (für Teerölbetrieb) und haben einen konischen Sitz. Ein Ansaugeventil und ein oder zwei hintereinander geschaltete Druckventile sind mit schwachen Federn belastet und so angeordnet, daß sie gut zugänglich sind, um leicht nachgesehen, gereinigt oder eingeschliffen werden zu können. Die Rohrleitungen werden mittels Kupferkonussen angeschlossen, wie in Fig. 95 gezeigt.

Das Pumpengehäuse besteht aus massivem Gußeisen. Der Kolben und die anderen beweglichen Teile sind in Stopfbüchsen mit genau eingepaßten Dichtungen geführt. Für diesen Zweck eignet sich besonders eine in die Stopfbüchse gelegte Asbestschnur, die mit Rindstalg bestrichen und mit Graphit bestreut wird.

Nachstehend soll untersucht werden, wie die Fördermenge der Pumpe im Verhältnis zur Belastung unter dem Einfluß des Reglers verändert werden kann.

Der nächste Gedanke zur Lösung dieses Problems wäre,
den Hub der Pumpe z. B. durch einen Achsenregler zu beeinflussen, welcher die Exzentrizität des Exzenters, das den
Kolben bewegt, verändert.

Dabei stößt man jedoch sofort auf eine Schwierigkeit;
es drängt sich nämlich unwillkürlich die Frage auf, ob die
Pumpe bei sehr kleiner Belastung oder bei Leerlauf mit den
äußerst geringen Fördermengen dieser dichten und zähen
Flüssigkeiten arbeiten kann. Man sieht leicht ein, daß eine
kleine Luftblase im Pumpenraum genügt, um durch ihre
leichte Ausdehnungsfähigkeit das ganze Pumpenspiel lahm zu
legen. Bei dem geringen Kolbenhub wird nur die Luftblase
ausgedehnt und wieder zusammengedrückt, ohne daß die Ventile gehoben werden.

Da anderseits die Kraft, welche der Kolben zu überwinden hat, sehr bedeutend ist (45 bis 75 kg/cm²), so läßt sich
nur schwer ein Organ mit veränderlichem Hub ausdenken,
das nicht einen bedeutenden Rückdruck auf den Regulator
ausübt, und ihn nicht bei jedem Kolbenhub in Schwingungen
versetzt[1]).

Die Aufgabe ist also in der Art zu lösen, daß die Regelung
nicht direkt auf den Kolben wirkt und daß demnach durch
das Ansaugeventil stets die Brennstoffmenge hindurchgeht,
welche dem ganzen Hubvolumen entspricht.

Aus diesem Grund wird von den Brennstoffpumpen der
Dieselmotoren stets eine unnötig große Menge Treiböl angesaugt, von dem nur ein Teil in das Brennstoffventil gelangt,
wohingegen der Überschuß während des Druckhubes in die
Ansaugekammer zurückläuft.

---

[1]) Diese eben geschilderten Schwierigkeiten ergeben sich
aus der Bedingung, daß die Pumpe den Einblasedruck überwinden
muß. Für diejenigen Brennstoffventile, welche während der För-
derung nicht unter dem Einblasedruck stehen (s. S. 114), kann man
Pumpen mit veränderlichem Hub anwenden, wie es in der Tat auch
geschieht.

Das Hubvolumen ist so berechnet, als ob der Brennstoffverbrauch 600 bis 900 g für die PSe/Std. betragen würde.
Demnach wirkt die Regelung dauernd oder mit anderen
Worten: Selbst bei Überlastung des Motors gelangt nicht die
ganze Fördermenge der Pumpe in das Brennstoffventil.

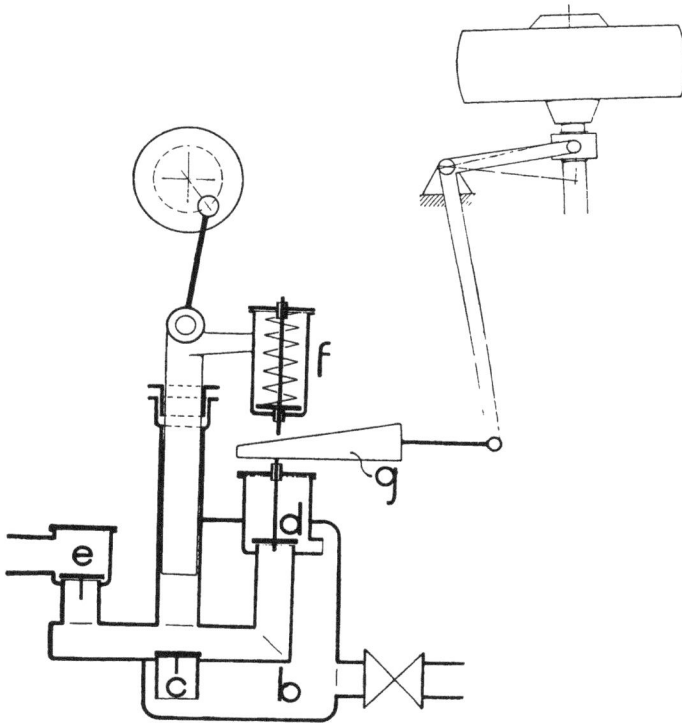

Fig. 126.

Um dieses zu erreichen, sind in der Praxis verschiedene
Anordnungen ausgebildet, die im Prinzip alle gleich sind.

Die zeitlich erste und jetzt aufgegebene Anordnung ist
in Fig. 126 dargestellt. Der Tauchkolben saugt beim Auf-
wärtsgang den in *b* aufgespeicherten Brennstoff durch das
Saugventil *c* an. Ist das Ventil *d* beim Herabgehen des Kolbens

auf seinen Sitz aufgedrückt, so wird aller Brennstoff durch
das Druckventil *e* zum Brennstoffventil gelangen. Ist das
Ventil *d* jedoch freigegeben, so wird es eher geöffnet als das
Ventil *e*, auf welchem der Einblasedruck lastet, und läßt
den überflüssigen Brennstoff in den Saugraum zurückfließen.

Wird nun während eines Teils des Hubes das Ventil
freigegeben und während des übrigen Teils auf seinen Sitz

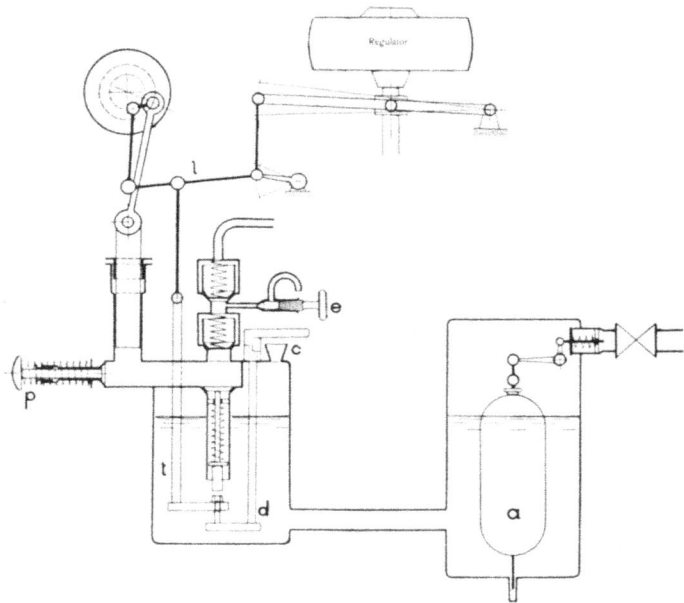

Fig. 127.

gedrückt, so wird nur ein Bruchteil der Fördermenge, welcher
dieser zweiten Periode entspricht, in das Brennstoffventil
gelangen. Mittels des Federkolbens *f* und des Teils *g* der in
einfacher Weise vom Regler bewegt wird, wird der vorhin erwähnte Vorgang verwirklicht.

Die folgenden schematischen Darstellungen stellen die
gebräuchlichsten Ausführungen der Brennstoffpumpen neuerer
Motoren vor. Sie haben alle dasselbe Prinzip der Regelung,

welches darin besteht, daß das Saugventil während eines
Teils des Druckhubes gehoben wird, so daß der Brennstoff
durch dieses zum Saugraum zurückkehren kann; nur wenn
das Ventil freigelassen wird
und durch Federkraft sich
schließt, beginnt der nutzbare
Druckhub.

In der schematischen Dar-
stellung (Fig. 127) läuft der
Brennstoff vom Brennstoffvorratsgefäß einem Schwimmergefäß *a* zu; von diesem gelangt das Öl in den Saugraum
der Pumpe, und zwar durch
eine Rohrleitung von genügend
großer lichter Weite, damit
der Zufluß des Öles auch im
Winter, wenn es weniger flüssig
ist, leicht erfolgen kann. Dieser
Saugraum steht durch den
Trichter *c*[1]) mit der Atmosphäre in Verbindung. Das vom
Schwimmer *a* gesteuerte Ventil hält den Flüssigkeitsspiegel
stets auf gleicher Höhe.

Die Pumpe hat einen
Tauchkolben, ein Saugventil
und zwei hintereinander geschaltete Druckventile. Diese
Anordnung erlaubt es, zwischen den beiden Druckven-
tilen eine Prüfschraube *e* mit
konischem Sitz unterzubrin-
gen, welche man öffnen kann,

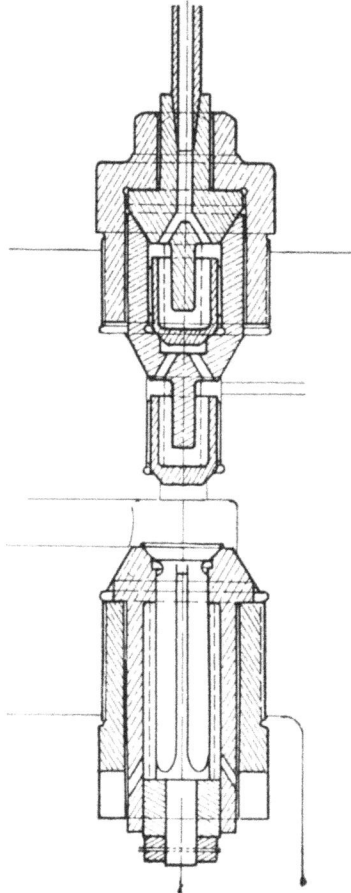

Fig. 128.

---

[1]) Bei besonders dickflüssigem Brennstoff, welcher manchmal
im Auslande verwendet wird, kann man durch den Trichter *c* auch
Petroleum eingießen, um den Brennstoff beim Anlassen flüssiger
zu machen.

auch wenn der Motor im Betrieb ist und das Einblaseventil
unter Druck steht, um nachzusehen, ob die Pumpe regel-
mäßig arbeitet. Fig. 128 zeigt die konstruktive Ausbildung
der Ventile.

Durch die Handpumpe p kann die Rohrleitung zwischen
Pumpe und Brennstoffventil wieder gefüllt werden, wenn sie
sich infolge des Abmontierens der Pumpe entleert haben sollte,
und Treiböl in das Brennstoffventil vor dem Anlassen des
Motors gebracht werden soll.

Der untere Teil des Kolbens der Handpumpe ist als
Ventil ausgebildet; damit wird die Notwendigkeit einer
genau eingepaßten Dichtung umgangen. Diese könnte in
Anbetracht ihrer geringen Abmessungen auch nur sehr schwer
mit hinreichender Genauigkeit ausgeführt werden. Die Ausbildung als Ventil macht es sogar unnötig, die Führung als
Stopfbüchse auszubilden, da durch den starken Druck, der
den Kolben auf seinen Sitz drückt, das Dichthalten gesichert ist.

Mittels der Ausrückstange d, an welcher ein Handgriff
befestigt ist, kann man das Saugventil ganz öffnen, wodurch
die Wirkung des Pumpenspiels aufgehoben und der Motor zum
Stillstand gebracht wird.

Außer dem Exzenter, welches den Kolben antreibt, ist
ein zweites, gewöhnlich unter einem anderen Winkel aufgekeilt. Dieses betätigt die Regulierung mittels des Hebels l
und der Zugstange t, welche in einem Hebel mit Steuerstift unterhalb des Saugventils endigt. Der Drehpunkt des
Hebels sitzt nicht fest, sondern hebt und senkt sich unter
dem Einfluß des Regulators und ändert dabei die Anfangs-
stellung des Hubes (mit konstanter Größe) der Zugstange t
und des Stiftes, der das Saugventil während eines mehr oder
weniger großen Teiles des Druckhubes offen hält.

Der Winkel zwischen den beiden Exzentern wird von
Verhältnissen bedingt, welche später untersucht werden
sollen. Vorerst genügt es, zu sagen, daß der Winkel bei dieser
Pumpenart zwischen 0^0 bis 45^0 Nacheilung liegt. Ist der
Winkel 0^0, so ist das Regulierexzenter überflüssig und die

Zugstange t kann direkt vom Pumpenexzenter bewegt werden, wie Fig. 129 und 130 zeigen.

Fig. 131 zeigt eine Anordnung (A), welche in dieser
oder anderer Ausführung stets für eine Brennstoffpumpe
erforderlich ist. Der Winkelhebel c sitzt lose auf der von
dem Regler bewegten Welle. Auf dieser ist dagegen der

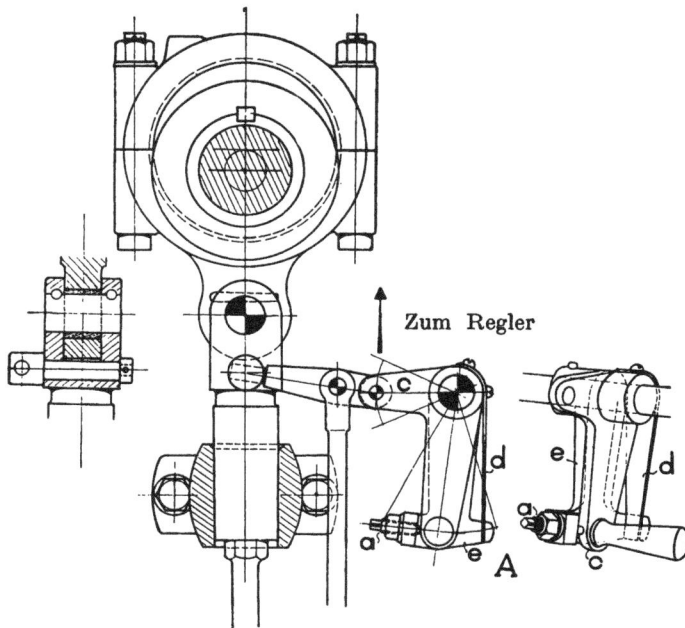

Fig. 129, 130, 131.

Hebel e aufgekeilt, welcher mit der Feder d verbunden ist,
die die Druckschraube a mit dem Hebel c ständig in Berührung hält. Betätigt man diese Schraube, so verändert man
die Stellung des Hebels gegenüber dem Regulator und die
Anfangsentfernungen des Stiftes von dem Saugventil,
oder mit anderen Worten: mittels der Schraube a ist es
möglich, die Fördermenge der Pumpe bei einer gegebenen
Stellung des Regulators zu verändern, d. h. die nötige Brenn-

stoffmenge bei einer bestimmten Umdrehungszahl und Belastung einzustellen.

Drückt man auf den Handgriff, der mit dem Hebel verbunden ist und überwindet so den Druck der Feder, so wird
der Stift soweit nach unten geschoben, daß er gar nicht mehr

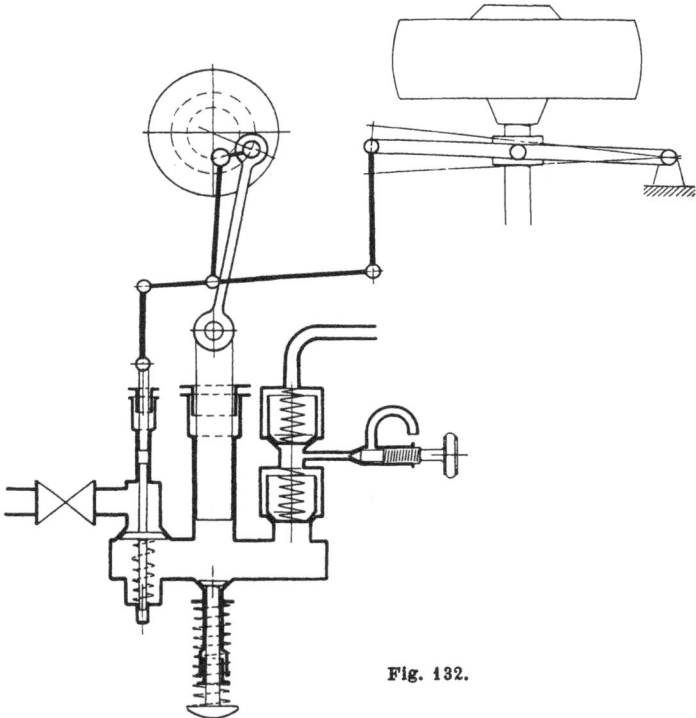

Fig. 132.

mit dem Ventil in Berührung kommt, wodurch man beim Anlassen des Motors die Fördermenge der Pumpe auf ihren
Höchstwert bringt.

Die Pumpentype in der schematischen Darstellung 132
ist eine direkte Ableitung der eben beschriebenen. Die Arbeitsweise und die Art der Regulierung ist genau dieselbe.

Man findet bei ihr die schon bekannten Zubehörteile,
wie die Druckventile, zwischen denen die Prüfschraube sitzt,

die Handpumpe zum Auffüllen der Rohrleitung usw. Nur
findet das Ansaugen anstatt unter atmosphärischem Druck
unter dem Druck des Brennstoffvorratsgefäßes statt, d. h. es
fehlt Schwimmerbehälter und Schwimmer.

Die folgenden Pumpentypen sind liegend angeordnet,
im Gegensatz zu den vorbeschriebenen Pumpen, die von der
wagrechten Steuerwelle angetrieben waren, wird bei diesen
die Bewegung von der senkrechten Zwischenwelle abgeleitet.

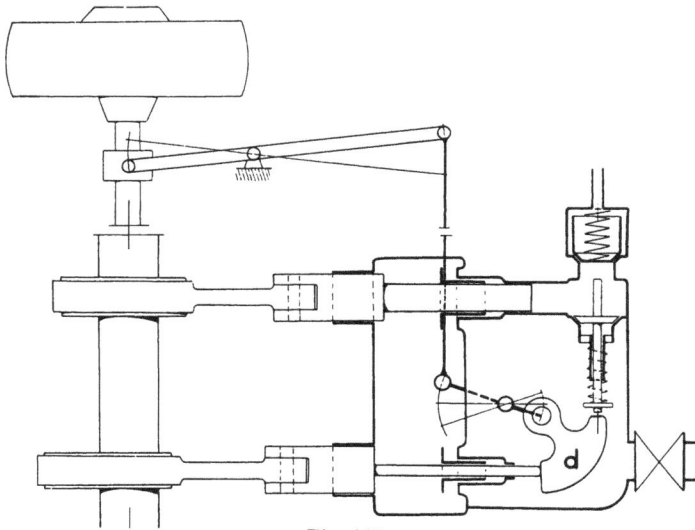

Fig. 133.

Die wagrechte Steuerwelle der stehenden Viertaktmotoren
dreht sich mit der halben Umdrehungszahl der Motorwelle. Die
senkrechte Zwischenwelle hat dagegen im allgemeinen die gleiche
Umdrehungszahl wie der Motor, da, wie schon früher gesagt,
auf dieser der Regulator sitzt, der bei zu geringer Umdrehungszahl für dieselbe Verstellkraft zu große Abmessungen erhalten
würde. Bei der vorhin erwähnten Anordnung tritt daher bei
Viertaktmotoren die für eine Verbrennungsphase erforderliche
Brennstoffmenge in zwei Raten in das Brennstoffventil ein.

Die schematische Darstellung 133 stellt eine Pumpe
dieser Type dar, auch hier finden sich zwei Exzenter, von

denen das eine den Tauchkolben, das andere die Regulierung
betätigt. Die Regulierung erfolgt in bekannter Weise, indem
während eines Teils des Druckhubes das Saugventil durch das

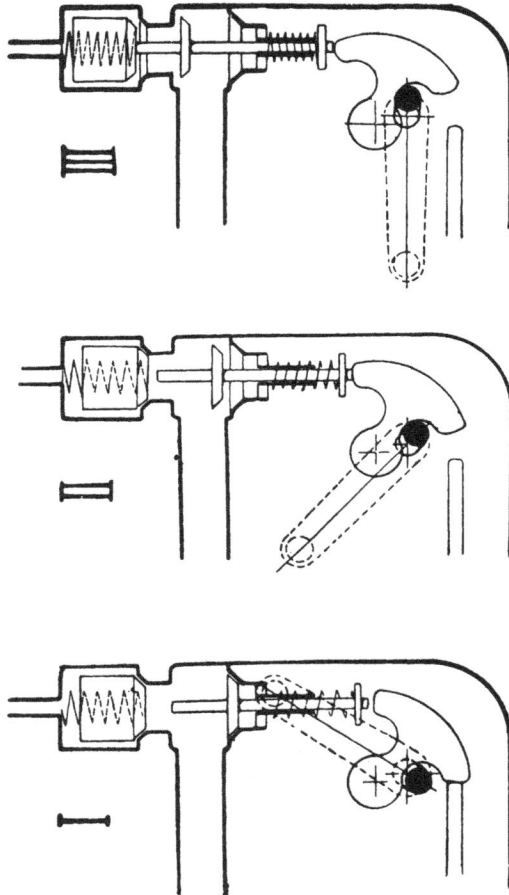

Fig. 134, 135, 136.

Winkelstück d hochgehalten wird. Der Zapfen dieses Stücks
ist nicht direkt im Pumpengehäuse gelagert, sondern in einem
innen gelegenen Hebel, welcher an einem Ende mit dem
Regulator verbunden ist. Der Ausschlag des Stückes ist

annähernd konstant; aber mit den verschiedenen Regulatorstellungen verändert sich die Lage des Drehpunktes und demnach die Zeitdauer des Druckhubes, während welcher das
Saugventil gehoben bleibt.

Eine Vorrichtung, welche das Saugventil offen hält,
dient auch dazu, den Motor abzustellen. Führt man diese
so aus, daß durch einen Überhub des Saugventils das Druckventil von seinem Sitz abgehoben wird und öffnet dann in

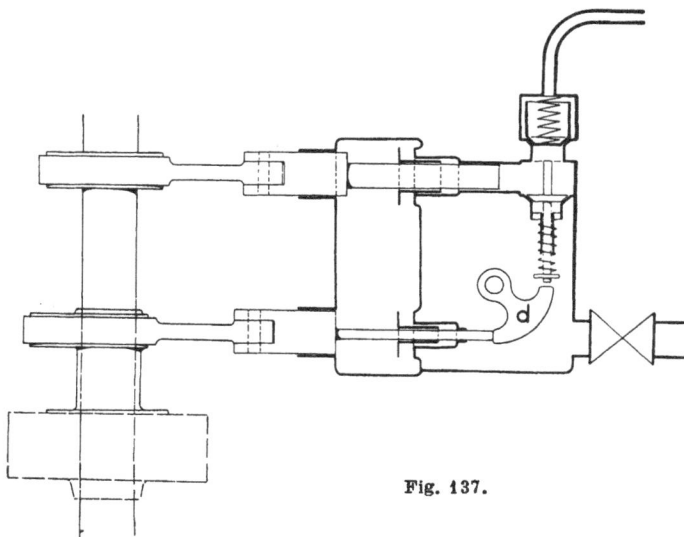

Fig. 137.

der Nähe des Brennstoffventils eine Verbindung mit außen,
so kann das Öl vom Brennstoffvorratsgefäß nachfließen
und den Pumpenraum samt Druckleitung anfüllen. Dann
ist die Handpumpe entbehrlich. Die Fig. 134, 135 und 136
zeigen diese Vorrichtung. I zeigt die Betriebsstellung, II die
Stellung beim Stillsetzen, III diejenige beim Auffüllen.

Auch diese Pumpentype braucht eine Prüfvorrichtung,
ähnlich derjenigen der Fig. 127. Sie besteht im allgemeinen
aus der Schraube, welche, wie oben erwähnt, zum Verschluß
der Verbindung mit außen dient. Zwischen der Schraube

und dem Brennstoffventil ist jedoch ein Rückschlagventil
eingeschaltet, welches die Druckluft am Austreten hindert.
Eine Variation dieser Pumpe bezüglich der Regulierung ist
in Fig. 137 dargestellt.

Der Drehpunkt des Hebels *d* sitzt fest und die Veränderung der Fördermenge mit der Belastung erhält man dadurch,
daß man den Winkel des Steuerexzenters gegenüber dem
Pumpenexzenter verändert. Dies wird mittels eines Achsen-

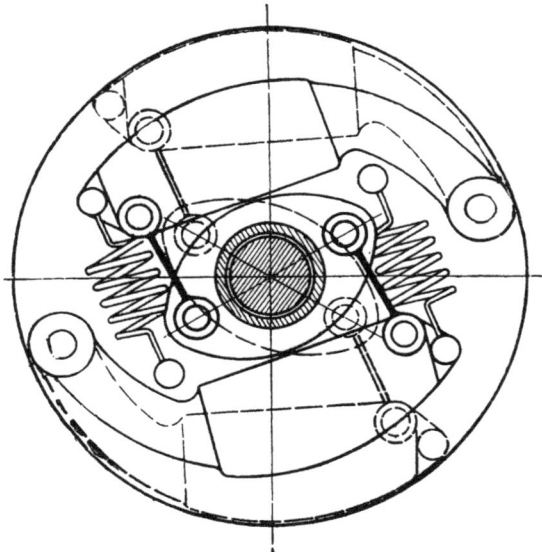

Fig. 138.

reglers erzielt, der mit dem Steuerexzenter verbunden wird.
Dessen Ausführung ist schematisch in der Fig. 138 im Grund-
riß dargestellt.

Wie schon früher erwähnt, ist die Pumpentype, die wir
zuerst geschildert haben, heute ganz aufgegeben; die anderen aber sind allgemein verbreitet und arbeiten alle sehr gut.

Die schematische Darstellung Fig. 127 entspricht der
Ausführung für die Motoren der M. A. N., G. F. D., Güldner,
L. & W. usw., diejenige der Fig. 132 findet man bei den

Motoren von Graz, L. &. W. u. a., diejenigen der Fig. 133 und 137 bei den Ausführungen der Firma Sulzer, S. L. M. Winterthur, Carels, A. D. M. Stockholm, Tosi u. a.

Man kann also die gebräuchlichsten Pumpen in stehende und liegende Typen einteilen, bzw. bei stehenden Motoren in solche, welche von der Steuerwelle oder von der Zwischenwelle angetrieben werden. Da bei liegenden Motoren bei jeder Umdrehung der Längssteuerwelle ein Arbeitshub des Motors erfolgt, kommt hier natürlich nur die erstgenannte Pumpe zur Anwendung.

Die beiden Typen haben viel gemeinsame Eigenschaften und wenn auch bei stehenden Motoren zum großen Teil der Antrieb von der einen oder anderen Welle nicht durch konstruktive Rücksichten bedingt ist, so findet man sie bei fast allen Konstruktionen in ähnlichen Ausführungen angewendet. So ordnet man z. B. bei Mehrzylindermotoren, wenn die Pumpen zum stehenden System gehören, im allgemeinen für jeden Zylinder eine von den anderen vollständig unabhängige Pumpe an. Ist dagegen die Type mit liegenden Kolben zur Anwendung gekommen, so wird meistens eine einzige Pumpe den Brennstoff für sämtliche Zylinder liefern.

In diesem Fall ist in der Druckrohrleitung ein V e r - t e i l e r eingebaut. Von diesem gehen so viel Rohrleitungen aus, als Brennstoffventile zu speisen sind. Damit die geförderte Brennstoffmenge für jedes Ventil gleich groß ist, wird an der Einmündung jeder Rohrleitung eine Stahlplatte mit einer Öffnung angebracht, deren lichte Weite durch Probieren so groß gemacht wird, daß die verschiedenen Reibungswiderstände, welche das Öl bis zum Eintritt in die verschiedenen Zylinder zu überwinden hat, ausgeglichen werden.

Bei modernen Ausführungen umgeht man den Verteiler, indem man eine der Zylinderzahl entsprechende Anzahl Pumpenstempel vorsieht, diese in eine einzige Gruppe zusammenfaßt und mittels eines einzigen Exzenters antreibt, so daß die Kolben alle gleichzeitig arbeiten. Diese Pumpentype mit mehrfachen Kolben dient dazu, die Leistung der ein-

zelnen Zylinder gleich zu machen. Manche Konstrukteure
sehen aber mit Rücksicht auf die Regulierung für jeden Zylinder
eine unabhängige Pumpe vor.

Die voneinander unabhängigen Pumpen haben ihre
Exzenter unter verschiedenen Winkeln aufgekeilt, welche der
Kurbelversetzung entsprechen, so daß jede Pumpe das Treiböl kurz vor Öffnung der Brennstoffnadel dem Zerstäuber
zuführt.

Nimmt nun der Regulator infolge einer Belastungsände-
rung eine andere Stellung ein, so wird dem nächsten Zylinder,
welcher zum Zünden·kommt, von der Pumpe eine Brennstoffmenge in Abhängigkeit von der neuen Regulatorstellung,
d. h. der neuen Belastung entsprechend zugeführt.

Hat man dagegen nur eine Brennstoffpumpe mit Verteiler
oder, was dasselbe ist, eine Pumpe mit mehrfachen Kolben
mit einem einzigen Steuerexzenter, so werden bei einer Be-
lastungsänderung alle Brennstoffventile noch eine Dosis
Brennstoff enthalten, welche der Regulatorstellung vor Be-
lastungsänderung entspricht, und alle Zylinder eine Verbrennungsphase haben, welche einer Belastung entspricht,
die früher herrschte und nicht der augenblicklichen; somit
wird sich der Beharrungszustand erst nach einigen aufeinander-
folgenden Verbrennungen einstellen können.

Dieser Umstand ist jedoch in Wirklichkeit weit weniger
schwerwiegend als es den Anschein hat. Teils wegen der Geschwindigkeit, mit der die Arbeitstakte sich abspielen, teils
wegen der Zeit, welche der Regulator braucht, um sich in
Bewegung zu setzen, teils wegen der aufgespeicherten Energie
der Schwungradmassen. Bei stehenden Viertaktmotoren
verbessern sich die Verhältnisse noch dadurch, daß der Antrieb
von der senkrechten Steuerwelle erfolgt und die Pumpe, wie
oben erwähnt, für jede Verbrennungsphase zwei Hübe macht,
so daß der zweite Hub schon unter dem Einfluß des Regulators stehen kann und demnach die Gesamtbrennstoffmenge
schon mehr im Verhältnis zu der Belastung steht.

Auch Brennstoffpumpen mit senkrechtem Tauchkolben
werden zuweilen in Gruppen angeordnet. Bei Vierzylindermotoren kann man z. B. je zwei Pumpen von einem Exzenter

antreiben. Die Rohrleitungen sind dann wie in Fig. 139
angeordnet, wodurch, wenn die Pumpen nicht genau in der
gleichen Phase mit dem Zylinder arbeiten, doch eine genügend
große Annäherung erreicht wird.

Wir haben gesehen, daß bei verschiedenen Modellen,
hauptsächlich bei der liegenden Type, die Handpumpe fehlt.
In diesem Falle ordnet man die Prüfvorrichtung in der Nähe
des Zerstäubers an, so daß der Brennstoff, wenn er dort an-
gelangt, gleich nach dem Ingangsetzen des Motors das Brennstoffventil sehr schnell erreicht. Bei Anordnung der Handpumpe hat man jedoch außer dem Vorteil, daß man vor dem
Anlassen des Motors Brennstoff in das Ventil[1]) einführen
kann, den weiteren Vorteil, daß man sich durch Öffnen der

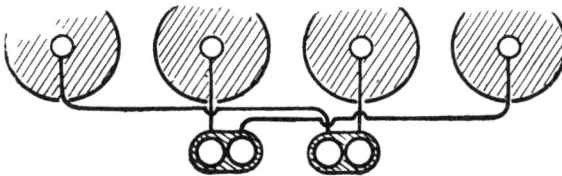

Fig. 139.

Prüfschraube versichern kann, ob die Pumpe gleichmäßig
arbeitet, womit sich die Möglichkeit eines Versagens beim
Anlassen verringert.

Bei den Brennstoffpumpen, welche zum Einstellen der
Brennstoffhöhe einen Schwimmer haben und bei denen der
Saugraum in Verbindung mit außen steht, kann man, wie
wir schon gesagt haben, durch den Trichter c (Fig. 127) zur

---

[1]) Es hat den Anschein, als ob durch das Pumpen des Brennstoffs von Hand vor dem Anlassen des Motors eine Gefahr in der
Weise entstehen kann, daß, wenn zuviel Brennstoff gelagert ist,
die erste Verbrennungsphase zu heftig werden kann. Es genügt
jedoch, daran zu erinnern, daß nur eine dem Sauerstoffinhalt des
Zylinders entsprechende Brennstoffmenge verbrennen kann, was
die erwähnte Gefahr ausschließt, wohingegen es eher möglich ist,
daß der im Überfluß vorhandene Brennstoff nicht die genügende
Temperatur zur Entzündung findet.

Erleichterung des Anlassens ein wenig Petroleum einführen.
Bei allen anderen Ausführungen ist es bei Verwendung be-
sonders schwer entzündbarer Brennstoffe vorteilhaft, den
Brennstoffhahn als Dreiweghahn auszuführen, um eine

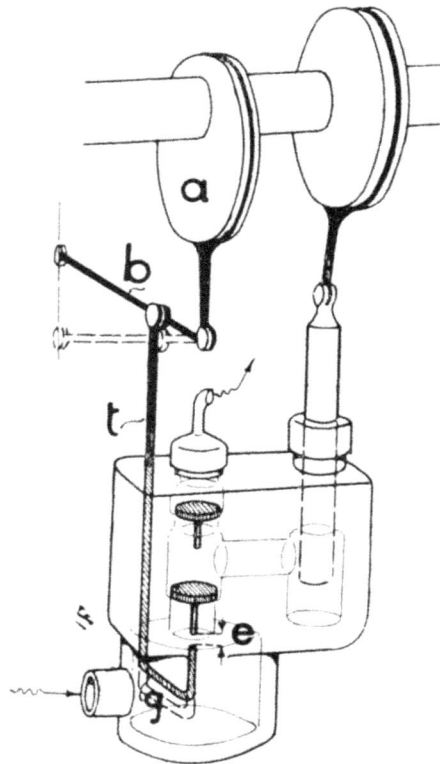

Fig. 140.

Verbindung außer mit dem Vorratsgefäß für das Schweröl
noch mit einem anderen Gefäß herzustellen, das einen leichteren und flüssigeren Brennstoff enthält. Ist man nun so
vorsichtig, in den letzten Augenblicken vor dem Abstellen
des Motors mit Petroleum zu fahren, so bleibt die Pumpe

und die Druckrohrleitung mit diesem Brennstoff angefüllt und das darauffolgende Anlassen geht leichter vonstatten.

Im folgenden soll untersucht werden, wie die Brennstoffpumpen in Abhängigkeit von der Regulierung des Motors berechnet werden können[1]).

Beachten wir das Schema der Fig. 140: Der Steuerstift, bewegt vom Steuerexzenter a, muß das Saugventil der Brenn-

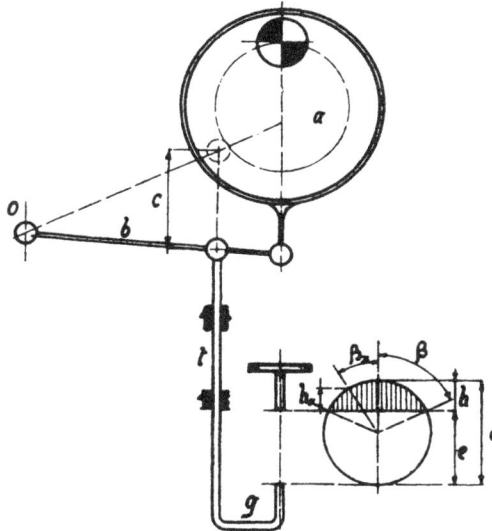

Fig. 141.

stoffpumpe heben und während eines Teils des Druckhubes hochhalten, so daß ein Teil des Brennstoffes in die Saugkammer zurückfließen kann.

Auf diese Art wird der nutzbare Druckhub erst dann beginnen, wenn der Stift g sich soweit gesenkt hat, daß das Ventil wieder auf seinem Sitz ruht.

Fig. 141 zeigt die Steuerungsanordnung in ihrer tiefsten Stellung, d. h. das Steuerexzenter steht in seinem unteren

---

[1]) G. Supino, Politecnico, Nr. 8, Mailand 1912.

Totpunkt. Nehmen wir an, der Regulator hätte eine bestimmte Stellung angenommen, so daß der Punkt O im Raum fest-liegt. Für diese Lage von O sei e der größte Abstand zwischen den äußersten sich berührenden Enden des Stiftes und des Ventiles. Zeichnet man einen Kreis mit einem Durchmesser gleich dem Hub c der Steuerstange (wie es in Fig. 141 rechts unten gezeigt ist), welcher die Horizontale durch das Stift-

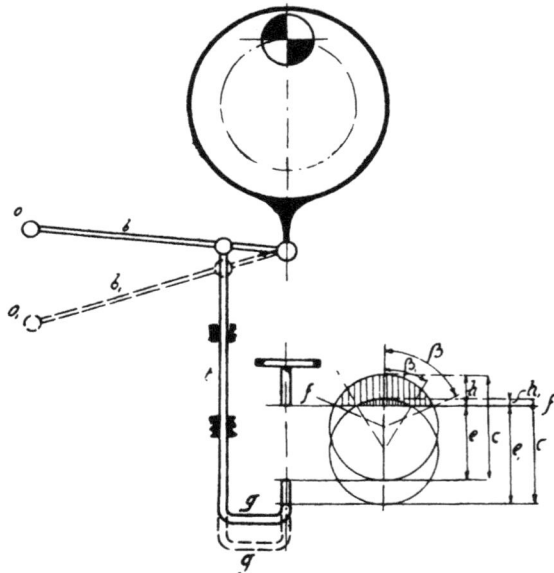

Fig. 142.

ende berührt, und schneidet diesen Kreis mit einer anderen Horizontalen, welche den untersten Teil des geschlossenen Ventils berührt, so hat man damit das Arbeitsdiagramm der Steuerung (unter Vernachlässigung der endlichen Schubstan-genlänge). Jedem Verdrehungswinkel β_x des Exzenters auf der Antriebswelle entsprechen in der Tat die entsprechenden Ventilerhebungen h_x; 2β ist der Winkel, der vom Exzenter durchlaufen wird, während das Ventil der Einwirkung des Steuerstiftes ausgesetzt ist; $360^0 - 2\beta$ ist der Winkel, innerhalb welchem das Ventil frei ist, h ist die größte Erhebung des Ventils.

Rückt durch den Einfluß des Reglers der Punkt O nach O_1 (Fig. 142), so bleibt der Hub c der Stange unverändert; der Wert der größten Entfernung wird aber e_1 und damit die größte Ventilerhebung h gleich h_1, da der Kreis vom Durchmesser $c = e + h$ seine Lage gegenüber der Geraden ff, die durch das äußerste Ende des räumlich festbleibenden Ventils geht, ändert.

Gleichzeitig mit der Versetzung des Punktes O werden die Hübe h_x, welche einem beliebigen Winkel β_x entsprechen,

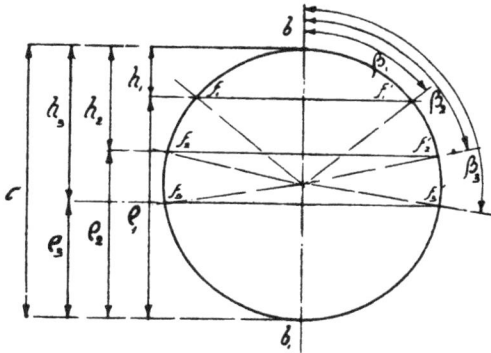

Fig. 143.

verändert und der Winkel 2β, innerhalb welchem das Ventil von dem Stift gehoben wird, geht über in den Winkel $2\beta_1$. Für unsere Ableitungen ist es zweifellos dasselbe, wenn wir anstatt der Verschiebung des Kreises vom Durchmesser c gegenüber der im Raum festliegenden Geraden ff diejenige der Geraden gegenüber dem als fest angenommenen Kreis betrachten.

Den verschiedenen Stellungen des Punktes O (Fig. 143) sollen die verschiedenen Stellungen $f_1 f_1'$, $f_2 f_2'$, $f_3 f_3'$ usw. der Sehne entsprechen; ebenso den größten Abständen e_1, e_2, e_3 usw., die größten Hübe h_1, h_2, h_3 usw. und die Winkel $2\beta_1$, $2\beta_2$, $2\beta_3$ usw., innerhalb welchen das Ventil von der Stange gehoben wird.

Bisher haben wir die Anordnung der Steuerung und ihrer Wirkungsweise untersucht. Betrachten wir nun, was uns hauptsächlich interessiert, den Einfluß auf das Arbeiten des Pumpenkolbens. Die Arbeitsweise der Pumpe könnte, wenn die Steuerung nicht vorhanden wäre, wie in Fig. 144 durch einen Kreis mit dem Kolbenhub S als Durchmesser dargestellt werden, worin der Bogen $a_1 m a$ der Saughub, $a n a_1$ der Druckhub ist.

Während des Saughubes hebt sich das Saugventil selbsttätig und seine Hübe sind in einem gewissen Maßstab unter Ver-

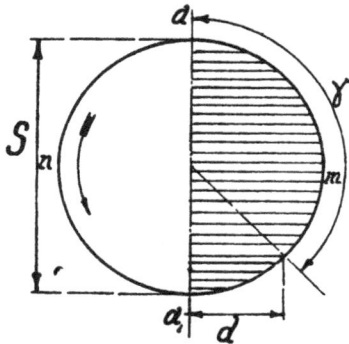

Fig. 144.

nachlässigung der Schrägstellung der Schubstange proportional der Sehnenhöhe d der verschiedenen Winkel γ, welche von der Kurbel durchlaufen werden.

Zeichnen wir die beiden Kreise, welche die Diagramme der Kolbenbewegung und der Steuerung darstellen mit gemeinsamem Mittelpunkt; die Achsen $a a_1$ und $b b_1$, jedoch gegeneinander um den Winkel α verdreht, welchen die beiden Exzenter oder die beiden Kurbeln des Kolbens und der Steuerung miteinander einschließen.

Das Diagramm Fig. 145 ist folgendermaßen vervollständigt: α ist der Winkel zwischen den beiden Kurbeln für eine bestimmte Stellung des Regulators; e ist die maximale Entfernung zwischen den äußersten Punkten des Steuerstiftes und des Ventils. Dieses wird von dem Steuerstift während des Bogens $f' b f$ hochgehalten, und außerdem hebt es sich selbsttätig infolge Saugwirkung während des Bogens $a_1 b_1 f' a$. Im ganzen ist also das Ventil während der Zeit gehoben, welche das Kolbenexzenter braucht, um den Bogen $a_1 b_1 f' a b f$ zu durchlaufen. Der effektive Druckhub ist auf den Teil $f a_1$ beschränkt, er sei s.

Verschiebt man die Gerade ff' parallel mit sich selbst entsprechend den jeweiligen Regulatorstellungen, so wird die Entfernung e und damit der nutzbare Hub s geändert.

Untersuchen wir nun, welche Werte man dem Winkel a geben muß, damit die Regulierung in der gewünschten Weise erfolgt.

Zwei Bedingungen müssen erfüllt werden:

1. Die Antriebskurbel des Kolbens muß einen Teil des Bogens $f'bf$, innerhalb welchem der Steuerstift das Ventil aufhält, während des Druckhubes durchlaufen.

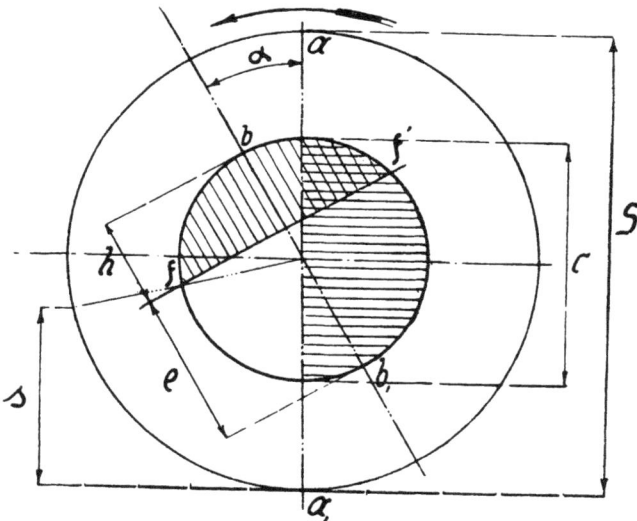

Fig. 145.

2. Wie auch immer die Stellung des Reglers ist, bei welcher die zum Speisen des Motors nötige Brennstoffmenge für Überlast bis zum Leerlauf gefördert wird, muß der Punkt, in dem der Steuerstift das Saugventil anhebt, auf dem Halbkreisbogen $a_1 b_1 a$ liegen, oder mit anderen Worten: die Erhebung muß stets während des Saughubes des Kolbens beginnen.

Die große Bedeutung dieser zweiten Bedingung sieht man leicht ein, wenn man bedenkt, daß der Steuerstift eine

sehr große Kraft zu überwinden hätte, wenn er das Ventil
während des Druckhubes heben sollte, also in einem Zeitpunkt, in welchem auf dem Ventil schon der ganze Förder-
druck lastet (bei Dieselmotoren 50 bis 75 kg/cm²). Da der
Regulator diesen Druck nicht überwinden könnte, würde er
bei jedem Hub in seine tiefste Stellung gedrückt werden und
die Regulierung wäre demnach hinfällig.

Aus dem Diagramm kann man sich leicht überzeugen,
daß die Winkel a zwischen 90⁰ und 360⁰ nicht den genannten

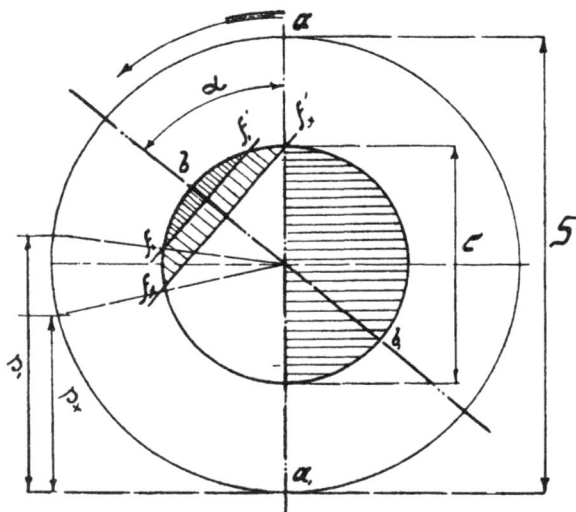

Fig. 146.

Bedingungen entsprechen, da diejenigen zwischen 360⁰ und
270⁰ nicht der zweiten entsprechen, wenn die Fördermenge
ziemlich nahe an Null ist und diejenigen zwischen 270⁰ und
90⁰ in keiner Stellung der Sehne $f f_1$, d. h. in keiner Stellung des Reglers die gegebenen Forderungen erfüllen.

Für $a = 0$ spielt sich die Regulierung in vollkommener
Weise ab, für $a < 90⁰$ ist die zweite Bedingung nur dann er-
füllt, wenn das größte Fördervolumen kleiner ist als der
Zylinderinhalt der Pumpe.

Benötigt man dagegen für eine höhere Belastung eine größere Fördermenge als dem nutzbaren Hub s_x (Fig. 146) entspricht, also wenn z. B. die Sehne $f f'$ bis $f_1 f_1'$ so verschoben werden müßte, daß der Punkt f_1' im Sinne der Bewegung den Totpunkt a überschreitet, so wäre das Ventil im Bogen $a f_1'$ schon geschlossen. Es würde sich anfangs ein nutzbarer Druckhub ergeben, der durch die Wirkung des Steuerstiftes auf dem Weg $f_1' f_1$ unterbrochen, und der dann

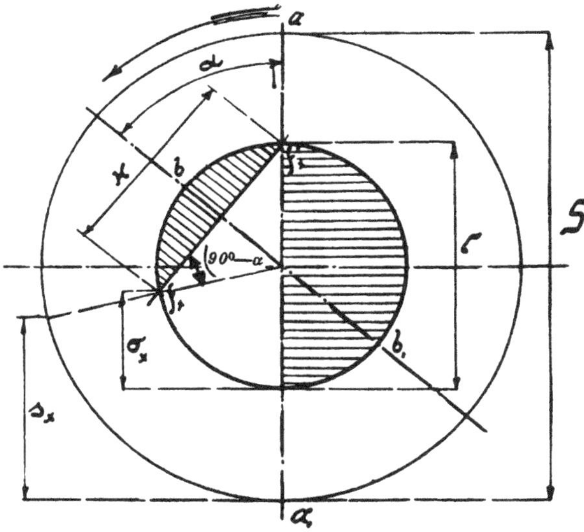

Fig. 147.

nach Überschreiten des Punktes f_1 wieder aufgenommen wird. Die zweite Bedingung wäre also nicht erfüllt.

Das Maximum eines nutzbaren Hubes, das einem gegebenen Punkte für einen gegebenen Wert α kleiner als 90^0 entspricht, kann man demnach leicht finden, wenn man den Grenzwert sucht, für welchen der Punkt f'_1 sich auf der Achse aa befindet. Für diese Bedingung ergibt sich (Fig. 147):

$$\sigma_x = c - k \sin \alpha$$

aber

$$s_x = \sigma_x \frac{S}{c},$$

woraus

$$s_x = (c - k \sin \alpha) \frac{S}{c},$$

aber

$$k = c \sin \alpha,$$

damit

$$s_x = (c - c \sin^2 \alpha) \frac{S}{c}$$

$$s_x = c \cos^2 \alpha \frac{S}{c}$$

$$s_x = S \cos^2 \alpha,$$

d. h. damit die Regulierung wirken kann, muß für $\alpha < 90^0$ der Zylinderinhalt der Pumpe so groß sein, daß die der Höchstbelastung des Motors entsprechende Fördermenge kleiner wird als jene, welche einem nutzbaren Hub $S \cos^2 \alpha$ entspricht.

Aus der Formel geht hervor, wie der nötige Zylinderinhalt sehr schnell zunimmt mit dem Wert von α (Grenzwert für $\alpha = 90^0$, $s_x = 0$). Die praktischen Werte für diesen Winkel liegen in der Tat zwischen 0^0 und $\alpha \leq 45^0$.

Zusammenfassung: Um die Regulierung und die Brennstoffpumpe eines gegebenen Motors zu untersuchen, muß vor allem der stündliche Brennstoffverbrauch festgesetzt werden, und zwar der für die Höchstleistung $= Q_{max}$. Ein passender Wert von α wird gewählt und ein Zylinderinhalt für die Pumpe so angenommen, daß (wenn A die Kolbenfläche und S der Kolbenhub ist) die größte vorgesehene Fördermenge wird:

$$Q_{max} < 60 \cdot n \cdot A \frac{S}{\cos^2 \alpha},$$

worin n die Zahl der Kolbenhübe der Pumpe in der Minute bedeutet.

Dann wird der Wert des Hubes c des Steuerstiftes zeichnerisch ermittelt und das ganze Regulierdiagramm (Fig. 148) aufgezeichnet.

Den Wert s_m des Hubes, welcher der Höchstbelastung des Motors entspricht, erhält man sofort aus

$$Q_{max} = 60 \cdot n \cdot A \cdot s_m.$$

Auf diese Art kann man die Sehne $f_m f_m'$ aufzeichnen, welche der Stellung des Reglers bei Überlast des Motors entspricht. Verschiebt man diese Sehne parallel zu sich selbst, so erhält man bei Veränderung der Leistung ver-

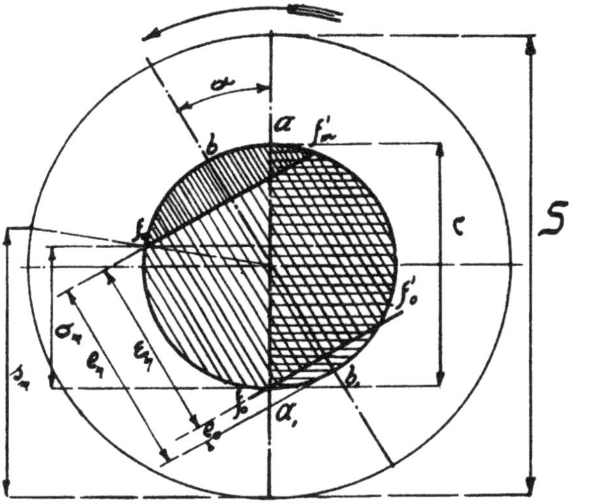

Fig. 148.

schiedene Werte des nutzbaren Hubes s und damit auch der Fördermenge. Wenn die Sehne nach $f_0 f_0'$ gekommen ist und den unteren Totpunkt a_1 passiert, so wird der nutzbare Hub und damit die Fördermenge gleich Null. Verändert man auf diese Weise die Entfernung e der äußersten Punkte des Steuerstiftes und des Ventils zwischen den Werten e_m und e_0, d. h. versetzt man im Raum (bei konstantem c) das Spiel des Steuerstiftes innerhalb des Stücks $\varepsilon_m = e_m - e_0$, so erhält man eine Veränderung der Fördermenge von Null bis Q_{max}.

Mit anderen Worten: Gibt man der Regulatormuffe einen Hub, der bei Übertragung durch den Hebel auf die

Steuerstange des Steuerstiftes in die Länge ε_m übersetzt wird, so erhält man die richtige Regulierung des Motors.

Die entsprechenden Werte der Verschiebung, des nutzbaren Hubes s und von $e = \varepsilon + e_0$ kann man aus der Zeichnung entnehmen. Auch analytisch kann man sie durch folgende Gleichungen (Fig. 149) finden.

$$\varepsilon = a + b$$

$$b = \frac{\sigma}{\cos \alpha}$$

$$a = (m - n) \sin \alpha = \sin \alpha \, (\sqrt{\sigma\,[c - \sigma]} - \sigma \tang \alpha),$$

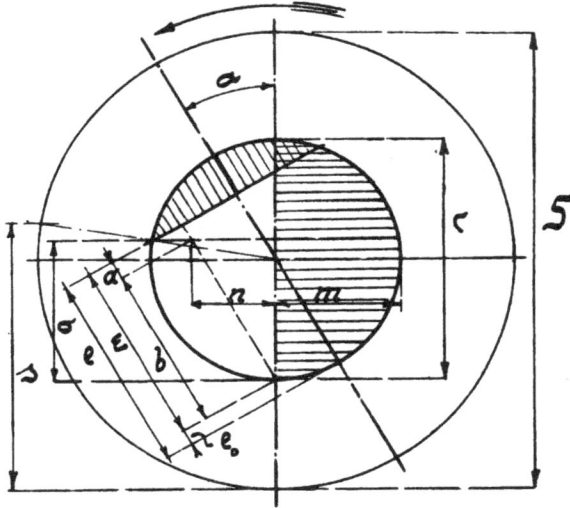

Fig. 149.

somit

$$[1] \quad \varepsilon = \frac{\sigma}{\cos \alpha} + \sin \alpha \, (\sqrt{\sigma\,[c - \sigma]} - \sigma \tang \alpha),$$

daraus ergibt sich σ und damit s aus der Gleichung

$$s = \sigma \frac{S}{c}.$$

Die Werte der größten Entfernung e zwischen dem Steuerstift und dem Ventil erhält man aus

$$e = \varepsilon + e_c = \varepsilon + \frac{c}{2} (1 - \cos \alpha).$$

Aus den oben erwähnten Formeln geht hervor, daß für $a = 0$, $\varepsilon = \sigma$, und da $e_0 = 0$, $\varepsilon = e = \sigma$ ist, so ist $s = e\,\dfrac{S}{c}$, d. h.: Wird also $a = 0$, so ist der nutzbare Hub der Pumpe für jede Stellung des Reglers gleich der größten Entfernung zwischen dem Ventil und dem Steuerstift multipliziert mit dem Verhältnis des Kolbenhubes und des Hubes des Stiftes.

Wenden wir die Ergebnisse der bisher gemachten Überlegungen auf einen praktischen Fall einer Pumpe für einen Dieselmotor an und machen wir ein Rechnungsbeispiel:

1. Man soll eine Pumpe berechnen wie sie in Fig. 127 dargestellt ist. Das Treiböl kommt vom Vorratsbehälter in ein Schwimmergefäß a, in welchem der Brennstoffspiegel auf konstanter Höhe gehalten wird, geht dann in die Saugkammer der Pumpe, die mit der Atmosphäre durch den Trichter c in Verbindung steht. Die Pumpe hat einen Tauchkolben, zwei hintereinander geschaltete Druckventile, eine Prüfvorrichtung e und einen Handkolben d. Das Saugventil ist, wie bereits erwähnt, der Einwirkung des Reglers mittels des Hebels l und der Zugstange t ausgesetzt.

Es handelt sich darum, die Regulierung dieses Typs für einen Viertakt-Dieselmotor mit einer Normalleistung von 30 PSe und einer Höchstleistung von 36 PSe aufzuzeichnen; der Motor habe 220 Umdrehungen in der Minute. Die Pumpe, welche von der Steuerwelle aus angetrieben wird, hat demnach 110 Hübe in der Minute. Es soll nun der Zylinderinhalt der Pumpe bestimmt werden. Gewöhnlich soll dieser so sein, daß die Pumpe beim Versagen der Regulierung eine Fördermenge entsprechend einem Verbrauch von 600 bis 900 g für die Pferdekraftstunde bei Höchstleistung liefert. Ein Kolbendurchmesser von 18 mm mit einem Hub von ebenfalls 18 mm entspricht genau diesen Bedingungen[1]).

---

[1]) Der Kolben und sein Gestänge haben denselben Durchmesser. Ein Kriterium für die Bestimmung desselben wird gegeben durch das Verhalten dieser Organe gegenüber den hohen Endbe-

Die gesamte Fördermenge ergibt sich zu

$$18 \cdot \frac{\pi}{4} 18^2 \cdot 110 \cdot 60 = 30\,175\,200 \text{ mm}^3 \text{ i. d. Std.}$$

Wird eine Dichte von 0,93 des Öles vorausgesetzt, so ergibt sich ein Verbrauch von

$$30{,}1752 \cdot 0{,}93 = \infty\, 28 \text{ kg in der Stunde, d. h. } \frac{28}{36} =$$

∞ 0,750 kg Treiböl für die Pferdekraftstunde bei Höchstleistung.

Nun ist bekannt, daß ein Motor, von der eben untersuchten Type, wenn er gut einreguliert ist, ungefähr 205 g Treiböl von 10 000 WE/kg bei Höchstleistung, 200 g bei Normalleistung, 210 bzw. 240 g bei ¾ bzw. ½ Last brauchen darf. Es ist deswegen leicht, die für jede Belastung nötige Fördermenge der Pumpe mit einer einfachen Formel zu berechnen, welche den wirksamen Hub enthält.

$$s = \frac{Q_s}{Q_S} \cdot S$$

worin:

$s =$ nutzbarer Hub der Pumpe, der nötig ist, um den Motor für eine bestimmte Leistung zu speisen,

$S =$ Gesamthub des Pumpenkolbens,

$Q_s =$ Fördermenge in Gramm in der Stunde, entsprechend dem Hub s.

$Q_S =$ Fördermenge in Gramm in der Stunde, entsprechend dem Hub S.

Im vorliegenden Fall hat man:

Belastung	$N =$ Leistung in PSe	Brennstoff-verbr. i. g/PSe-St.	$Q_s = KN$ in g	$s = \frac{Q_s}{28\,000}\, 1{,}8$ cm
maximal	36	205	7385	0,475
normal	30	200	6000	0,386
¾	22,5	210	4725	0,304
½	15	240	3600	0,231

lastungen, denen sie ausgesetzt sind; es ist deshalb zweckmäßig, die entsprechende Beanspruchung bei einer Belastung von 80 oder mehr kg/cm² nachzurechnen.

Nun ist es nötig, den Wert zu bestimmen, welchen man dem Winkel α geben will.

Zunächst soll die Rechnung für $\alpha = 0$ durchgeführt und dann untersucht werden, welche Ergebnisse man erhält, wenn man $\alpha = 45^0$ setzt.

Ist $\alpha = 0$, so geht die Gleichung (1) (S. 162), welche die Werte von s und von ε bestimmt, über in

$$\varepsilon = \sigma = s\,\frac{c}{S} = e.$$

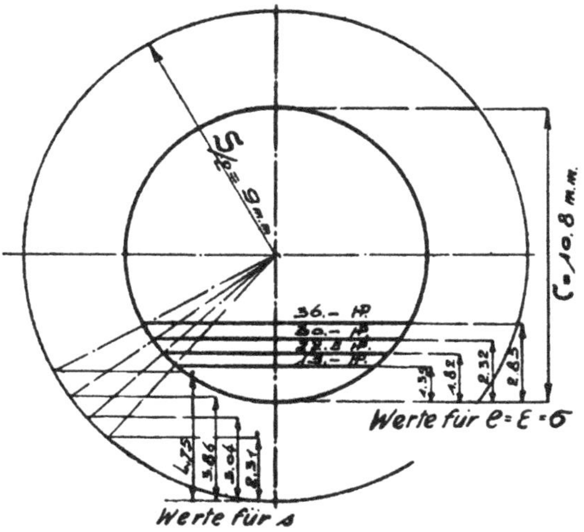

Fig. 150.

Nehmen wir den Wert des Hubes e des Steuerstiftes mit 10,8 mm an, so wird

$$e = \varepsilon = s\,\frac{10,8}{18} = 0,6\,s.$$

Setzt man in diese Beziehung die Werte von s ein, die oben für die verschiedenen Belastungen gefunden wurden, so hat man (Fig. 150):

Leistung in PSe	36	30	22,5	15
Entsprechende Werte von e in cm	0,285	0,232	0,182	0,139

Wenn $\alpha = 0$ ist und eine veränderliche Brennstoffmenge zwischen den Grenzen Null und ungefähr 7,4 kg in der Stunde gefördert werden soll, was dem Stillstand des Motors bzw. seinem Arbeiten bei höchster Belastung entspricht, so genügt es, den Hub der Muffe des Regulators so zu wählen, daß sich der Wert ε (welcher in diesem Fall gleich der größten Entfernung e zwischen dem Steuerstift und dem Saugventil ist) zwischen Null und 2,85 mm ändert.

Wählt man nun einen für den Motor passenden Regulator und nimmt an, daß die ganze Regulierung sich während eines Muffenhubes von ungefähr 20 mm vollziehen soll, so hat man eine Hebelübersetzung zu entwerfen, die die Bewegung auf den Steuerstift überträgt mit ein wenig Spiel unterhalb des Wertes Null und oberhalb der normalen Fördermenge für die Höchstleistung.

Letzteres geschieht, um dem volumetrischen Wirkungsgrad der Pumpe Rechnung zu tragen, der bisher noch nicht in Betracht gezogen wurde. Im vorliegenden Fall kann man die Hebel so berechnen, daß einem Muffenhub von 20 mm eine Versetzung von 3 bis 3,1 mm entspricht.

Setzen wir nun $\alpha = 45^0$ und lassen wir alle anderen Elemente der Pumpe unverändert. Es gelten noch alle die für Q_s und s für die verschiedenen Belastungen ermittelten Zahlen; die entsprechenden Werte von e und ε sind jedoch genau zu berechnen.

Bevor man an diese Untersuchungen geht, ist es nötig, für $\alpha = 45^0$ den Hub von 18 mm nachzurechnen und zu untersuchen ob er auch ausreicht, damit sich nicht bei Höchstbelastung zeigt, daß der Punkt f' den Totpunkt a' im Sinne der Bewegung überschreitet.

Wir haben (Fig. 148) gesehen, daß

$$s_m < S \cos^2 \alpha$$
$$s_m < 18 \cdot \cos^2 45^0$$
$$s_m < 9 \text{ mm}.$$

Damit haben wir gefunden, daß die Bedingung reichlich erfüllt ist, da der der Höchstbelastung entsprechende Hub 4,75 mm beträgt, und es ergibt sich, daß der Hub von 18 mm genügt.

Die Werte der Versetzung ε des Steuerstiftes, welche den verschiedenen Belastungen entsprechen, findet man aus

$$\varepsilon = \frac{\sigma}{\cos \alpha} + \sin \alpha \, (\sqrt{\sigma \, [c - \sigma]} - \sigma \, \text{tang} \, \alpha$$

$$\sigma = s \, \frac{c}{S},$$

worin man $\alpha = 45^0$ setzt, $c = 10,8$ mm, $S = 18$ mm und für s die früher gefundenen Werte:

$$\sigma = 0,6 \, s$$

$$\varepsilon = \frac{\sigma}{0,707} + 0,707 \, (\sqrt{\sigma \, [10,8 - \sigma]} - \sigma).$$

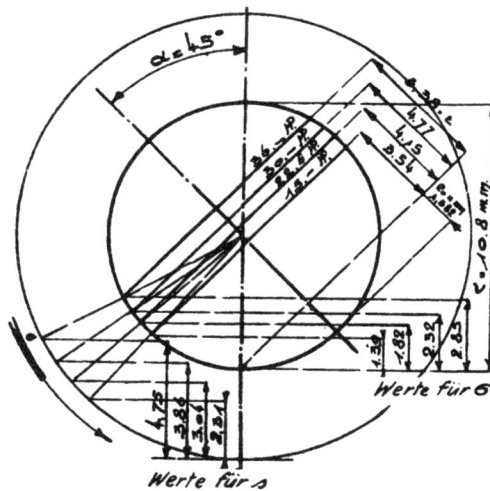

Fig. 151.

Aus den Werten von ε erhält man leicht diejenigen der größten Entfernung e zwischen Steuerstift und Ventil aus

$$e = \varepsilon + e_0 = \varepsilon + \frac{c}{2} \, (1 - \cos \alpha) = \varepsilon + 5,4 \, (1 - \cos 45^0)$$
$$= \varepsilon + 5,4 \cdot 0,293 = \varepsilon + 1,582 \text{ mm}.$$

$N = PS_e$	s mm	σ mm	ε mm	e mm
36	4,75	2,85	5,38	6,96
30	3,86	2,32	4,77	6,35
22,5	3,04	1,82	4,15	5,73
15	2,31	1,39	3,54	5,12. Siehe Fig. 151

Um also die Regulierung des Motors im gesamten Be-
lastungsbereich zu erhalten, muß bei $\alpha = 45^0$ die Versetzung
des Steuerstiftes 5,38 mm betragen. Man muß demnach
der Reglermuffe einen solchen Hub geben, der, um wie gewöhnlich dem volumetrischen Wirkungsgrad Rechnung zu tragen,
eine Versetzung von 5,5 bis 5,6 mm bewirkt.

2. Für die Pumpen des in Fig. 132 dargestellten Typs
ist die Rechnung identisch. Nur, da das Saugventil ver-

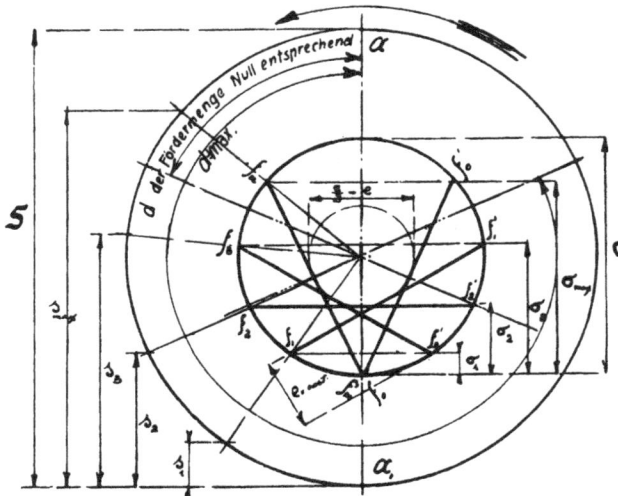

Fig. 152.

kehrt liegt, verstehen sich alle für den Wert von α gemachten
Überlegungen für einen Winkel $\alpha + 180^0$.

Mit guter Annäherung kann man dasselbe für das Modell,
das in Fig. 133 abgebildet ist, sagen, bei welchem die Bewegung
vom Steuerexzenter mit Hilfe des Winkelstückes d auf das
Ventil übertragen wird.

Der Drehpunkt dieses Stücks liegt nicht im Pumpen-
körper, sondern hebt und senkt sich mit der Regulatormuffe.

3. Bei dem Pumpentyp, dargestellt in Fig. 137, besteht
die Wirkung des Reglers in der Veränderung des Winkels
im Verhältnis der Belastung.

Die Sehne $f f'$ verschiebt sich demnach nicht mehr parallel zu sich selbst, sondern bleibt immer eine Tangente an einem mit dem Diagramm konzentrischen Kreise.

In diesem Fall bleibt (Fig. 152) der Wert von e konstant, aber es ändert sich der von ε und von e_0' und hierdurch der nutzbare Hub s.

Damit den beiden fundamentalen Bedingungen, die bei einer guten Regulierung Voraussetzung sind, entsprochen wird, muß

$$e < \frac{c}{2}$$

sein.

Die Fördermenge der Pumpe wird Null, wenn $f f'$ $f f_0'$ erreicht hat, d. h. wenn der Punkt f auf a zu liegen kommt.

Die größte Fördermenge, welche den beiden erwähnten fundamentalen Bedingungen entspricht, erhält man, wenn der Punkt f' der Sehne auf den Totpunkt a zu liegen kommt, in der er sich nach f_m' begibt.

In beiden Stellungen für die größte und kleinste Fördermenge sind die Sehnen zur Bewegungsachse aa_1 symmetrisch. Die Achse bb_1 der Bewegung des Reguliersystems schließt in diesen beiden Lagen einen Winkel ein, der im Sinne der Bewegung durchlaufen wird.

Sechstes Kapitel

Kompressoren und Druckluftbehälter.

Die hochgespannte Luft, welche sowohl zum Einblasen des Brennstoffes in den Zylinder während des Betriebes gebraucht wird als auch zum Anlassen des Motors dient, wird von einem oder mehreren Kompressoren in drei Behälter gefördert. Einer von diesen nimmt die Einblaseluft auf; in zwei größeren von gleichem Inhalt wird die von den Kompressoren im Überschuß gelieferte Anlaßluft aufgespeichert.

Die Spannung der zur Zerstäubung des Brennstoffs nötigen Luft ändert sich mit der Belastung und mit dem Motortyp (s. S. 110). Sie geht nicht unter 45 Atm., noch übersteigt sie 75 Atm. Innerhalb dieser Werte schwankt demnach der Druck im kleineren Gefäß. Das Anlassen geschieht hingegen mit einer anfänglichen Spannung von 40 bis 35 Atm. Auf dieser Spannung muß also die Luft in einem der größeren Gefäße gehalten werden. Das andere, das als Reserve dient, kann mit einer Spannung von 70 Atm. geladen werden, um im Falle eines Versagens beim Anlassen die Spannung im ersten Gefäß auf den zur Inbetriebsetzung nötigen Wert zu bringen. Ein System von Ventilen und Rohrleitungen verbindet die Behälter untereinander, um alle Manöver zu gestatten.

In Anbetracht der hohen Drücke, welche erreicht werden müssen, ist die Konstruktion des Kompressors nicht ohne Schwierigkeiten.

Die Kompression erfolgt stets in zwei oder auch in drei Stufen. Zwischen diesen wird die Luft, bevor sie in den nächsten Zylinder eintritt, in einem mit Wasser umgebenen Zwischenkühler abgekühlt.

Bei früheren Ausführungen fanden richtige zweistufige Kompressoren noch keine Anwendung, sondern man führte einem kleinen Hochdruckkompressor Luft zu, die dem Maschinenzylinder während des Verdichtungshubes bei ungefähr 10 Atm. entnommen wurde. Ein gesteuertes Ventil, das am Zylinderkopf angebracht und von ähnlicher Konstruktion wie das Anlaßventil war und gewöhnlich zu diesem symmetrisch saß, brachte im geeigneten Moment den Maschinenzylinder mit der Saugleitung des Kompressors in Verbindung. Auf diese Weise erhielt man für den letzteren ziemlich kleine Abmessungen, aber hatte nicht die eigentlichen Vorteile der zweistufigen Verdichtung.

Einzylindermotoren haben stets einen einzigen Kompressor, Mehrzylindermotoren haben einen oder mehrere, manchmal auch für jeden Zylinder einen Kompressor.

Durch die Anordnung mehrerer Kompressoren, die teuer ist, wird die Erzeugung einer genügenden Luftmenge besser gesichert, auch wenn einer der Kompressoren schlecht arbeitet. Anderseits erlauben die kleinen Dimensionen, die man für die einzelnen Kompressoren erhält, eine einfachere Bauart.

Die Kompressoren werden in verschiedener Weise angeordnet und angetrieben. Die ursprüngliche und auch heute noch verbreitetste Befestigung ist die an den Schenkeln des Gestells parallel zu den Maschinenzylindern (Fig. 164). Man treibt den Kompressor durch einen Balancier und Stange an, die in der Schubstange in der Nähe des Kolbenzapfenkopfes gelenkig gelagert ist. Diese Anordnung ist billig und ermöglicht die Zugänglichkeit der Ventile. Durch das verbrannte Schmieröl, welches vom Kolben auf die Zugstange und den Balancier abtropft, wird jedoch deren Schmierung ungünstig beeinflußt werden, was infolge der geringen Zugänglichkeit dieser Organe ein besonders fühlbarer Mißstand ist. Bei der geschilderten Befestigungsweise haben

Mehrzylindermotoren gewöhnlich für jeden Zylinder einen
eigenen Kompressor (M. A. N., Sulzer, Carels). Manchmal
jedoch auch einen einzigen oder zwei für die ganze Maschine
(A. B. D. M., Stockholm, Nobel usw.). Eine andere Auf-
stellungsart stehender Kompressoren ist in Fig. 153 angegeben,
welche gewöhnlich bei Schnelläufermotoren mit geschlossenem
Gehäuse zur Anwendung kommt (G. M. A.). Bei langsam-

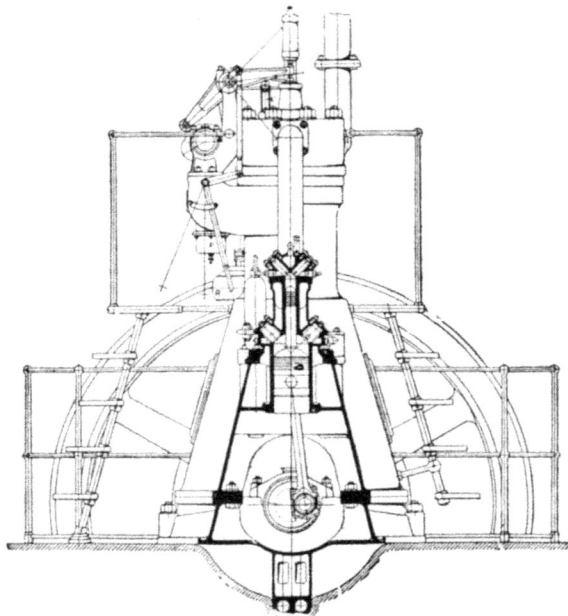

Fig. 153.

laufenden Motoren mit getrennten Zylindereinheiten hat der
Kompressor ein eigenes den Zylindergestellen ähnliches
Gehäuse (Güldner, S. L. M., Winterthur, Graz). Bei großen
Motoren der M. A. N. sind die Kompressoren wie in Fig. 154
gezeigt, angeordnet.

Die Firma Tosi, welche auch bei Mehrzylindermotoren
nur einen Kompressor verwendet, befestigt ihn nach unten
in eine besondere Grube hängend (Tafel VI, Fig. 23).

Fig. 18, Tafel III, zeigt die gebräuchlichste Art, die Kompressoren wagrecht zu bauen. Sie werden an das Ende der Grundplatte gesetzt und von einer besonderen Kurbel angetrieben. Einzylindermotoren haben einen einzigen, Mehrzylindermotoren zwei Kompressoren (G. F. D., Benz, L. & W.).

Manche Firmen verzichten darauf, den Kompressor direkt mit dem Motor zusammenzubauen und treiben diesen unabhängig vom Motor, mittels Riemen oder Elektromotor an

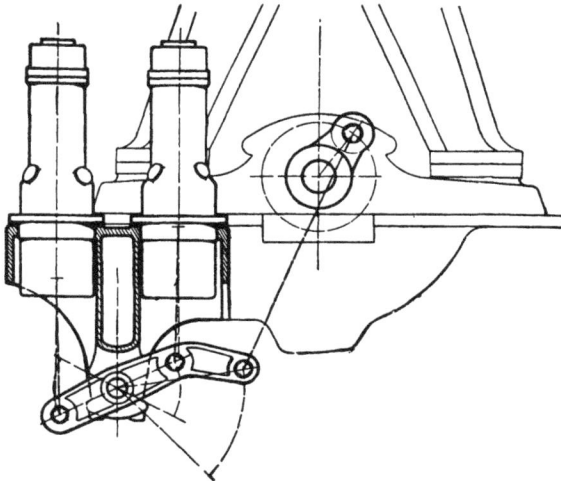

Fig. 154.

(Graz, Sabathé-Groß-Dieselmotoren). Hierdurch und ganz besonders durch die zweite Antriebsart wird bei Vorhandensein einer Akkumulatorenbatterie die Unabhängigkeit der Anlage vergrößert, aber der Eigenbedarf an Kraft dieser Anlage nimmt zu.

Wie schon gesagt, erfolgt die Verdichtung meistens in zwei Stufen. Zylinder und Kolben haben deshalb abgestufte Durchmesser, deren Verhältnis so gewählt wird, daß der Verdichtungsdruck, welchen man in der ersten Stufe erreicht, annähernd die Quadratwurzel des in der zweiten Stufe erhaltenen ist.

Die Ventile werden genau passend aus Bronze oder Stahl
hergestellt und meistens so konstruiert, daß das Schließen
durch ein Luftkissen gedämpft wird[1]).

Wie erwähnt, muß die Fördermenge des Kompressors
so groß sein, daß die Anlaßgefäße schnell gefüllt werden und
gleichzeitig die nötige Luft für die Zerstäuber geliefert werden kann.

Nach dem Aufladen der Anlaßgefäße muß die Fördermenge, falls nötig, so verringert werden können, daß die

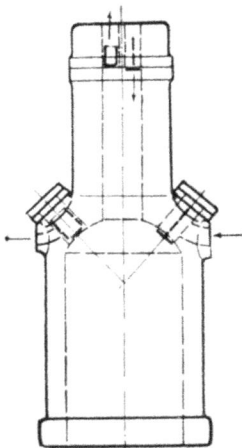 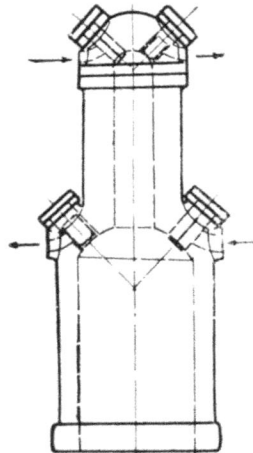

Fig. 155.   Fig. 156.

Spannung des Anlaßgefäßes der jeweiligen Belastung des
Motors entspricht[2]). Zu diesem Zweck verwendet man eine
Vorrichtung, welche das Ansaugen des Niederdruckzylinders
zu drosseln gestattet; einen Hahn, eine Drosselklappe oder
einen einstellbaren Anschlag, welcher die Ventilerhebung be-
grenzt. Um möglichst kleine schädliche Räume zu erreichen,
was hauptsächlich für den Hochdruckzylinder von großer

---

[1]) In der Absicht, die Abmessungen gering zu halten, vermehrt
man öfters bei Kompressoren großer Abmessungen (Fig. 154) die
Zahl der Saug- und Druckventile des Niederdruckzylinders.

[2]) Vgl. S. 110 u. 113.

Wichtigkeit ist, müssen sich die Kolbenböden möglichst genau
der Form der Zylinderböden anpassen und sich diesen am
Hubende soweit wie möglich nähern.

Die gebräuchlichsten Ventilanordnungen für stehende
Kompressoren ersieht man aus Fig. 155. Die Böden des
Niederdruck- und Hochdruckzylinders sind kugelförmig. Die
Ventile und ihre Gehäuse sind radial angeordnet, die Hoch-
druckventile sind senkrecht nebeneinander in den ebenen

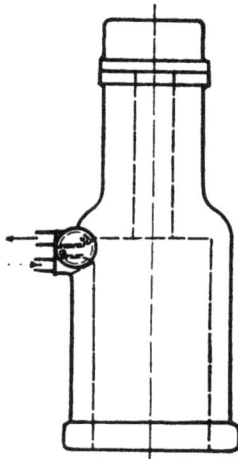 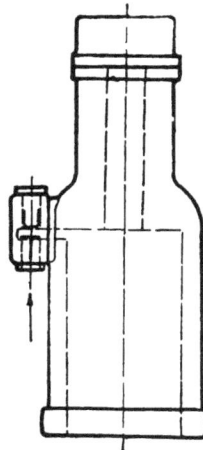

Fig. 157.   Fig. 158.

Deckel eingesetzt (M. A. N.). Manchmal hat auch der Hochdruckzylinder einen kugelförmigen Boden und, die Ventile
stehen dann ebenfalls radial (Fig. 156) (M. A. N., G. F. D.,
L. & W.). Für die Niederdruckventile verwendet man auch
Gutermuthklappen (Fig. 157), wobei die Saug- und Druckventile in einem einzigen Gehäuse zusammengefaßt werden
(Sulzer).

Fig. 158 zeigt die von Sulzer und Tosi für die Niederdruckventile gewählte Anordnung. Diese sind in einem besonderen Gehäuse eingesetzt, welches an den Kompressor
angeschraubt ist.

Liegen die Kompressoren wagrecht, so verwendet man die Anordnung nach Fig. 159, bei welcher sich die Ventile

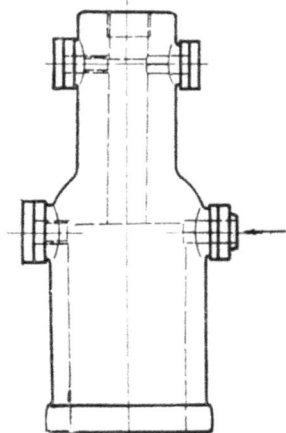

senkrecht bewegen (M. A. N., G. F. D., Benz, L. & W.) oder die gleich gute der Figur 155, bei der die Ventile unter 45⁰ arbeiten.

Anstatt die Kompressoren in der eigenen Werkstatt herzustellen, beziehen sie manche Firmen von Spezialfabriken. Sehr verbreitet sind die Vierzylinderkompressoren von Reavel (Fig. 160) in Sternanordnung von einer einzigen Kurbelwelle angetrieben (Sulzer, Tosi und verschiedene englische Firmen). Die beiden Niederdruck- und die beiden Hochdruckzylinder sind mit den Aufnehmern zusammen in einem Gehäuse eingeschlossen und werden durch das darin umlaufende Wasser gekühlt.

Fig. 159.

Bei Kompressoren großer Zweitaktmotoren ist dreistufige Verdichtung gebräuchlich. Manchmal wird der Niederdruck-

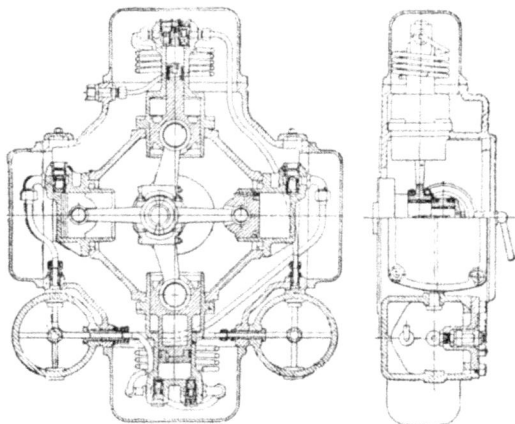

Fig. 160.

zylinder durch die Spülpumpe gebildet, aus welcher der eigentliche Kompressor ansaugt. Manchmal hat man jedoch

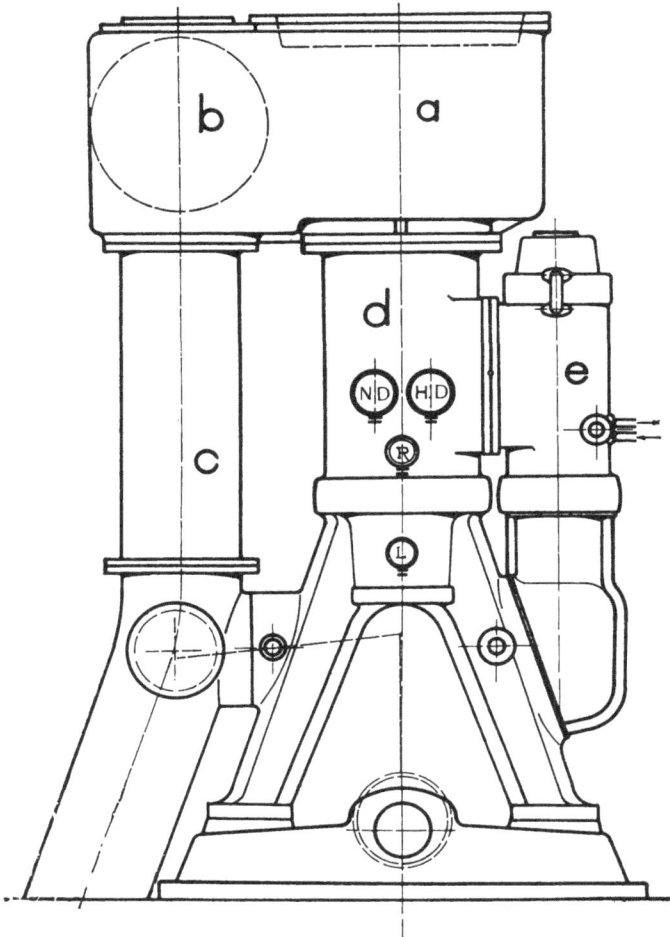

Fig. 161.

auch einen richtigen dreistufigen Kompressor, der aus der freien Luft ansaugt.

Fig. 161 zeigt die Luftpumpengruppe eines Sulzer-Zwei-
taktmotors. *a* ist die Spülpumpe, deren Kolbenschieber *b*
von einem Exzenter mittels Schwinghebel und Stange angetrieben wird. Letztere läuft in einem weiten Rohr *c*, durch
welches die Luft von außen angesaugt wird. Im Zylinder *d*,
der oben eine Ventilgruppe trägt, und die Niederdruckstufe

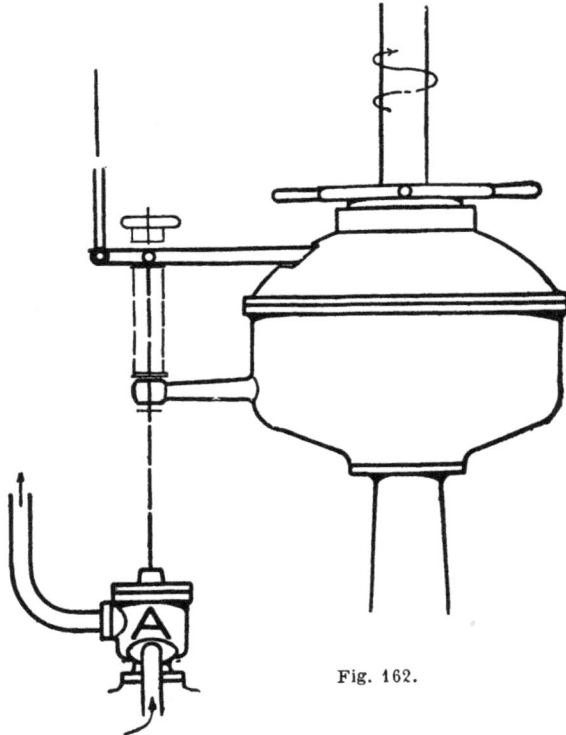

Fig. 162.

des Kompressors bildet, läuft ein zweiter Kolben, der als
Kreuzkopf für die Pumpe *a* dient. In *e* laufen die Niederdruck-
und Hochdruckkolben von einem Schwinghebel angetrieben.
Die in den verschiedenen Stufen erreichten Drücke sind:
Niederdruck 3 kg/cm², Mitteldruck 17 bis 20 kg/cm², Hoch-
druck 65 bis 70 kg/cm².

Die Spülpumpe verdichtet die Luft auf 0,2 bis 0,5 kg/cm² und ist nicht wassergekühlt, wohingegen die Kompressorzylinder *d* und *e* notwendigerweise eine Wasserkühlung haben. Da die Maschinen hauptsächlich dazu bestimmt sind, in elektrischen Zentralen als Reserve zu dienen und demnach einer sehr wechselnden Belastung unterworfen sind, wird der Einblasedruck, der sonst vom Maschinisten eingestellt wird, selbsttätig reguliert, d. h. die Fördermenge des Kompressors mit Rücksicht auf die Belastung eingestellt.

Dies geschieht mittels einer Zugstange, die neben derjenigen für die Brennstoffpumpe vom Regulatorhebel betätigt wird (Fig. 162). Diese Stange trägt ein Glockenventil *A*, welches die Saugleitung des Niederdruckzylinders je nach der Stellung des Reglers, also der Motorbelastung entsprechend, mehr oder weniger abdrosselt.

Da das Einblasegefäß geringe Abmessungen hat, macht sich die Veränderung der Fördermenge des Kompressors sehr schnell auf die darin herrschende Spannung und damit auf die Einblasespannung bemerkbar.

Ein Handrad mit einer Feder gestattet, die ursprüngliche Einstellung des Ventilspieles zu verändern.

Die Kompressoren sind aus Gußeisen und werden sowohl in einem Stück mit der Laufbüchse zusammen wie auch mit extra eingesetzter Laufbüchse hergestellt.

Die Kolben bestehen ebenfalls aus Gußeisen. Fig. 163 zeigt einen solchen für einen zweistufigen Kompressor. Das Dichthalten wird durch gußeiserne Kolbenringe besorgt. Die des Hochdruckteils sind von zu kleinem Durchmesser, als daß man sie durch Überstreifen montieren könnte. Sie werden deswegen zwischen Stufenringe eingelegt und das ganze durch einen Druckkeil oder mittels Mutter und Gegenmutter festgehalten.

Genaue Abmessung des Kolbens und des Zylinders sowie die richtige Wahl des Materials der Kolbenringe haben besonderen Einfluß auf den Wirkungsgrad des Kompressors.

Ebenso ist die Schmierung wichtig, welche fortdauernd sein soll, aber nicht zu reichlich sein darf. Eine zu geringe Schmierölmenge kann ein Fressen und ungenügendes Dicht-

halten verursachen, zu reichliche Schmierung verschmutzt
die Ventile und stört deren Arbeiten.

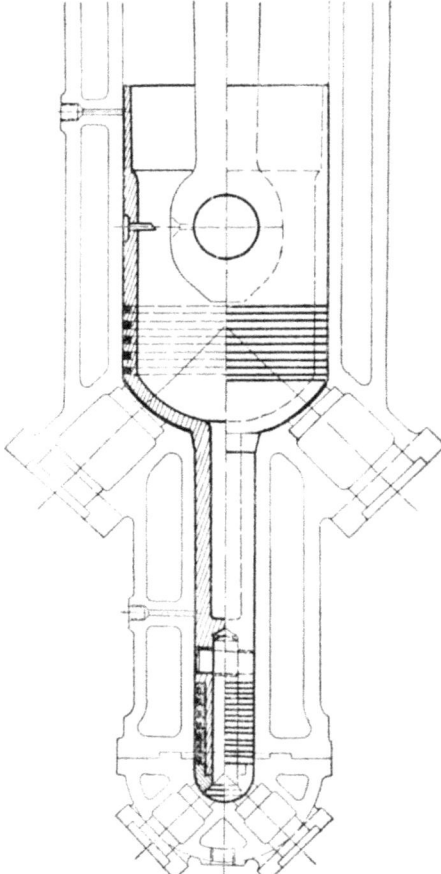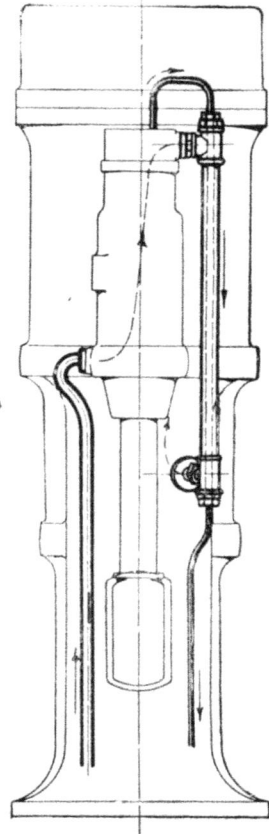

Fig. 163.   Fig. 164.

Fig. 163 zeigt die Schmierölleitungen, eine für die Hoch-
druck - und eine für die Niederdruckseite. Weder die
eine noch die andere kann von einem einfachen Tropföler
gespeist werden, da die unvermeidlichen Luftverluste durch
die Ringe das Zufließen des Öles verhindern würden.

Für den Niederdruck wird zuweilen ein besonderer Kolben der Zylinderschmierpumpe gewählt, oder aber wie für den Hochdruckzylinder ein Drucköler vorgesehen.

Es ist gut, an den Druckluftleitungen ein Sicherheitsventil anzubringen, um ein Platzen der Rohrleitung zu vermeiden, wenn durch einen Bedienungsfehler oder ein Verstopfen durch Fremdkörper der Druck den normalen Druck beträchtlich übersteigen sollte.

Die Luft, die von einer Stufe zur anderen und vom Hochdruckzylinder zu dem Behälter geleitet wird, muß gekühlt werden. Die die einzelnen Stufen verbindende Leitung muß so bemessen sein, daß sie einen genügend großen Aufnehmer bildet.

Bei einzelnen Ausführungen ist dieser Aufnehmer in das Gehäuse des Kompressors eingegossen und wird von dem zur Kühlung der Zylinder dienenden Wasser gekühlt. Das Kühlen des Hochdruckrohres geschieht, indem man es in das Rohr einlegt, welches das Wasser zum Motorzylinder leitet (Fig. 164) (Sulzer).

Fig. 165 zeigt einen Zwischenkühler, in welchem der Aufnehmer und die Hochdruckleitung gemeinsam gekühlt werden (G. F. D., L. & W.). Die verdichtete Luft, welche aus dem Niederdruckzylinder austritt, strömt durch den Abscheider *a* in den Aufnehmer *b*, wo sie sich eine Zeitlang aufhält, bis sie abgekühlt dem Hochdruckzylinder zugeht.

Das Kondensationswasser und das von der Luft mitgerissene Schmieröl werden im Abscheider niedergeschlagen und sammeln sich am Boden des Aufnehmers. Während des Motorbetriebes läßt man von Zeit zu Zeit diese Emulsion[1] ab, indem man das Ventil *e* öffnet. Der im Kühler liegende Teil ist schlangenförmig um den Aufnehmer gewunden. Das Rohr und seine Flanschen sind sehr stark verzinnt.

Genaue Regeln für die Bemessung der Volumina und Oberflächen dieser Kühler kann man nicht geben. Das gleiche Modell kann für Motoren sehr verschiedener Leistungen ge-

---

[1] Bei großen Einheiten hat der Abscheider öfters eine selbsttätige dauernd arbeitende Ablaßvorrichtung.

nommen werden. So kann z. B. ein Apparat, wie der in Fig. 165
mit einem Aufnehmer von ungefähr 9000 cm³ Inhalt, einem
Schlangenrohr, das abgewickelt ungefähr 2,5 m lang ist und

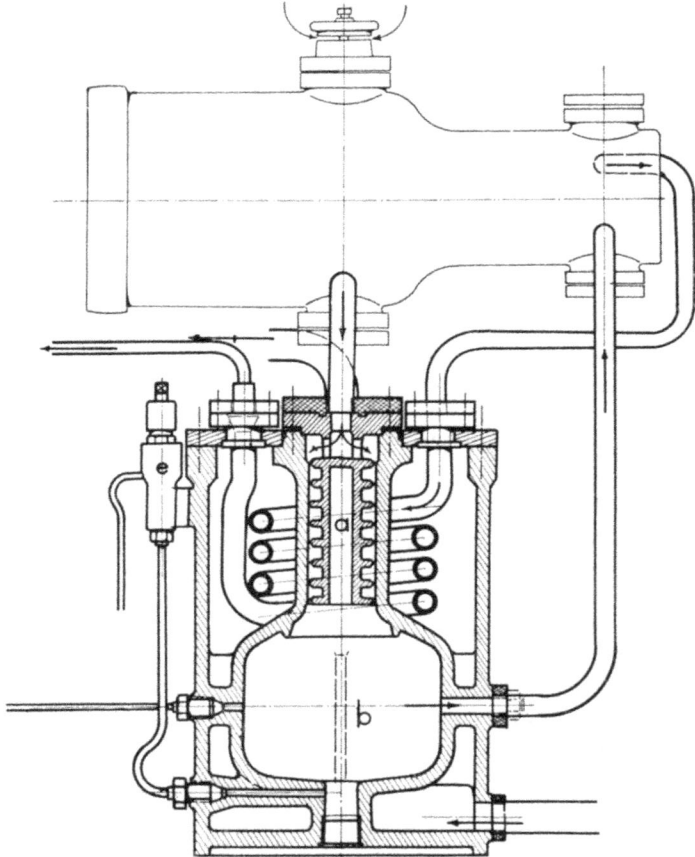

Fig. 165.

einen äußeren Durchmesser von 30 mm hat für Motoren von
50, 100 und mehr PS verwendet werden.

Man kann das Volumen des Aufnehmers bestimmen, indem
man den Einfluß, welchen es auf die Diagramme des Nieder-

und Hochdrucks hat, graphisch untersucht, ähnlich wie man es für Compound-Dampfmaschinen macht.

Die Temperatur der Luft beim Eintritt in das Einblasegefäß soll möglichst niedrig sein, da Warmluft beim Stillstand des Motors sich abkühlt, wobei sie an Spannung verliert. Warme Einblaseluft begünstigt dagegen die Verbrennung. Diesen Punkten Rechnung tragend sind bei einigen neuen Ausführungen Behälter und Zerstäuber anstatt hintereinander nebeneinander geschaltet. Die sehr heiße Luft wird vom Kompressor mittels einer Rohrverzweigung teils zum Zerstäuber, teils durch einen Kühler zum Behälter geleitet, so daß sie kalt in diesen eintritt.

Die Luftgefäße bestehen aus Stahl und sind im Verhältnis zu ihrem Durchmesser sehr lang (4- bis 7 mal), um zu große Wandstärken und infolgedessen große Gewichte zu vermeiden. Sie sind im allgemeinen auf 80 Atm. geeicht, können aber noch höhere Drücke aushalten. Fig. 166 zeigt schematisch die Draufsicht auf das System der Ventile und Rohrleitungen, welche die Gefäße miteinander verbinden (Fig. 167 und 168 zeigen die konstruktive Ausführung der Anordnung). I ist das Einblasegefäß, II und III die Anlaßgefäße.

An I ist eine Rohrleitung zu den Brennstoffventilen angeschlossen sowie eine zweite, welche vom Kompressor kommt und eine dritte, welche es gleichzeitig mit den beiden Anlaßgefäßen verbindet. Die Verbindung der letzteren mit den Anlaßventilen wird durch die Ventile a und a_1 hergestellt.

Angenommen, es seien schon alle Vorbereitungen zur Inbetriebsetzung getroffen und der Motor soll angelassen werden. Dann öffnet man die Ventile b und c des Gefäßes I. Nach dem Öffnen des Ventils c zeigt Manometer 1 die Spannung, welche ungefähr 50 Atm. betragen soll[1]). Will man das

---

[1]) Wenn der Motor läuft und der Kompressor arbeitet, muß das Ventil immer geöffnet sein, sonst würde der Druck in der Kupferleitung vom Kompressor zum Behälter sehr schnell auf sehr hohe Werte steigen und die Leitung sprengen. Auf Sicherheitsventile kann man sich schwer verlassen, da es sich um schwerfällige Apparate handelt, die nicht immer gut eingestellt sind.

Anlassen z. B. mit Behälter III vornehmen, so genügt es, das Ventil a_1 zu öffnen und der Motor arbeitet dann mit Druckluft[1]).   Sobald der Motor mit Treiböl zu arbeiten begonnen hat, was nach einigen Umdrehungen geschieht, schließt man a_1 und läßt nur b und c offen.

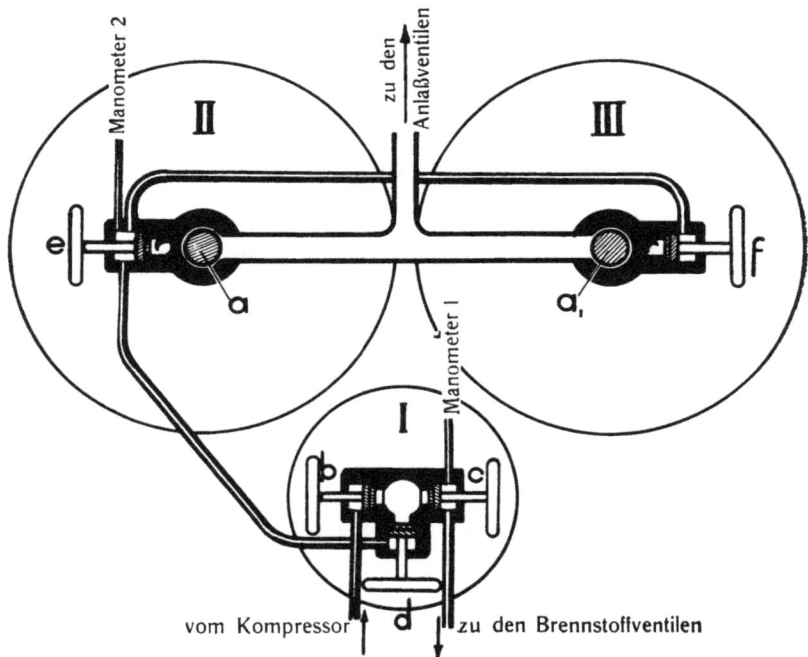

Manometer 2

zu den Anlaßventilen

II   III

e   f

a a_1

Manometer 1

I

vom Kompressor   zu den Brennstoffventilen

Fig. 166.

Bevor man den Motor belastet, läßt man den Druck in I bis zur notwendigen Höhe für die verlangte Leistung steigen,

---

[1]) Es ist nicht ratsam, diese Spannung zu überschreiten. Mit den Temperaturschwankungen der Außenluft könnte die Spannung im geschlossenen Behälter namentlich im Sommer bis zu gefährlichen Grenzen zunehmen, ohne daß sich das Personal dessen bewußt wird.

öffnet dann das Ventil *f* und darauf *d*, und füllt Gefäß III so lange auf, bis der Anlaßdruck wieder erreicht ist.

Dient das Gefäß II als Reserve, so sollte man es unter dem Druck von ungefähr 70 Atm. halten[1]). Dies kann man

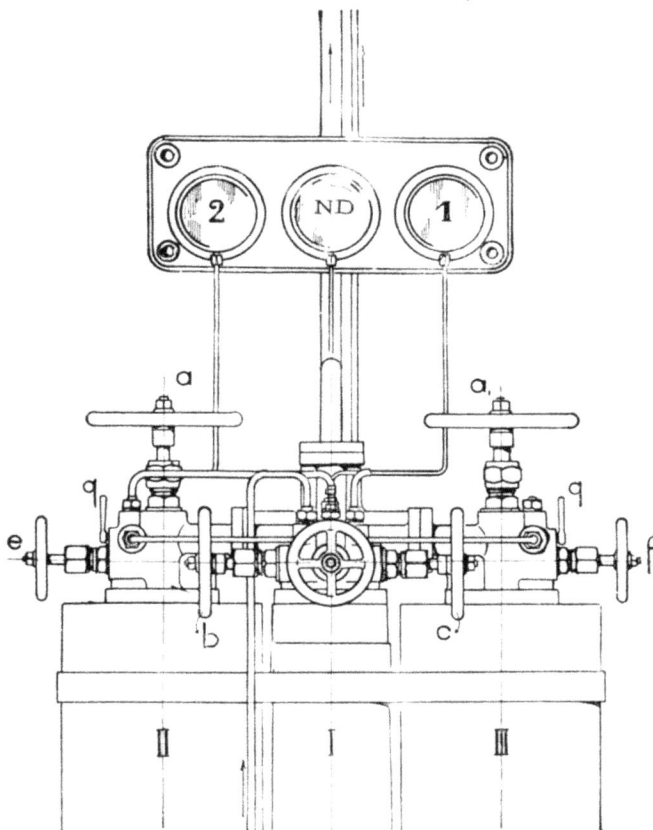

Fig. 167.

auf Manometer 2 ablesen, indem man *f* und *d* schließt und *e* öffnet. Fällt die Spannung, so muß man, um sie wieder zu

---

[1]) Will man vom Gefäß III aus anlassen, so muß die Spannung darin 35 bis 40 Atm. betragen. Um diese Spannung festzustellen, welche vom Manometer 2 angezeigt wird, genügt es, das Ventil *f* zu öffnen.

erreichen, den Druck in I bis auf 75 Atm. steigen lassen und dann *f* schließen und *e* und *d* öffnen.

Während dieses Manövers kann die Luft im Behälter I eine zu hohe Spannung annehmen, so daß sie sich zum Ein-

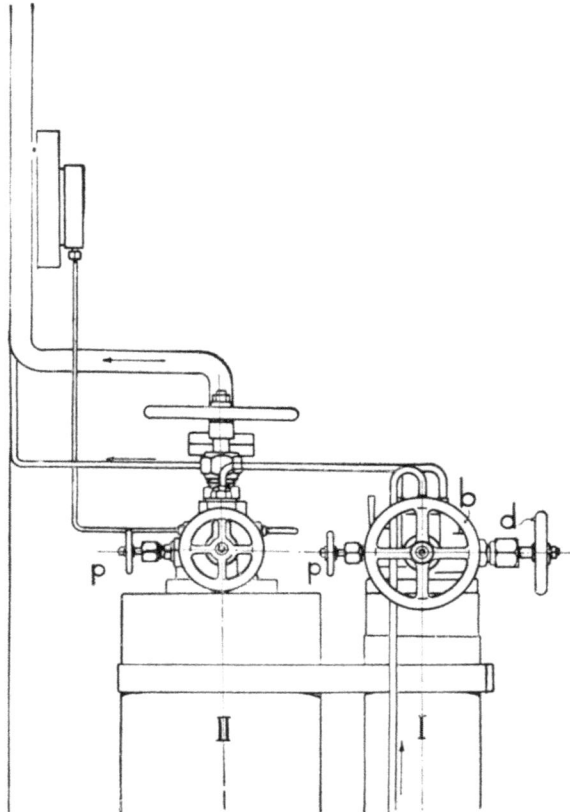

Fig. 168.

blasen des Brennstoffes bei jeweiliger Belastung des Motors nicht gut eignet. Man erhält dann den gewünschten Wert der Einblasespannung, indem man den Durchgang zum Brennstoffventil mit dem Ventil *c* abdrosselt. Die Manometeranschlüsse sind, wie aus Fig. 166 ersichtlich, derart angeordnet, daß Manometer 1 die in diesem Fall wirkliche Einblasespannung angibt, wohingegen Manometer 2 den Druck im Gefäß I anzeigt, wenn das Ventil 1 geöffnet ist.

Bisher haben die Kompressoren mit größter Fördermenge gearbeitet. Sind nun alle Gefäße gefüllt und alle Ventile mit Ausnahme von *b* und *c* geschlossen, so drosselt man die Ansaugeluft des Kompressors so weit ab, bis die Fördermenge nur noch für die Zerstäubung mit der gewünschten Spannung ausreicht.

Die Ventilanordnung für die Gefäße sieht zwar nicht einfach aus, ist aber eine elegante Lösung einer schweren Aufgabe, in Anbetracht der vielen Manöver, die auszuführen möglich und nötig sind.

Außer den Manometern 1 und 2 hat man im allgemeinen noch ein drittes, welches mit dem A u f n e h m e r (N. D. in Fig. 167) in Verbindung steht und die Spannung anzeigt, die im Niederdruckzylinder des Kompressors erreicht wird.

In Fig. 168 ermöglichen die Ventile *p p* eine Verbindung mit der Außenluft durch ein Rohr, welches bis auf den Boden im Innern der Gefäße reicht und dienen dazu, von Zeit zu Zeit das Wasser und Öl, welches die Luft mit sich reißt, abzulassen. Durch die gleichen Ventile kann man die Gefäße entleeren, wenn die Ventile und Dichtungen auszubessern oder auszuwechseln sind. Wenn der Motor außer Betrieb ist, kann man durch Öffnen der Nadelventile *q q* die Manometer samt Leitungen entlüften, so daß der Manometerzeiger in die Nullstellung zurückgeht.

Der Inhalt der Gefäße ist durch keine genauen Regeln bestimmt. Das Einblasegefäß soll eine kleine Reserve für den Kompressor darstellen; die aufgespeicherte Luftmenge muß demnach so groß sein, daß die Schwankungen im Betrieb ausgeglichen werden, ohne die Fördermenge des Kompressors wesentlich zu beeinflussen.

In den Einlaßgefäßen muß, vorausgesetzt daß das eine unter einem Druck von 40 Atm. und das andere unter 70 Atm. steht, ein Vorrat für 5 oder 6 Anlaßversuche vorhanden sein. Selbstverständlich ist diese Angabe äußerst oberflächlich, da diese Versuche verschieden lang dauern

können und damit ganz verschieden große Luftmengen verbraucht werden können.

Man muß sich aber vor Augen halten, daß, wenn der
Motor nicht sofort anspringt, es immer besser ist,
die Luft zuvor abzustellen und die wichtigsten Teile des
Motors zu untersuchen, anstatt unnötigerweise die kostbare
Luft zu verbrauchen.

Im folgenden werden Mittelwerte für den Inhalt der
Behälter gegeben, die aus einer großen Anzahl von Ausführungen berechnet wurden.

Für das Einblaseluftgefäß: 0,5 bis 0,6 l für die effektive
Pferdestärke.

Jedes Anlaßgefäß: 4 bis 1,5 l für die effektive Pferdestärke von den kleinen bis zu den großen Einheiten.

Für Motoren für Sonderzwecke und hauptsächlich für
Schiffsmotoren ist eine weit größere Luftreserve notwendig.

Siebentes Kapitel

Maschinenhaus, Fundamente, Zubehörteile, Rohrleitungen.

Ein Rohölmotor kann in jedem beliebigen Raum aufgestellt werden, wenn dieser nur genügend hell und die Luft frei von Staub und Dämpfen ist.

Die Mindesthöhe des Aufstellungsraumes für stehende Dieselmotoren normaler Bauart wird bedingt durch die Notwendigkeit, den Kolben herausziehen zu können und ist mit Berücksichtigung des Platzbedarfes der Laufkatze und des Trägers, auf welcher diese läuft, gleich dem Zehn- bis Elffachen des Kolbenhubes. Um die Ausarbeitung eines ungefähren Projektes für eine Dieselmotorenanlage zu erleichtern, ist im folgenden auf Grund der Angaben mehrerer Dieselmotoren bauender Firmen eine Formel aufgestellt, welche mit genügender Annäherung diese geringste Raumhöhe in Metern angibt.

$$H = 3{,}2 + 0{,}04\,N,$$

worin N die Normalleistung des Motors in Pferdestärken, oder bei Mehrzylindermotoren diejenige eines Zylinders bezeichnet.

Für die Grundfläche des Raumes lassen sich brauchbare Regeln nur schwer geben. Der Maschinenraum läßt sich jedoch auf Grund der Abmessungen des Motors je nach dem zur Verfügung stehenden Raum mehr oder weniger geräumig aufzeichnen.

Auch für die Länge und Breite des Motors sind für Viertakt-Dieselmotoren stehender Bauart Formeln aufgestellt, welche die Abmessungen mit genügender Genauigkeit geben.

Die Breite in Metern zwischen dem Fuß der Treppe zur
Bedienungsbühne und der auf der entgegengesetzten Seite
liegenden äußersten Kante der Grundplatte ist

$$B = 1{,}3 + 0{,}02\ N,$$

worin N denselben Wert hat, wie in der vorhergehenden
Formel[1]).

Die größte Länge des Motors ist

$$L = 2{,}0 + 0{,}025\ N + (z - 1)\ S,$$

N entspricht dem bekannten Wert, z ist die Zylinderzahl
des Motors, S der Abstand zwischen den Zylindermitten.
Wie schon bei Besprechung der Kurbelwelle erwähnt, ist
S ungefähr gleich dem $2\frac{1}{2}$ fachen Kolbendurchmesser. Mit
genügender Genauigkeit lassen sich die folgenden Werte für
S in Metern anwenden.

0,60 ÷ 0,70 bei Zylindergrößen für 30 ÷ 35 PS
$\sim$ 0,8   »   »   »   40   »
$\sim$ 0,9   »   »   »   50   »
$\sim$ 1,0   »   »   »   80   »
$\sim$ 1,10 »   »   »   100   »

Diese Formel gilt jedoch nur für den Fall, daß die Kurbelwelle ein Schwungrad und eine normale Riemenscheibe
trägt. Für besondere Kurbelwellen ohne Riemenscheibe oder
mit mehreren Riemenscheiben oder mit direkt gekuppelten
Dynamomaschinen sind die entsprechenden Längen abzuziehen
oder hinzuzufügen.

Für Spezialtypen von Rohölmotoren ist es in Anbetracht
der großen Verschiedenheit der Formen und Modelle, welche
sich im Handel vorfinden, unmöglich, allgemeine Angaben
zu machen, mit deren Hilfe die Größe des Aufstellungsraumes bestimmt werden kann. Die Firmen übersenden jedoch stets auf Wunsch schematische Maßskizzen.

---

[1]) Man beachte jedoch, daß der Schwungraddurchmesser
stets größer ist als das mit dieser Formel bestimmte Maß. Man hat
deshalb auch diesem Umstand Rechnung zu tragen.

Das F u n d a m e n t folgt im großen und ganzen den Umrissen der Auflagefläche des Motors. Es ragt unter derselben einige Dezimeter vor und liegt unter allen Teilen, welche zum Motor gehören, auch wenn sie nicht direkt mit der Grundplatte zusammengebaut sind (z. B. Außenlager). Die Tiefe des Fundamentes wechselt von Fall zu Fall, je nach den Eigenschaften des Baugrundes; wenn möglich führt man es bis auf gewachsenem Boden.

Für ganz kleine Motoren ohne Außenlager genügt ein einziger Stein- oder Zementblock. Gewöhnlich besteht das Fundament aus hartgebrannten Ziegelsteinen und einem Mörtel aus Beton oder hydraulischem Kalk. Bei feuchtem Erdreich ist der letztere besser, im allgemeinen jedoch kann man mit einer Mischung von zwei bis drei Teilen sauber gewaschenem Sand und einem Teil Portlandzement auskommen. Für die aus dem Boden herausragenden Teile und bei großer Belastung des Fundamentes ist es besser, für den Mörtel das Verhältnis reicher zu wählen (bis zu 1 : 1). Seltener verwendet man statt der Backsteine Natursteine.

Für 1 cbm Fundament braucht man gewöhnlich 400 Backsteine und 260 bis 300 l Mörtel.

Im festen Baugrund kann man das Fundament mit senkrechter Wand ausführen, bei nachgiebigem Baugrund ist es besser in Stufen heraufzugehen. Unter dem eigentlichen Fundament wird eine Stampfbetonsohle 0,40 bis 1 m stark vorgesehen, welche bei besonders schwierigen Bodenverhältnissen auf einen Pfahlrost zu liegen kommt.

Für Dieselmotoren stehender Bauart beträgt der Fundamentinhalt bei gutem Baugrund etwa 0,6 bis 0,7 cbm für die effektive Pferdestärke bei Einzylindermotoren, 0,45 bis 0,55 cbm bei Zwillingsmotoren, 0,40 bis 0,45 cbm bei Dreizylindermotoren und für Vierzylindermotoren etwas weniger als 0,4 cbm. Liegende Dieselmotoren haben nicht so tiefe Fundamente, diese sind aber in der Grundfläche größer (da die Auflagefläche des Motors größer ist) und sind im allgemeinen denen der Gasmotoren ähnlich.

Gewöhnlich sind die Fundamente von einem zugänglichen Tunnel durchzogen, von welchem aus man die Fundament-

schrauben anziehen kann. Deren Zahl beträgt bei stehenden
Dieselmotoren im allgemeinen 2 $(z + 1)$ wenn z die Zylinderzahl ist. Das Außenlager wird durch weitere zwei oder
vier Schrauben festgehalten.

Die Fundamentschrauben endigen allgemein unten mit
einem Anker, der von einem Keil oder besser von einer Mutter
festgehalten wird (Fig. 169)[1]). Ihre
Länge unter Flur beträgt bei stehenden Dieselmotoren das 5- bis 6 fache
des Zylinderdurchmessers, bei liegenden das 3- bis 4 fache.

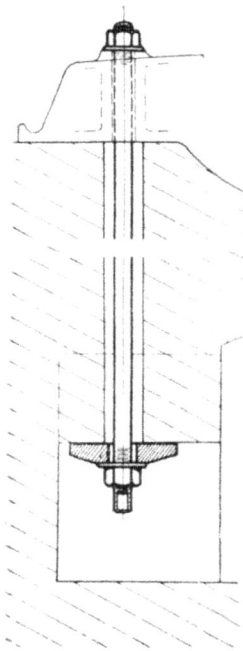

Die Montage und Befestigung des
Motors auf dem Fundament geschieht
nach folgendem Verfahren. Man setzt
die Grundplatte sowie das Außenlager
nach Einbringen der Fundamentschrauben in die betreffenden Löcher
auf das Fundament und legt Eisen-
keile unter, mittels welchen man beide
ausrichtet, dann untergießt man die
Grundplatte mit flüssigem Zement.
Dieser fließt auch in die Schraubenlöcher, welche man, um Zement zu
sparen, teilweise mit Sand anfüllt.
Nach dem Erhärten des Zements zieht
man die Fundamentschrauben gleichmäßig an, damit sich die Grundplatte
nicht verzieht. Um festzustellen, ob
dieser Bedingung entsprochen ist, zieht
man die Kurbeln hoch (das Schwung-

Fig. 169.

rad und die Kolben dürfen noch nicht angebracht sein) und
läßt sie zurückfallen. Dies muß von selbst geschehen und
die Kurbeln müssen unten hin- und herpendeln. Nach dem
Anziehen der Fundamentschrauben empfiehlt es sich, die
Lager zu touschieren und nochmals auszuschaben.

---

[1]) Bach, Maschinenelemente, 10. Auflage 1908, S. 162.

Es wurde schon in den vorhergehenden Kapiteln von verschiedenen Zubehörteilen der Dieselmotorenanlage und des
Motors selbst gesprochen, von den noch nicht erwähnten ist
für die stehenden Motoren die Bedienungsbühne von Wichtigkeit. Da fast alle zu bedienenden Organe des Motors sich
oben in der Nähe des Zylinderkopfes befinden, ist bei einer
gewissen Höhe eine Treppe nötig, um leicht zu den Brennstoffpumpen und zu den Anlaßventilhebeln zu gelangen.

Konstruktiv bietet die Bedienungsbühne keine Schwierigkeiten. Man kann sie aus Winkeleisen und Riffelblechen
oder ebensogut aus gußeisernen Platten herstellen. Um
die Bedienungsbühne wird meist ein Geländer geführt. Manchmal erstreckt sich diese Bühne nur vorne längs des Motors,
was für die Bedienung des Motors auch genügt. Für die Montage
der Zylinderköpfe und der Ventile und beim Indizieren ist es
bequemer, wenn sie ganz um den Motor geführt ist. Diese
Ausführung findet man auch bei verschiedenen Anlagen.

Die Breite der Bühne beträgt 0,6 bis 1 m, ihre Ausbildung sieht man deutlich in den Tafeln II, III, VI, VII.
Sie ist an den Zylindermänteln angeschraubt (d in Fig. 49,
Tafel XI). Bei nicht zu großer Breite ist sie freitragend und
wird nur durch die Treppe gestützt.

Bei größeren Anlagen mit mehreren Einheiten baut man
manchmal Verbindungsbrücken, welche die Bedienungs-
bühnen miteinander verbinden, so daß man die Treppen nicht
benutzen muß, um von einer Bühne zur andern zu gelangen.

Für stehende Motoren ist zum Herausziehen des Kolbens
ein Flaschenzug erforderlich. Gewöhnlich ein einfaches
Hebezeug mit Kette und Kettenantrieb, das längs eines
T-Trägers beweglich ist und senkrecht über der Mitte des
Zylinders oder der Zylinder läuft.

Dieser Apparat ist unentbehrlich zur Montage der
Köpfe und der Kolben. Die Tragkraft muß reichlich be-
messen werden unter Berücksichtigung des Gewichtes dieser
Teile.

Bei liegenden Mehrzylindermotoren oder großen Anlagen
mit mehreren Maschinen sieht man einen Laufkran vor.

Fig. 170 und 171 stellt eine der gebräuchlichsten Ausführungen eines S c h a l t w e r k e s dar, mit welchem ein
Motor, dessen Schwungrad seiner Abmessungen wegen von
einem Mann nicht unmittelbar gedreht werden kann, in
Anfahrstellung gebracht werden soll.   Das Schaltwerk greift

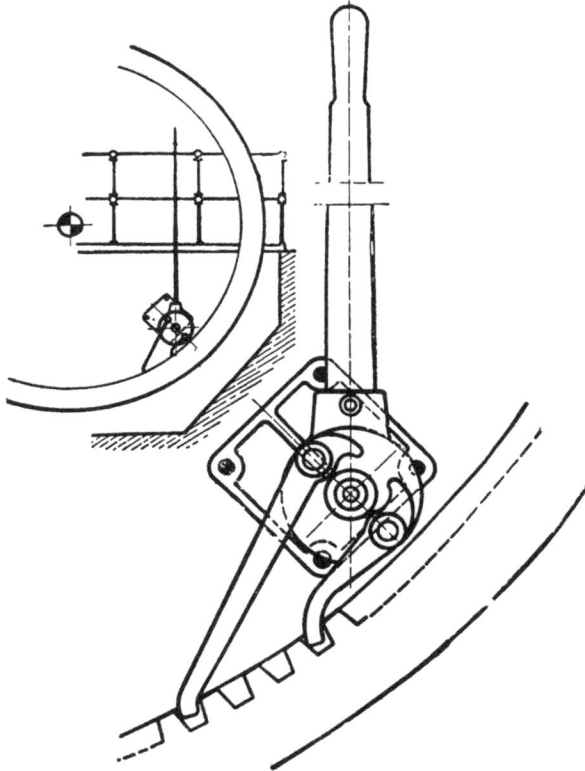

Fig. 170 u. 171.

in einen Zahnkranz im Innern des Schwungradkranzes ein.
Ist das Schwungrad nicht zugleich als Riemen- oder Seil-
scheibe ausgebildet, so kann die Verzahnung auch am äußeren
Umfang sitzen. Dann kann ein Hebel das Schaltwerk ersetzen.
Nach Gebrauch müssen die beiden Hebel des Schaltwerkes

derart hochgehalten werden, daß ein Herunterfallen derselben
während des Betriebs des Motors unmöglich ist.

Die Rohrleitungen einer Dieselmotorenanlage
kann man in Leitungen für Brennstoff, Druckluft, Kühlwasser,
Auspuff, Ansaugeluft einteilen.

Die Verbrennungsluft kann aus dem Maschinenraum oder
dem Freien angesaugt werden. Die erste und zugleich die
gebräuchlichere Anordnung hat den Vor-
teil größerer Einfachheit und führt einen
ständigen Luftwechsel im Maschinenhaus
herbei.

Das dabei auftretende Ansaugegeräuch
sucht man zwar stets zu dämpfen, es völlig
zu beseitigen gelingt aber nur bei Ent-
nahme der Luft von Außen.

Bei größeren Anlagen wird die Luft
manchmal auch in besonderen Ansauge-
kanälen von Außen zu den einzelnen Maschinen geführt.

Die herkömmlichste Ausbildung der
Ansaugeleitung, wenn diese im Maschinenhaus liegt, ist in Fig. 172 dargestellt. An
ein gußeisernes Winkelstück, das an den
Zylinderkopf angeschraubt ist, ist ein
hängendes, gußeisernes unten abgeschlos-
senes Rohr befestigt. Die Länge ist dem
fünf- oder sechsfachen Durchmesser gleich.

Fig. 172.

Das Rohr ist mit zahlreichen schmalen Schlitzen versehen,
durch welche die Luft eintritt. Die Praxis hat gelehrt, daß
diese mehrfachen Eintrittsstellen von länglicher Form das
Geräusch vermindern[1]).

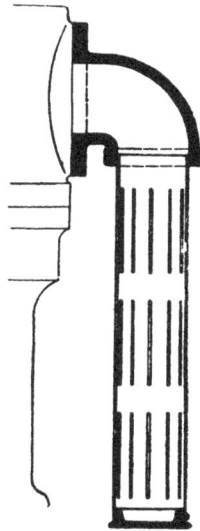

---

[1]) Ein Luftstrom, der durch diese Schlitze hindurchgeht,
verursacht weit weniger Geräusch, als wenn er mit derselben Geschwindigkeit durch Löcher eintreten würde. Verwendet man
Löcher, so ist es sehr schwer, ein Pfeifen zu vermeiden, welches
sich sehr unangenehm bemerkbar macht.

Einige Firmen verwenden Rohre ohne Schlitze, welche
zwischen den Schenkeln des Gestells in den Kurbelraum
münden (Fig. 173), der durch oxydiertes Stahlblech abgeschlossen ist, um das Ausspritzen des Schmieröles zu verhindern. Er bildet einen vorzüglichen Saugwindkessel. Diese

Fig. 173.

Anordnung hat noch den Vorteil, daß die Schmieröldämpfe,
die sich besonders bei reichlicher Schmierung durch ihren
Geruch unangenehm bemerkbar machen, weggesaugt werden.
Selbstverständlich sind in den Blechen genügend zahlreiche
große Öffnungen vorgesehen, so daß der durch das Ansaugen
erzeugte Unterdruck die Bleche nicht zum Erzittern bringt.

Auch bei Schnelläufermotoren mit Kastengestell nimmt man fast stets die Luft aus demselben[1]).

Bei liegenden Motoren wird die Luft aus dem Gestellbalken angesaugt (vgl. Seite 70).

Für die Auspuffrohrleitungen werden bei kleinen Motoren Gasrohre verwendet, bei größeren normale Gußeisenrohre. Das Anschlußstück am Motor ist aus Gußeisen, da dieses Material besser den hohen Temperaturen der Verbrennungsgase widersteht als Schmiedeeisen. Bei großen Motoren höherer Leistung ist es gut, die Auspuffleitungen mit Wasser zu kühlen.

Die Auspuffrohrleitung kann, wie Fig. 173 zeigt, angeordnet werden. Sie wird zunächst senkrecht nach oben gerichtet und geht dann wagrecht durch den Maschinenraum. Man kann sie auch entlang den Gestellen nach unten bis unter den Fußboden legen und sie durch einen Kanal nach außen führen (Fig. 18 und 19, Tafel III). Wählt man diese zweite Anordnung, so muß der oberhalb des Bodens liegende Teil mit einem Isoliermantel umgeben oder wassergekühlt sein, um die unangenehmen Ausstrahlungen der sonst sehr warmen Rohre zu vermindern.

Bei Mehrzylindermotoren nimmt ein Sammelrohr vom gleichen oder wenig größeren Durchmesser der Rohrleitung eines Einzylindermotors die verschiedenen Rohrstränge auf.

Mit Vorteil bringt man an der Auspuffleitung in der Nähe des Zylinderkopfes Probierhähne oder Putzlöcher an, mit deren Hilfe man feststellen kann, ob die Verbrennung gut oder nicht rauchfrei ist, ohne daß man das Maschinenhaus verlassen muß, um den Auspuff zu beobachten. Außerdem

---

[1]) Man muß achtgeben, daß die Ansaugegeschwindigkeit nicht zu groß wird, damit nicht eine zu große Ölmenge, welche von den unter Öldruck stehenden Organen abspritzt, weggesaugt wird. Bei einem vom Verfasser untersuchten Motor war dies so stark der Fall, daß nach Abstellen der Brennstoffpumpe, wenn der Motor einige Zeit lang unter Last gearbeitet hatte (die Zylinder demnach ziemlich warm waren), dieser leer weiterlief, indem er Schmieröl verbrannte.

weiß man dann, in welchem Zylinder die Verbrennung schlecht ist.

Die Leitung mündet in einen oder mehrere Auspufftöpfe, welche denen der Gasmotoren ähnlich sind und den 10- bis 20 fachen Zylinderinhalt fassen. Die Ein- und Austrittmündungen stehen im rechten Winkel zueinander. Aus dem Auspufftopf geht ein Rohr senkrecht in die Höhe, welches als Schornstein dient und leitet die Verbrennungsgase über das Dach des Maschinenhauses. Bei größeren Anlagen verwendet man auch gemauerte Schallgruben und Kamine.

Die lichte Weite der Auspuffleitungen wird derart bemessen, daß die Durchgangsgeschwindigkeiten der Abgase während des Auspuffens 20 bis 25 m in der Sekunde betragen. Einen annähernd gleichen Durchmesser haben die Saugleitungen.

Die Brennstoffleitungen bestehen in der Nähe des Motors, wo Krümmungen häufig vorkommen und auf schönes Aussehen ein gewisser Wert gelegt wird, meist aus Kupfer, der Rest der Leitung sind Gasrohre.

Während der kalten Jahreszeit ist das Öl ziemlich dickflüssig und bewegt sich nur sehr langsam in den Leitungen. Man wählt deren Durchmesser reichlich groß, um zu verhindern, daß die Pumpe bei der Inbetriebsetzung nur ungenügend fördert. Beim warmen Motor genügt dessen Ausstrahlung, um den Brennstoff genügend flüssig zu halten, besonders wenn man die Brennstoffleitung längs der Auspuffleitung oder in ihre Nähe legt, oder einen Teil schlangenförmig um das Auspuffrohr windet.

Bei Verwendung von Teeröl als Brennstoff wird außerdem das Vorratsgefäß, die Filtriergefäße und der Schwimmer an der Pumpe, wenn nötig, durch Dampf oder warmes Wasser geheizt, weil sich bei tiefer Temperatur aus dem Teeröl Anthrazen usw. ausscheiden können.

Das Brennstoffvorratsgefäß besteht im allgemeinen aus Eisenblech und hat einen Inhalt von ungefähr 10 l für jede entwickelte effektive Pferdestärke. Es wird in einer Ecke

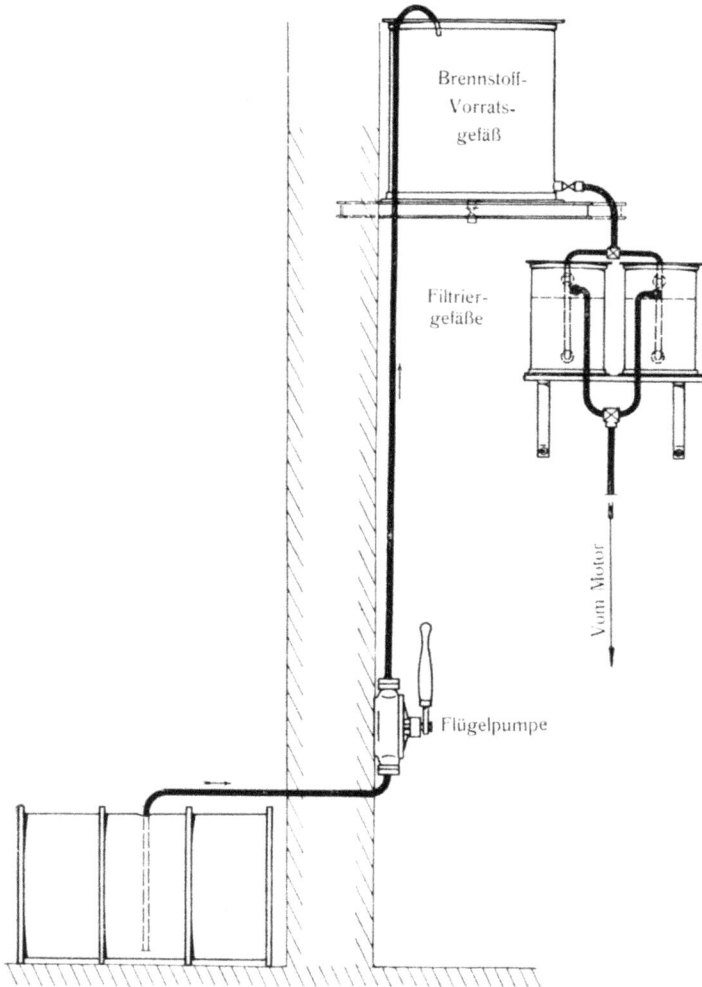

Fig. 174.

des Maschinenraumes einige Meter höher als die Brennstoffpumpen des Motors aufgestellt. Eine leicht sichtbare Anzeige-
vorrichtung gibt die Höhe des Brennstoffspiegels an.

Bei größeren Anlagen hat man außer diesem Gefäß noch ein anderes oder mehrere zu ebener Erde oder unter der Erde mit solchen Abmessungen, daß darin ein Brennstoffvorrat für einige Monate Betrieb aufgespeichert werden kann. Dieser zweite Behälter besteht entweder ebenfalls aus Blech oder aus Mauerwerk bzw. Beton und ist dann mit Zinkplatten oder Glas ausgekleidet, um den Zement vor der Einwirkung des Öles zu schützen. Eine Handpumpe, bei größeren Anlagen eine elektrisch getriebene Förderpumpe, bringt den Brennstoff aus den Fässern oder den Kesselwagen, in welchen es angeliefert wird, in den Brennstoffbehälter (Fig. 174).

Zwischen Motor und Brennstoffgefäß sind in der Rohrleitung zwei Filtriergefäße mit Metalltuchfiltern eingeschaltet, welche gewöhnlich beide in Betrieb sind, von denen aber auch eines genügt, wenn das andere gereinigt werden muß.

Das Wasser zum Kühlen des Motors muß rein sein, damit es in den Kühlräumen keine Ablagerungen hinterläßt. Wenn möglich, soll man auch kalkhaltiges oder Meerwasser vermeiden, welche gewöhnlich Krusten ansetzen. In Ermangelung anderen Wassers kann man auch dieses verwenden, wenn die Umlaufwassermenge so groß ist, daß die Ausflußtemperatur 30 bis 35⁰ nicht überschreitet.

Die Ablagerungen beeinträchtigen die Wärmeabgabe der Wandungen und sind, wenn man den Motor nicht mit besonderer Vorrichtung ausstattet, sehr schwer abzukratzen. Leichter lassen sie sich auflösen. Bei kalkhaltigen Ablagerungen verwendet man eine saure Lösung (ein Teil Chlorsäure und drei Teile Wasser), welche man während 24 Stunden wirken läßt. Nachher werden die Kühlräume mit reinem Wasser durchspült, damit die Säure auf den Metallwänden keine Korrosion hinterläßt.

Das warme abfließende Kühlwasser kann, da es beim Durchgang keine Änderung erfahren hat, zurückgekühlt und wieder von neuem in Umlauf gebracht werden. Die Verluste infolge Verdampfung und Undichtheiten werden selbstverständlich durch frisches Wasser ersetzt (ungefähr 10% in der Stunde).

Das Rückkühlen des Wassers kann durch irgend eines der für Dampfkondensationsanlagen üblichen Systeme geschehen. Am häufigsten verwendet man Kühltürme mit Stufen, Reisigbüscheln oder Zerstäuberdüsen oder auch ganz einfache Kühlteiche, d. h. Wasserbehälter mit geringer Tiefe und großer Oberfläche. Immer jedoch muß man über soviel Wasser

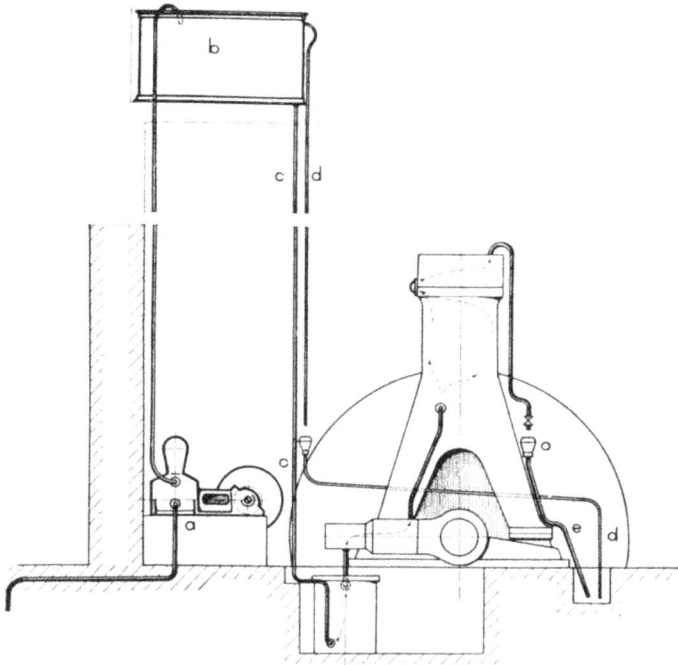

Fig. 175.

verfügen, um einen einstündigen Betrieb bei voller Belastung aufrecht erhalten zu können.

Fig. 175 stellt die allgemeine Anordnung einer Kühlwasseranlage für einen Dieselmotor dar. Die Pumpe a saugt aus dem Brunnen oder dem Kaltwasserbehälter und drückt das Wasser in den Behälter b. Der Inhalt des letzteren soll so groß sein, daß er einen Vorrat für eine halbe Stunde faßt. Durch diese Anordnung hat man bei direkt oder indirekt gekuppelter Pumpe auch vor dem Anlassen des Motors, Kühlwasser zur Verfügung; ebenso dann, wenn die Kühlräume wegen Reinigung oder Frostgefahr während des Stillstandes entleert worden sind, oder an der Pumpe eine kleine Reparatur oder Untersuchung vorzunehmen ist, was ohne Abstellen des Motors durchgeführt werden kann.

Der Kühlwasserbehälter muß so hoch als möglich aufgestellt sein[1]). Liegt sein Boden nicht mehr als 2 bis 3 m über der vom Wasser erreichten höchsten Stelle des Motors, so muß man das Kühlwasser mit einer sehr niedrigen Temperatur ablaufen lassen, damit die erzeugte Dampfspannung nicht dem niedrigen Druck entgegenwirkt, den Umlauf stört oder ihn gar unterbricht.

Vom Kühlwasserbehälter gehen zwei Rohrleitungen ab: c führt zum Motor, d ist der Überlauf.

Die Leitung c kann einige Abzweigungen mit kleineren Durchmessern haben, welche zu den einzelnen Kühlstellen gehen. Auf diese Art erhält man eine parallele Kühlung der verschiedenen Teile.

Verbreiteter ist jedoch eine Kühlung mit hintereinander geschalteten Kühlräumen, so daß diese von der ganzen Wassermenge nacheinander durchlaufen werden. Bei Mehrzylindermotoren hat selbstverständlich jeder Zylinder eine unabhängige Kühlung.

Beim letzteren Kühlungssystem läßt man das Wasser zuerst, d. h. im kalten Zustand, in die am wenigsten warmen Teile des Motors und dann nach und nach in diejenigen Teile mit hoher Temperatur eintreten.

Der gebräuchlichste Weg geht durch den Zwischenkühler des Kompressors, in den Kompressormantel, dann in den Zylindermantel; von diesem durch den Zylinderkopf zum Auspuffventil und zur Auspuffleitung, wenn diese gekühlt wird.

Für die Kühlwasserableitung ordnet man häufig zwei voneinander unabhängige Austrittsstellungen an, eine aus

---

[1]) Die Firmen verlangen meistens als Mindestmaß 6 m über den Maschinenhausfußboden.

dem Zylinderkopf und eine aus dem Zylindermantel bzw. Auspuffrohr.

Auf diese Art kann man die Temperatur des Wassers, die, wie man weiß, einen nicht zu vernachlässigenden Einfluß auf das gute Arbeiten des Motors hat, beim Austritt aus demselben prüfen.

In den Rohrleitungen der verschiedenen Zylinder und in die eventuell vorhandenen Abzweigungen sind Hähne eingebaut (es handelt sich um Rohrleitungen unter Druck), die öfters auch am Ende der erwähnten Leitung angebracht werden, wo das Wasser in einen gemeinsamen Trichter fließt (o Fig. 175). Von da wird es durch ein weites Rohr in den Abflußkanal geleitet. Durch die letztere Anordnung hat man Gelegenheit, die Wassermenge für jeden Zylinder einstellen und gleichzeitig mit der Hand oder mit dem Thermometer die verschiedenen Temperaturen prüfen zu können.

Ist ein Anschluß an eine öffentliche Wasserleitung vorhanden oder steht sonst irgendeine Druckwasserleitung zur Verfügung, so fehlt selbstverständlich die Pumpe und der Behälter.

Für die Kühlwasserleitung verwendet man meistens Gasrohre, in denen eine Wassergeschwindigkeit von nicht mehr als 0,70 bis 1,2 m in der Sekunde zugelassen wird, was einer Durchflußmenge von 20 l pro Pferdekraftstunde entspricht. Der Durchmessser der Abflußleitung e muß 1,5- bis 2 mal so groß sein wie der der Leitung c.

Es ist nicht leicht, genaue Angaben über die Austrittstemperatur des Wassers zu machen. Sie schwankt zwischen 50⁰ und 70⁰ und hängt davon ab, welche Teile das Wasser am Schluß zu durchlaufen hat, ebenso von der Schaltungsweise der Kühlräume, ob hintereinander oder nebeneinander. Um einen guten Exponenten der Adiabate zu erhalten, muß jedenfalls der Zylinder warm gehalten werden und zur rechtzeitigen Einleitung der Zündungen der Kopf noch wärmer[1];

---

[1]) Bei Gasmotoren muß der Zylinderkopf zur Vermeidung von Vorzündungen kühl gehalten werden, bei Dieselmotoren sind solche selbstverständlich ausgeschlossen.

hingegen muß die Temperatur der äußeren Zylindermäntel
so sein, daß man diese mit der Hand berühren kann.

Von der Austrittstemperatur des Kühlwassers hängt der
stündliche Verbrauch des Motors ab.

Behauptet ein Fabrikant, daß sein Motor 12 gegenüber
15 l für die PSe-Std. bei fremden Ausführungen braucht,
so ist dies wertlos, wenn er den Unterschied zwischen der
Ein- und Austrittstemperatur des Wassers verschweigt.
Da, wie bekannt, ein gewisser Prozentsatz der entwickelten
Gesamtwärme des Brennstoffs (25 bis 30%) mit dem Kühlwasser abgeht, also sich darin vorfindet, so muß das
Produkt des Verbrauchs in Litern und des Temperatur-
unterschieds zwischen Ein- und Austritt annähernd konstant bleiben.

Ein Unterschied im Kühlwasserverbrauch kann nur durch
die größere oder kleinere Zahl der gekühlten Teile entstehen.
Wenn ein größerer Teil der Auspuffleitung gekühlt wird,
so muß ein höherer Prozentsatz der Gesamtwärmeeinheiten
durch das Wasser fortgeführt werden, wodurch der Wasser-
verbrauch größer wird.

Im praktischen Betrieb erreicht der Verbrauch bei
Motoren mittlerer Leistung im allgemeinen 20 l für die Pferdekraftstunde. Mit Rücksicht auf den volumetrischen Wirkungsgrad wird jedoch die Pumpe der Anlage für eine Fördermenge von 30 bis 40 l für die effektive Pferdekraftstunde
berechnet.

Dritter Teil.

Erstes Kapitel

Der Dieselmotor auf dem Versuchsstand und im Betriebe.

Vor dem Inbetriebsetzen eines Dieselmotors sind folgende Vorbereitungen zu treffen:

1. Die Motorkurbel (oder bei Mehrzylindermotoren diejenige Kurbel, welche zu dem mit einem Anlaßventil ausgerüsteten Zylinder gehört) ist in Anfahrstellung zu bringen, d. h. die Kurbel muß den oberen Totpunkt um etwa 20° überschritten haben und die Nockennase des Brennstoffventils sich unter der Hebelrolle befinden.

2. Das Kühlwasser ist in Umlauf zu setzen, der Hahn des Brennstoffvorratsgefäßes und alle Öler sind zu öffnen.

3. Der Steuerhebel ist in Anlaßstellung zu bringen (Fig. 104 (I), Seite 121).

4. Die Ventile, welche das Einblasegefäß mit dem Zerstäuber und Kompressor verbinden (*b* und *c* Fig. 144 und 145) sind zu öffnen und

5. zum Schluß ist das Ventil des Anlaßgefäßes (*a* oder a_1 Fig. 167 und 168) zu öffnen.

Der Motor beginnt mit Druckluft zu laufen; hat er eine genügende Umdrehungszahl erreicht, so bringt man den Steuerhebel in Betriebsstellung und der Motor beginnt zu arbeiten. Treten keine Verbrennungen ein, so stellt man den

Steuerhebel in Anlaßstellung zurück, so daß der Motor wieder einen neuen Druckluftimpuls erhält und versucht nochmals anzufahren.

Erfolgt noch immer keine Zündung, so ist es vorzuziehen, die Druckluft abzustellen, um nicht unnützerweise weitere Luft zu verschwenden, da das .vergebliche Anlassen jedenfalls durch das Versagen eines Maschinenteils oder durch einen Fehler des Bedienungspersonals hervorgerufen ist. Man geht mit dem Druck der Anlaßluft nicht über 35 bis 40 Atm., da durch die Undichtheiten des Anlaßventils eine zu hohe Kompression des Zylinderinhaltes herbeigeführt wird, wodurch der Motor zum Stillstand und Rückwärtslaufen gebracht werden kann. Außerdem ist es gefährlich, die Organe mit zu großen Drücken zu belasten.

Im Einblasegefäß muß man einen Druck von ungefähr 50 Atm. haben, da der Motor bei Leerlauf mit einem höheren Einblasedruck schlecht arbeitet.

Ist der Motor angelassen, die Luftgefäße gefüllt[1]) und die Fördermenge des Kompressors, wie in Kapitel VI erwähnt, eingestellt, so beschränkt sich die weitere Tätigkeit des Maschinisten auf eine genaue Überwachung, d. h. Kontrolle der Öler, der Drücke in den Luftgefäßen und der Temperatur des Kühlwassers.

Genauere Vorschriften für die Betriebsführung des Motors kann man im allgemeinen nicht geben, noch liegt es im Rahmen dieses Buches, sie zu bringen. Jedes Motormodell hat seine besonderen Eigentümlichkeiten, welche von

---

[1]) Bezüglich der Luftgefäße ist noch folgendes zu bemerken: Sollten sich diese infolge eines falschen Handgriffes oder einer Reihe mißlungener Anlaßversuche zu sehr entleert haben, so kann man die Gefäße dadurch aufladen, daß man sie an eine Kohlensäureflasche, welche im Handel zu haben ist, anschließt. Um das Überströmen der Kohlensäure zu beschleunigen, kann man die Verbindungsleitungen mit Tüchern, die in heißes Wasser getaucht sind, erwärmen. Selbstverständlich darf man niemals die Kohlensäureflasche direkt erhitzen. Die Folge dieser Unvorsichtigkeit wäre, wie verschiedene Beispiele gezeigt haben, eine Explosion der Kohlensäureflasche.

Fall zu Fall zu beachten und dem Bedienungspersonal von der liefernden Firma mitzuteilen sind. Außerdem hat jeder Motor seine besonderen T ü c k e n , die das Betriebspersonal nur im Betrieb selbst kennen lernen kann.

Die Häufigkeit der Reinigung oder Untersuchung der verschiedenen Organe hängt von verschiedenen Faktoren ab: Von der Beschaffenheit des Brennstoffs und des verwendeten Schmieröls, von der Höhe und Veränderlichkeit der Belastung usw.

Nur die Erfahrung kann also lehren, wie oft das Putzen oder Einschleifen der Auslaß-, Einlaß- und Spülventile, der Kompressorventile, der Brennstoff-Pumpenventile und der Brennstoffnadel notwendig ist.

Dieselben Untersuchungen und Prüfungen, die von Zeit zu Zeit am Motor im Betrieb vorgenommen werden, müssen auch bei neuen Motoren gemacht werden. Sie sollen im folgenden beschrieben werden.

*

Bevor ein neuer Motor dem Betrieb übergeben wird, macht er zwei Prüfungen durch. Das erste Mal vor Verlassen der Werkstätte beim P r o b e l a u f ; das zweite Mal nach Montage am Aufstellungsort beim A b n a h m e v e r s u c h.

Der Probelauf in der Werkstätte verlangt vom Prüfstandsingenieur außer reichen praktischen Erfahrungen große Umsicht. Verbrennungsmotoren sind stets »gewalttätig«, so daß ein kleiner Konstruktionsfehler oder eine Unachtsamkeit in der Montage für die Maschine selbst wie für das überwachende Personal sehr schlimme Folgen haben kann.

Deshalb muß man vor dem ersten Anlassen sowie vor dem ersten Inbetriebsetzen am Aufstellungsort prüfen, ob die Montage richtig ausgeführt worden ist. Dann wird die Brennstoffpumpe untersucht, ob sie gut entlüftet ist und keine Luftblasen enthält. Man sieht das Spiel zwischen den Ventilhebelrollen und den entsprechenden Nocken nach und versucht, die Ventile von Hand zu öffnen, um zu sehen, ob sie unter Federdruck sicher auf ihren Sitz zurückkehren. Schließlich dreht man den Motor mittels des Schaltwerks, um sich zu vergewissern, daß nichts seine Bewegung hindert.

Damit man nicht gegen die Kompression schalten muß, verbindet man das Zylinderinnere mit dem Freien durch die in Figur 123 beschriebene Vorrichtung, oder man läßt, was noch besser ist, die Indikatoranschlüsse offen. Auf diese Art kann man feststellen, ob nicht irgendwie Wasser in den Zylinder eingedrungen ist, was ganz besonders gefährlich werden könnte.[1])

Bei den ersten Versuchen an neuen Motoren muß besonders reichlich geschmiert werden. Bei noch so genauer Bearbeitung sind die Oberflächen der gleitenden Maschinenteile nie so glatt, noch deren Berührungsflächen so groß, wie bei eingelaufenen Motoren, bei welchen sich reibende Teile eingeschliffen und geglättet haben. Aus diesem Grunde werden die Reibungswiderstände und infolgedessen die Wärmeerzeugung in der ersten Zeit wesentlich höher als im normalen Betrieb sein.

Besonders wichtig ist auch die Prüfung der Druckluftleitung. Zu diesem Zweck läßt man in die Rohrleitung vom Anlaßgefäß zum Zerstäuber und Kompressor und in die Anlaßleitung Druckluft eintreten, nachdem man den Steuerhebel des Motors in Neutralstellung (Stellung III, Fig. 106) gebracht hat. Große Verluste werden sich sofort durch Geräusch bemerkbar machen; kleinere findet man, indem man etwas Öl an die Stellen bringt, wo man solche vermutet. Sind dort Undichtigkeiten, so bilden sich Ölblasen.

Steht mit dem A u f n e h m e r des Kompressors ein Manometer in Verbindung, so kann durch die Prüfung der Rohrleitung ein sicherer Rückschluß auf die Montage des Kompressors gezogen werden. Öffnet man das Ventil, welches das Anlaßgefäß mit dem Kompressor verbindet, und steigt dann der Druck im Aufnehmer, so ist dies ein Zeichen, daß die beiden Hochdruckventile nicht vollkommen dicht halten, da die Luft, um in den Aufnehmer zu gelangen, durch sie hindurchströmen mußte.

Bei einer schon im Betrieb gewesenen Maschine genügen diese Untersuchungen vor dem Inbetriebsetzen. Handelt

---

[1]) Eine noch so geringe Menge Wasser im Zylinder verkleinert den Kompressionsraum, wodurch hohe Verdichtungsdrücke erreicht werden, welche eine unzulässig große Beanspruchung des Zylinderkopfes herbeiführen.

es sich um einen neuen Motor, so muß ein regelrechter Probelauf vorgenommen werden.

Anfänglich hat das Personal sein Hauptaugenmerk
besonders auf die mechanischen Teile zu richten. Solange die
Möglichkeit besteht, daß die Kurbelwellenlager oder die
Kurbelzapfenlager warm laufen oder die Kolben fressen u. a. m.,
ist es jedenfalls nicht wichtig, auf die Regelmäßigkeit der
Zündungen oder auf das Aussehen des Auspuffs achtzugeben.
Man muß auch aufpassen, daß der Regler, der noch ein wenig
hart geht, gut einstellt und nicht eine übermäßige Umdrehungszahl erlaubt, im Gegenteil wird es gut sein, wenn diese
einige Zeit lang unter dem normalen Wert gehalten wird.

Nach einigen Minuten Betrieb wird es meistens nötig sein,
den Motor abzustellen, um die Fehler zu beseitigen, welche während dieser ersten kurzen Probe gefunden worden sind. Dann
wird er wieder angelassen und selbstverständlich während der
ersten Stunden nicht belastet, bis er sich etwas eingelaufen hat.

Darauf kann man beginnen, den Motor stufenweise zu
belasten (indem man zum Abbremsen irgendeine der bekannten Vorrichtungen wählt, die der Größe des Motors
entspricht), wobei man zwar die Lager, nicht aber den Kolben
weniger aufmerksam überwachen darf. Dieser dehnt sich
nämlich mit zunehmender Belastung aus, was von neuem die
Gefahr des Fressens mit sich bringt.

Der Kolben läßt sich nur mit dem Gehör überwachen.
Es empfiehlt sich demnach, um seinem Arbeiten zu folgen,
von Zeit zu Zeit das Ohr an den Zylindermantel zu legen,
Hört man Schläge, so wird man unverzüglich die Maschine
stillsetzen und den Kolben herausnehmen, um zu untersuchen,
ob das Fressen schon begonnen hat, was gewöhnlich unmittelbar nach dem Eintreten des auffallenden Klopfens erfolgt.[1]

---

[1] So gut auch die Bearbeitung der Kolben sein mag, so
sind sie doch nie genau zylindrisch. Während des Versuchs im
Werk oder am Aufstellungsort werden die Stellen, die durch die
Abnützung glänzend geworden sind, mit einer großen Schlicht-
feile behandelt. Dadurch erhält man früher die richtig passende
Form des Kolbens, als wenn man es dem Einlaufen der aufein-
anderreibenden Teile überlassen würde.

Ist der Motor belastet, so beginnen die eigentlichen Versuche mit Verwendung des Indikators, um auf Grund der
Diagramme Unregelmäßigkeiten des Arbeitens zu untersuchen.

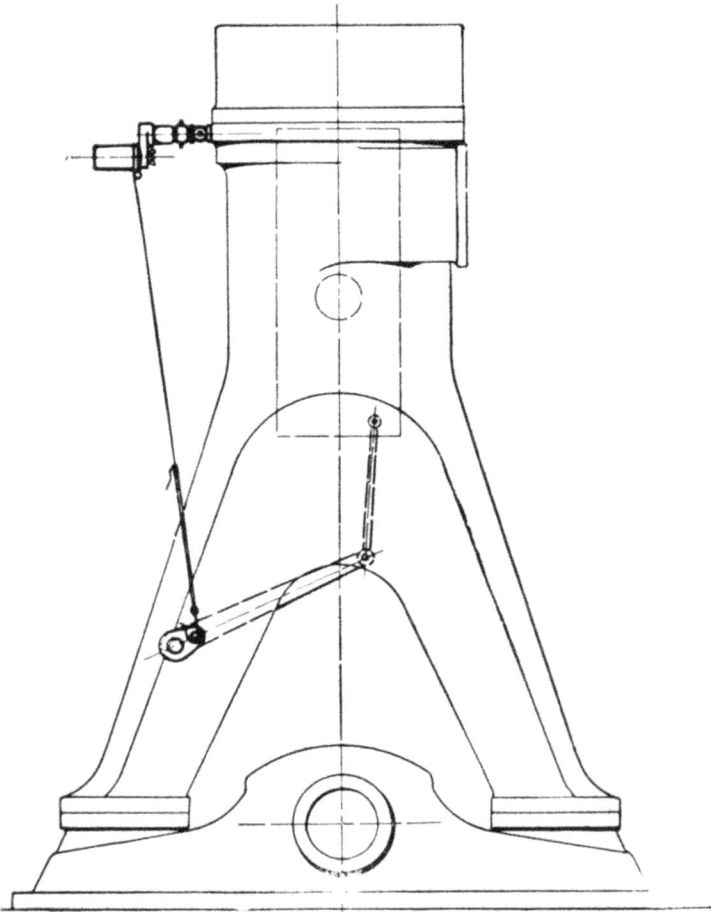

Fig. 176.

Für den Antrieb der Indikatortrommel haben Dieselmotoren meistens einen besonderen vom Kolben bewegten
Hebel, an welchem man die Indikaturschnur befestigt.

(Fig. 176.) Die Bewegung kann außerdem mittels besonderer Exzenter von der Zwischenwelle oder bei Zweitaktmotoren auch von der Steuerwelle abgeleitet werden. Es lassen sich auch noch viele andere Vorrichtungen verwenden, die einfacher aber weniger genau sind, z. B. eine dreifache Schrau-

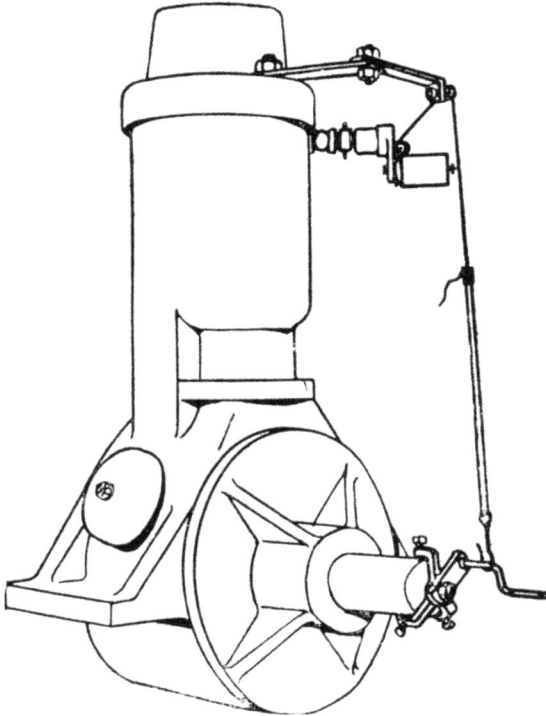

Fig. 177.

benklammer, welche an der Stirnseite der Kurbelwelle sitzt und eine kleine Kurbel trägt, die man nach Augenmaß möglichst genau parallel mit der Kurbel desjenigen Zylinders einstellt, an dem man Diagramme aufnehmen will. (Fig. 177.)

Ist an einem Wellenende ein Schraubenloch, so kann die kleine Kurbel auch, wie in Fig. 178, ohne eine Schraubenklammer befestigt werden.

Bei langsamlaufenden Dieselmotoren kann durch die Auswertung des Diagramms die indizierte Leistung und damit der mechanische Wirkungsgrad des Motors aus dem Vergleich mit der Bremsleistung bestimmt werden.

Bei Schnelläufermotoren wird das Ergebnis der Auswertung durch die Schwingungen der Schnur (besonders wenn sie lang ist) und den Einfluß der bewegten Massen der Indikatorteile wenig brauchbar, weshalb man die Ausrechnung meistens unterläßt.

Für die Einregulierung sowohl langsamlaufender als auch schnellaufender Motoren sind die Diagramme von großer Wichtigkeit, da sie die Untersuchung der Unregelmäßigkeiten im Arbeiten wesentlich erleichtern. Läßt man den Schreibstift des Indikators nicht mehr als einmal das Dia-

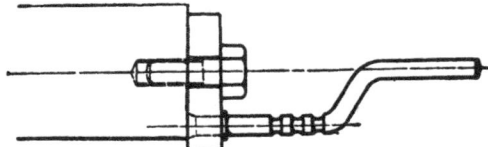

Fig. 178.

gramm beschreiben, so ist die Deutung meist nicht schwierig, wenn nicht irgend ein oder mehrere ungewöhnliche Fehler von nebeneinander oder hintereinander sich abspielenden Vorgängen eine ungewöhnliche Ausbildung der Diagrammlinie verursachen.

Manchmal kommt es vor, daß man unrichtige Diagramme erhält, nicht durch den unvollkommenen Arbeitsprozeß im Motor, sondern durch ein fehlerhaftes Arbeiten des Indikators. Bei dem in Fig. 179 gezeigten Diagramm ist die Indikatorschnur zu lang, so daß die Trommel stillsteht, bevor der Hub zu Ende ist. Beim Diagramm Fig. 180 liegt der umgekehrte Fehler vor; die Schnur ist zu kurz.

Reibt sich der Indikatorkolben zu sehr in seinem Zylinder, weil dieser verschmutzt oder nicht geschmiert ist, so erfolgt die Bewegung stoßweise. Dann nimmt das Diagramm eine Form wie in Fig. 181 an.

Schnelläufermotoren mit 500 oder 600 Umdrehungen
und mehr in der Minute geben Schlangenkurven, wenn man
nicht besondere Indikato-
ren verwendet. Ähnliche
Kurven erhält man auch,
wenn die Schnur bei ihren
Bewegungen zu sehr vibriert
(Fig. 182).

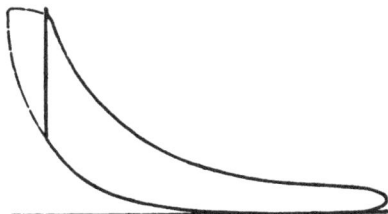

Fig. 179.

Ist der Motor so weit,
daß er belastet werden
kann und der Indikator
angebracht, so beginnt
man mit dem richtigen
Einstellen. Die Untersu-
chungen können in folgen-
der Reihenfolge vorgenom-
men werden:

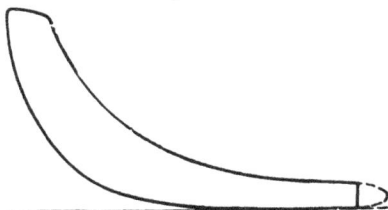

Fig. 180.

   a) Bestimmung und Be-
      richtigung des Kom-
      pressionsgrades,
   b) Untersuchung der
      Steuerung,
   c) Einstellen der Um-
      drehungszahl und des
      Regulatorspiels, und

Fig. 181.

   d) Einregulierung der
      Brennstoffpumpe.

Fig. 182.

   a) Den Wert der zum
Schluß erreichten Kom-
pression erhält man, in-
dem man ein Diagramm
abnimmt, nachdem der Motor einige Zeit gelaufen und warm
ist. Zuvor wird die Brennstoffpumpe abgestellt, so daß der
Motor sich nur infolge der lebendigen Kraft des Schwungrades weiter dreht.

Ist der Maßstab der Indikatorfeder bekannt, so läßt sich aus der Ordinate des höchsten Punktes der gezeichneten Kurve der erreichte größte Verdichtungsdruck bestimmen. Wegen der Wärmeabführung durch die Zylinderwand[1]) überdecken sich in diesem Diagramm die Expansions- und Kompressionskurve nicht, sondern die letztere liegt unter der ersteren.

Der Enddruck der Kompression liegt bei Viertaktmotoren zwischen 29 und 35 Atm. bei einzelnen Konstruktionen und bei Zweitaktmotoren geht man auch auf 36 Atm. Ist die aus dem Diagramm erhaltene Endspannung infolge Unvollkommenheit der Montage von der gewünschten[2]) verschieden, so müssen, um sie zu vergrößern, bei stehenden Motoren die Füße des Gestells abgefeilt, um sie zu verkleinern auf der Drehbank ein dünner Span vom Kolbenboden abgenommen werden. Verwendet man Schubstangen, bei welchen der Kopf an die Stange angesetzt ist, so kommt man mit weniger Mühe zum selben Ziel, indem man zwischen die Stange und den Kopf Blechbeilagen legt oder wegnimmt.

---

[1]) Unvollkommenes Dichthalten des Kolbens und der Ventile könnte ebenfalls Grund für das Nichtüberdecken der Kurven sein. Die Verluste des Kolbens machen sich sehr gut bemerk-

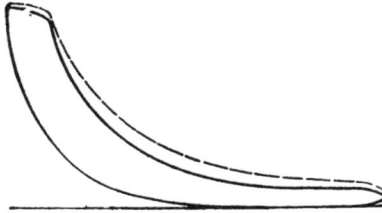

Fig. 183.

bar (einem Niessen ähnlich) und gehen aus dem normalen Motordiagramm hervor, welches das in Fig. 183 gezeichnete Aussehen bekommt.

[2]) Da es sich um besonders hohe Drücke handelt, so hat ein Unterschied von wenigen Zehntel Millimetern zwischen Kolbenboden im Totpunkt und dem Zylinderkopf schon einen sehr fühlbaren Einfluß auf den Endwert der Kompression.

Gewöhnlich haben die Konstrukteure schon fertige Tabellen, aus denen entnommen wird, um wieviel zehntel Millimeter der Abstand zwischen Kolbenboden und Zylinderkopf verändert werden muß, um eine gegebene Veränderung der Verdichtung zu erhalten. Es kommt selten vor, daß man bei einem Motor von einer guten Spezialfabrik die Kompression beim Probeversuch ändern muß, da man bei einer genauen Montage beinahe immer schon beim ersten Mal die gewünschten Ergebnisse erhält.

b) Zum Zwecke der Einstellung der Steuerung wird der Motor von Hand aus gedreht und mit einer Winkelwasserwage, die auf eine Kurbel aufgesetzt wird, untersucht, ob das Öffnen und Schließen der Ventile unter dem gewünschten Winkel erfolgt.

Der Winkel, während dessen ein Ventil als geöffnet betrachtet werden kann, ist derjenige, welcher von der Kurbel in der Zeit zwischen Beginn und Ende der Berührung der Hebelrolle mit dem Nocken durchlaufen wird.

Auch aus dem Diagramm kann man die Phasen

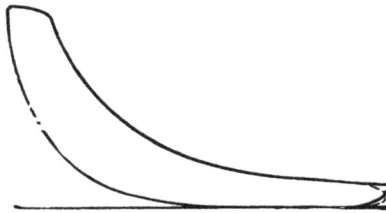

Fig. 184.

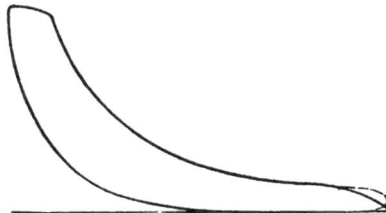

Fig. 185.

Steuerung entnehmen, besonders der Eintritt des Brennstoffs und Beginn des Auspuffs sind deutlich zu sehen. Ersteren wollen wir bei Behandlung des Einstellens des Zerstäubers besprechen. Erfolgt der Auspuff zu spät, so wird das Diagramm einen Verlauf, wie in Fig. 184, erfolgt er zu früh, wie in Fig. 185 nehmen.

c) Beim Einregulieren eines Dieselmotors ist das Einstellen des Brennstoffventils die schwierigste und wichtigste Arbeit.

Beim Einstellen beabsichtigt man 1. den günstigsten Moment für den Eintritt des Brennstoffs in den Zylinder zu finden und 2. den Brennstoff unter einem solchen Gesetz eintreten zu lassen, daß die Verbrennung annähernd unter Gleichdruck erfolgt.

Erfolgt der Hubbeginn der Nadel zu früh, so sieht das Diagramm wie in Fig. 186, wenn zu spät, so wie in Fig. 187 aus.

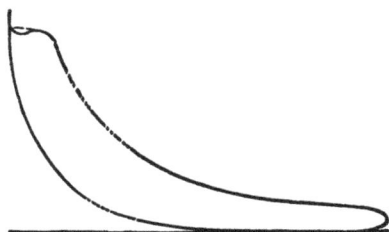

Fig. 186.

Die Ähnlichkeit beider Formen kann einen Zweifel an der Natur des Fehlers hervorrufen. Doch schwindet jede Unsicherheit bei Vergleich mit dem Kompressionsdiagramm, welches, wie auf Seite 213 erwähnt, erhalten wird.

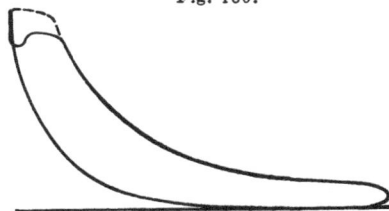

Fig. 187.

Ist der Höchstdruck im Diagramm größer als der Kompressionsdruck, so geschieht das Einblasen des Treiböls mit Voreilung, ist der Höchstdruck gleich dem Kompressionsdruck und zeigt sich die Gleichdruckperiode im Diagramm erst bei einem niedrigeren Druck, so geschieht das Einblasen des Treiböls mit Nacheilung.

Das Voreilen macht sich beinahe stets durch dumpfe Stöße bei der Verbrennung bemerkbar.

Um den einen oder den anderen Fehler zu beseitigen, wird der Nocken des Brennstoffexzenters ein wenig verstellt, was infolge seiner Konstruktion nicht schwierig ist. (Fig. 120.)

Kleine Verbesserungen kann man erreichen, indem man das Spiel zwischen Hebelrolle und Nocken vermittels der Regulierschraube ein wenig verkleinert oder vergrößert, ohne jedoch eine dauernde Berührung noch eine zu große Entfernung einzustellen, was eine ungenügende oder stoßweise Ventilerhebung herbeiführen würde.

Um den richtigen Zeitpunkt für das Einblasen des Brennstoffes einzustellen, muß man warten, bis der Motor warm
geworden ist. Beim Anlassen des Motors zeigen die Diagramme nämlich stets ein schwaches Nacheilen, das nach
einiger Betriebszeit verschwinden kann, da der Brennstoff
dünnflüssiger wird und die Temperatur des Verbrennungsraumes sich erhöht. Weiter soll der Motor vollbelastet oder
überlastet sein, da dann das Diagramm deutlicher und regel-
mäßiger wird.

Die Faktoren, welche beim Einstellen des Zerstäubers
die zweite Forderung, die Verbrennungsphase bei konstantem
Druck, bedingen, sind die
Spannung der Einblaseluft,
der Lochdurchmesser der
Zerstäuberplatte (in Fig. 92),
die Zahl der Zerstäuber-
ringe und der Durchmesser
und die Anordnung der
Löcher in denselben. Gute
Ergebnisse erhält man nur,

Fig. 188.

wenn man mit viel Geduld und Erfahrung verschiedene Kom-
binationen dieser Elemente ausprobiert.

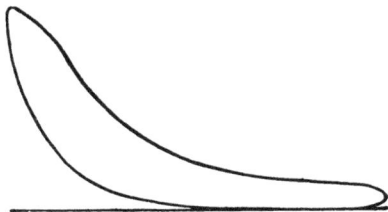

Um solche zu erreichen, darf man die Löcher nicht zu
groß wählen oder mit der Einblasespannung sehr hoch gehen,
damit man nicht einen zu großen Luftverbrauch bekommt
und dadurch die Reserve in der Fördermenge des Kompressors
zu sehr verkleinert.

Auch bei Arbeitsprozessen, wie sie Fig. 188 darstellt,
lassen sich ohne zu großen Luftverbrauch niedere Brennstoffverbrauchszahlen und rauchfreier Auspuff erreichen.

Die für ein gutes Diagramm nötige Spannung ändert
sich, wenn das Brennstoffventil nicht entsprechend eingerichtet ist (Seite 113) mit der Belastung, hängt aber auch
von der Ausbildung und Herstellung des Zerstäubers ab.
Manche Motoren arbeiten bei Überlast mit ungefähr 60 Atm.
Einblasedruck, wohingegen andere 70 und 85 verlangen.

Öfters ist bei schon eingestellten Motoren der rauchende
Auspuff einem Mißverhältnis zwischen dem Einblasedruck

und der Belastung zuzuschreiben. Bei zu niedrigem Druck
ist der Rauch schwarz, bei zu hohem ist er meist weißlich
und die Verbrennungen sind von dumpfen Stößen begleitet,
wie bei zu frühem Einblasen des Brennstoffs.[1]

Schnelläufermotoren erfordern einen höheren Einblasedruck als Langsamläufer und manchmal auch längere Ein-
blasezeiten. Bei diesen Motoren ist es schwer, einen vollkommen ungefärbten Auspuff zu erhalten. Der Grund dafür
liegt in der kurzen Zeit (manchmal nicht einmal eine hundertstel Sekunde), während welcher sich der Verbrennungs-
prozeß abspielen muß.

Ebenso ist es bei Zweitaktmotoren sehr schwer, den
Auspuff rauchfrei zu bekommen, selbst wenn die Verbrennung
vollkommen ist. In diesem Fall rührt der rußende Auspuff
von Schmieröl her, das durch die Auspuffschlitze in die Auspuffleitung gelangt, wo es verdampft und sich bei Berührung
mit den warmen Wänden und den heißen Abgasen zersetzt.

Außer nach der Farbe des Auspuffs kann man nach dem
Aussehen des Kolbenteils, welches im unteren Totpunkt
aus dem Zylinder hervorschaut, auf die Güte der Verbrennung
schließen. Ist dieser Teil blank und sauber, so ist die Verbrennung gut, ist er durch verbranntes Öl verschmutzt, so
ist die Verbrennung schlecht.

d) Für die Einstellung der Umdrehungszahl des Motors
genügt es zwei- oder dreimal die Umdrehungszahl in der
Minute zu zählen.[2] Ergibt diese Zählung bei Normallast
einen größeren oder kleineren Wert als der gewünschte ist,
so muß die Regulatorfeder entspannt oder angezogen werden.

Mit der Belastung soll sich die Umdrehungszahl mäßig
ändern. Von Vollast auf Leerlast soll sich kein größerer
Unterschied ergeben als ungefähr 4%. Um die Schnelligkeit

---

[1] Auf S. 132 ist die Vorrichtung beschrieben, welche bei
großen Zweitaktmotoren angewendet wird und die (vom Regler
betätigt) selbsttätig den Einblasedruck mit der Belastungsände-
rung einstellt.

[2] Man beginnt von 0 zu zählen, beginnt man von 1, so
ist das Ergebnis um eine Umdrehung größer als in Wirklichkeit.

der Regulierung zu prüfen, genügt es, die Schwankungen eines Tachometers, das gegen das Ende der Kurbelwelle gehalten wird, bei plötzlichen Belastungsänderungen zu beobachten. Bei neuen Motoren geht der Regler stets härter als bei Motoren, welche schon einige Zeit in Betrieb sind. Aus diesem Grund kann man sich auf dem Probierstand auch mit Ergebnissen begnügen, welche bei normalem Betrieb noch nicht zufriedenstellend wären.

Die Ölbremse oder Federwage, welche gewöhnlich am Regulator angebracht sind, müssen so eingestellt sein, daß sie das pünktliche Eingreifen der Regulierung in keiner Weise beeinflussen, ebensowenig dürfen sie ein dauerndes Schwanken des Regulators zulassen.

Einige Motoren, hauptsächlich solche für elektrische Zentralen sind mit einem Sicherheitsregulator versehen, welcher sofort die Maschine zum Stillstand bringt, sobald die Umlaufszahl einen gewissen Wert überschreitet. Das Einstellen dieses Reglers ist ebenfalls sehr einfach. Der Feder wird eine solche Spannung gegeben, daß die Regulierung bei der gewünschten Tourenzahl eingreift.

e) Die Brennstoffpumpe hat gewöhnlich eine Vorrichtung, mittels welcher man die Fördermenge der entsprechenden Regulatorstellung anpassen kann.

Für Pumpen nach der Ausführung in Fig. 127 ist diese Vorrichtung in Fig. 131 dargestellt. Bei anderen Pumpenmodellen kann man dasselbe durch eine Verlängerung oder Verkürzung der Stange erreichen, welche den Regulator mit der Steuerung der Pumpe verbindet.

Um die Pumpe einzuregulieren, stellt man ihre Fördermenge zu groß ein, dann vermindert man dieselbe schrittweise, indem man den Motor überlastet hält, bis die Reglermuffe auf ihre unterste Stellung herabsinkt. Bei geringeren Belastungen wird die Muffe höher stehen und die Fördermenge wird durch das Spiel des Saugventils (siehe Teil II, Kapitel V) vermindert.

Bei Mehrzylindermotoren muß jeder Zylinder die gleiche Leistung entwickeln.

Dieser Bedingung muß unbedingt entsprochen werden, damit nicht bei Überlastung einer der Zylinder besonders angestrengt wird, heißläuft und frißt.

Damit die Zylinder gleichmäßig arbeiten, wird jedem die gleiche Brennstoffmenge zugeführt. Zu diesem Zweck muß man bei Motoren, die nur eine einzige Brennstoffpumpe haben, die Verteilerlöcher kalibrieren, wie auf S. 149 schon erwähnt wurde, so daß die Ladungsverluste, verursacht durch die verschiedenen Längen der Rohrleitungen zu den Zerstäubern, sich ausgleichen. Bei Motoren, bei welchen jeder Zylinder eine unabhängige Brennstoffpumpe hat, wird für alle nur die gleiche Fördermenge eingestellt.

In beiden Fällen kann folgendermaßen einreguliert werden: Man belastet den Motor so schwach, daß man mit einem einzigen Zylinder arbeiten kann[1] und bezeichnet die Regulatorstellung bei diesen Verhältnissen. Nach Abschaltung dieses Zylinders wird ein zweiter belastet und die Leistung derart eingestellt, daß der Regulator die gleiche Stellung einnimmt, die er hatte, als der erste Zylinder arbeitete. Durch dieses Verfahren wird die Belastung gleichmäßig unter alle Zylinder der Maschine verteilt. Dann schaltet man alle ein und gibt dem Motor Überlast und berichtigt die Gesamtfördermenge der Brennstoffpumpe, indem man die Stellung des Regulators genau so untersucht, wie bei Einzylindermotoren.

---

[1] Drei- und Mehrzylindermotoren kann man unbelastet laufen lassen.

Zweites Kapitel.

Der Dieselmotor als stationäre Kraft-maschine.

Bei jeder neuen Kraftanlage ebenso auch bei Erweiterung einer bestehenden Anlage ist sorgfältig zu überlegen, welche Maschinenanlage zur Kraftlieferung zu wählen ist. Lassen es die örtlichen Verhältnisse im großen und ganzen auch immer deutlich erkennen, ob außer an eine Wärmekraftanlage auch an die Erstellung einer Wasserkraftanlage oder Zuleitung elektrischer Energie gedacht werden kann, so ist es doch nicht leicht, ohne weiteres zu entscheiden, welche Art der Krafterzeugung gewählt werden soll, sondern man wird die örtlichen und besonderen Betriebsverhältnisse zu untersuchen haben, um festzustellen, für welche Art des Kraftbetriebes sich die geringsten Betriebskosten ergeben.

Der immer schärfer werdende Wettbewerb in Gewerbe und Industrie und die zunehmende Verteuerung aller Brennstoffe hat dazu geführt, daß der W i r t s c h a f t l i c h k e i t der Kraftanlagen immer größere Aufmerksamkeit geschenkt wird.[1]

---

[1] Ausführliche Untersuchungen über die Wirtschaftlichkeit der verschiedenen Kraftmaschinen siehe unter anderem: F. Josse »Neuere Kraftanlagen«, F. Barth »Die zweckmäßigste Betriebskraft«, Technik und Wirtschaft August 1912, S. 526 ff., Z. d. V. d. I. 1912, S. 1610 ff.

Bei Wirtschaftlichkeitsberechnungen wird der Dieselmotor infolge seiner hervorragenden Wärmeausnützung sich öfters als ganz besonders geeignet zeigen, und zwar namentlich für Kraftanlagen, die nicht mit einer Wärmeversorgung verbunden sind, bei welcher die Verwertung der Abwärme der Kraftmaschinen in Betracht kommen könnte.

Es würde jedoch über den Rahmen dieses Buches hinausgehen, auf die Wirtschaftlichkeit des Dieselmotorenbetriebes gegenüber dem Betrieb mit anderen Kraftmaschinen näher einzugehen. Im folgenden soll nur von besonderen Eigenschaften des Dieselmotors die Rede sein, welche in bestimmten Fällen die Wahl eines solchen gegenüber der Aufstellung einer anderen Kraftmaschine bei gleicher Wirtschaftlichkeit oder ohne Rücksicht auf die Wirtschaftlichkeit als vorteilhaft erscheinen lassen können.

Dieselmotoren werden heutzutage für Leistungen von $5 \div 4000$ PS gebaut.

Für geringe Leistungen bis zu 15 PS wird sich die Aufstellung eines Dieselmotors der hohen Anschaffungskosten wegen im allgemeinen nicht empfehlen, da bei Maschinen geringer Leistung die Anschaffungskosten und nicht die Brennstoffkosten für den Preis der geleisteten PS-Std. von ausschlaggebendem Einfluß sind. Für diese Leistungen kommen die am Anfang des Buches genannten Verpuffungsmotoren in Betracht, welche mit Benzin, Petroleum oder auch Rohöl betrieben werden.

Für Einheiten über 1000 PS treten die Dampfturbinenanlagen in Wettbewerb mit den Dieselmotoren; während sich die ersteren leicht für Leistungen von 10 000 und mehr PS ausführen lassen, ist der Leistung der Dieselmotoren durch die hohen Gewichte, welche einzelne Konstruktionsteile erhalten, eine Grenze gesetzt.

Gegenüber Sauggasanlagen und Dampfanlagen hat der Dieselmotor folgende Vorteile: sofortige Betriebsbereitschaft, keine Brennstoffverluste durch Anheizen und Abbrand, keine Flugaschenbelästigung und keine Aschenabfuhr, sowie

von der Belastung und Wartung nahezu unabhängigen Wärmeverbrauch für die Leistungseinheit und geringeren Platzbedarf, da weder Kessel noch Gasgeneratoren aufzustellen
sind, außerdem geringen Kühlwasserverbrauch.

Zu dem letzteren Punkt ist zu bemerken, daß alle Dampf-
maschinenanlagen einen großen Wasserbedarf haben, ob
sie nun Auspuff- oder Kondensationsbetrieb haben, ebenso
ist auch bei Sauggasanlagen der Wasserbedarf größer als bei
einer Dieselmotoranlage, und es kann vorkommen, daß an
manchen Orten die Beschaffung von 50—60 l für die PSe-Std.
für eine Gasanlage nicht möglich ist, wohingegen 20 l für die
PSe-Std. bei Aufstellung eines Dieselmotors zur Verfügung
stehen können. Außerdem ist zu beachten, daß das Wasser,
das vom Dieselmotor abfließt, wieder völlig gebraucht werden
kann, wohingegen das aus dem Gasgenerator und Skrubber
einer Gasanlage abfließende Wasser (ungefähr 16 l für die
PSe-Std.) nicht weiter verwendet werden kann. Bei Aufstellung einer Rückkühlanlage ist dem Kühlwasser für den
Dieselmotor nur die geringe Menge Zusatzwasser als Ersatz
des verdunsteten Wassers hinzuzufügen, was ungefähr 1—2 l
für die PSe-Std. beträgt.

Außer für Dauerbetrieb eignet sich aber der Dieselmotor
aus den oben angegebenen Gründen auch für Anlagen mit
unterbrochenem Betrieb, welche schnell wieder mit voller
Leistung in Betrieb kommen sollen, das sind Reserveanlagen
elektrischer Zentralen, Wasserversorgungsanlagen, Stationen
für drahtlose Telegraphie usw. Nur Leuchtgasmotoren und
Benzinmotoren haben mit Dieselmotoren gemein, daß man
sie ohne weiteres in Betrieb setzen kann, aber die ersteren
eignen sich nicht für selbständige Anlagen und die letzteren
haben bei größeren Leistungen sehr große Brennstoffkosten.

Bei Dampfanlagen ist es bei solchen Betrieben notwendig,
entweder die Kessel immer wieder neu anzuheizen oder sie
dauernd unter Dampf zu halten, was die Brennstoffkosten
wesentlich vergrößert. Bei Sauggasanlagen vergehen ungefähr 3/4 Stunden vom Anheizen des Generators bis zur
Inbetriebsetzung des Motors und nicht einmal dann, wenn
man den Generator dauernd unter Feuer hält (wodurch sich

jedoch ebenfalls die Betriebskosten bedeutend erhöhen), kann man die Maschine sofort in Betrieb setzen, sondern man muß noch während ungefähr 20 Minuten den Ventilator arbeiten lassen, um das Feuer wieder tüchtig anzufachen. Da die Wirkung des Ventilators niemals die gleiche ist wie die des Motors beim Ansaugen, so ist auch die Zusammensetzung des Gases zu Beginn des Betriebes niemals so gut, daß man den Motor gleich voll belasten kann. Auch kann die Gasmaschine nicht unvorhergesehene Belastungserhöhung vertragen, wenn die Maschine während längerer Zeit nur gering belastet war, da das halb erloschene Feuer des Generators nicht auf einmal wieder so angefacht werden kann, daß sofort die genügende Menge guten Verbrennungsgases zur Verfügung steht.

Dieselmotoren können jederzeit sofort in Betrieb gesetzt werden und es ist möglich, sie nach schon wenigen Minuten voll zu belasten. Ebenso lassen sie jederzeit eine unvorhergesehene Belastungserhöhung zu, da die Fördermengen der Brennstoffpumpen sofort der neuen Belastung entsprechen.

Weiter eignet sich der Dieselmotor infolge der oben angeführten Eigenschaften als Kraftmaschine zur Beleuchtung von Warenhäusern, Theatern, Bankgebäuden, Ausstellungen usw. und bietet, wenn diese Anlagen im Stadtinnern sind, noch die weiteren Vorteile: einfache und rasche Versorgung mit Brennstoff durch Zubringung im Kesselwagen oder Rohrleitungen, das Fehlen eines Schornsteines und des Rauches usw., sowie die Möglichkeit, die Anlage unter bewohnten Räumen zur Aufstellung zu bringen, da keine Explosionsgefahr vorhanden ist. Beachtenswert ist ferner der Umstand, daß es nicht nötig ist, zur Aufstellung einer Dieselmotoranlage eine behördliche Konzession nachzusuchen.

In der Absicht, Reservemaschinen zu schaffen, welche wenig Platz wegnehmen und nicht teuer sind, wurden die Schnelläufermotoren auf den Markt gebracht, deren Eigenschaften weiter oben beschrieben wurden.

Wenn sich auch viele derartige Anlagen finden, welche in jeder Hinsicht befriedigend arbeiten, so ist es doch nötig, bei Aufstellung und Verwendung der Schnelläufer mit Vorsicht vorzugehen. Es wäre ein Irrtum, wenn man, um ein wenig an den Anlagekosten zu sparen, einen solchen Motor wählen und von ihm den gleichen anstrengenden Dauerbetrieb verlangen wollte, wie er im allgemeinen bei den normalen für Gewerbebetrieb bestimmten Motoren üblich ist. Da die Schnelläufer komplizierter sind als diese, verlangen sie eine häufigere Reinigung und eine sorgfältigere Überwachung und Instandhaltung.

Es gibt jedoch Anwendungen, bei welchen ein guter Schnelläufer wertvolle Dienste leisten kann. Bei Meliorationsanlagen, Trockendocks, Reserveanlagen in Zentralen oder Anschluß an ein Netz als unabhängige Reserveanlage zur Beleuchtung von Befestigungen, von Schiffen, kurz im allgemeinen da, wo die Raumverhältnisse beschränkt sind, der Betrieb nicht durchgehend ist und ein genügend zahlreiches und fähiges Bedienungspersonal nicht fehlt. Auch da, wo man für eine Kraftanlage, welche nur selten arbeitet, ein nicht zu großes Kapital anlegen will, kann die Aufstellung eines Schnelläufers von Vorteil sein.

Die Ersparnisse sind aber nicht nur dem billigeren Preis des Motors zuzuschreiben, sondern in erster Linie den kleineren Fundamenten und Maschinenräumen und auch den geringeren Abmessungen, welche die direkt gekuppelten Maschinen (Dynamomaschinen, Zentrifugalpumpen usw.) bei der höheren Umdrehungszahl erhalten.

Hinsichtlich der Betriebssicherheit hat sich der Dieselmotor während der letzten anderthalb Jahrzehnte bei entsprechender Behandlung als einer guten Dampfmaschine gleichwertig gezeigt, und heute werden sich nur noch wenige treue Anhänger der sprichwörtlichen Sicherheit der Dampfmaschine finden, welche sich, wenn wirtschaftliche Gründe zur Aufstellung eines Dieselmotors sprechen, über diese hinwegsetzen und der Dampfmaschine vor dem Dieselmotor den Vorzug geben.

Zum Schluß noch einige Angaben, nach welchen Gesichtspunkten Kostenanschläge einzuverlangen und miteinander zu vergleichen sind, wenn man eine Dieselmotorenanlage beschaffen will.

Die Angaben, welche man bei der Anfrage tunlichst
mit einschicken sollte, sind die folgenden:

1. Effektive Normal- und Maximalleistung.
2. Tägliche Arbeitszeit des Motors.
3. Art der anzutreibenden Maschinen (Dynamomaschinen
mittels Riemens oder direkt gekuppelt, Pump- oder Mühl-
werke, Spinnereimaschinen usw.).
4. Ob die Belastung dauernd oder schwankend sein
wird. In diesem Fall ist nach Möglichkeit anzugeben, innerhalb welcher Grenzen, ob plötzlich oder stufenweise. Bei
Angabe von 3. und 4. ist es überflüssig, den Ungleichförmigkeitsgrad des Schwungrades zu bestimmen. Es ist besser,
die Wahl und die Verantwortlichkeit hierfür dem Konstrukteur des Motors bzw. der Dynamomaschine zu überlassen.
5. Angabe der Meereshöhe des Aufstellungsortes, da bekanntlich mit zunehmender Meereshöhe die Leistung des
Motors abnimmt, z. B.:

Höhe des Aufstellungsortes über dem Meeresspiegel

in m	300	400	500	600	700	800	900	1000

Leistungsabnahme

in %	2,5	4,0	5,5	7,0	9,0	11,0	13,0	15,0

So muß also z. B. ein Motor, der auf 800 m Höhe 100 PS
leisten soll, normal für 110 PS bemessen sein.

Im allgemeinen verlangt man weiter Angabe der kürzesten
Lieferzeit für den Motor und eine Raumskizze desselben, um
einen Aufstellungsplan für den Motor entwerfen zu können.

Beim Vergleich der einzelnen Angebote ist es angebracht,
zu beachten, welchen Ruf und Erfahrung die einzelnen Firmen
haben und die Anzahl ähnlicher Anlagen, welche bisher von
ihnen ausgeführt wurden, in Betracht zu ziehen. Auch kann
man bei früheren Bestellern private Auskunft über gelieferte
Anlagen einholen.

Es ist nie ratsam, den besonders billigen Maschinen den
Vorzug zu geben. Für gleichwertige Anlagen können die Preise
nicht zu sehr verschieden sein. Bei zu billigen Anlagen können
nachher manchmal sehr unangenehme Überraschungen eintreten.

Man vergleiche weiter die in den verschiedenen Angeboten enthaltenen Zubehörteile, man beachte, ob und welche Rohrleitungen eingeschlossen sind, ob Fundamentschrauben, Auspufftopf, Brennstoffbehälter und Reserveteile (welche und wie viele) im Preise eingeschlossen sind, ob sich der Preis einschließlich Verpackung und Fracht, Montage und Anlernung der Bedienungsmannschaft versteht.

Es kommt vor, daß verschiedene Fabriken in ihren Angeboten alle Zubehörteile weglassen, trotzdem diese zum Betrieb nötig sind und sie sich später besonders bezahlen lassen, um solche Kunden zu fangen, welche bei den Angeboten nur die Schlußpreise vergleichen.

Die Angabe des Kühlwasserverbrauchs ist, wie schon erwähnt, nicht von besonderer Bedeutung. Der genannte Mindestverbrauch wird stets weit überschritten, was man beim Projektieren des Kühlwasserleitungsnetzes zu beachten hat.

Die Brennstoffverbrauchszahlen werden für einen bestimmten Heizwert des jeweiligen Brennstoffes in Kilogramm für die Pferdekraft-Stunde gewöhnlich mit 10% Toleranz garantiert. In der Praxis jedoch halten Motoren guter Firmen diese Verbrauchsangaben ein, ohne daß die Toleranz in Anspruch zu nehmen ist.

Bei Betrieb mit Gasöl, welches im allgemeinen einen unteren Heizwert von 10 000 WE hat, betragen die gewöhnlich abgegebenen Garantiezahlen für Viertaktmotoren 0,210 kg für die PSe-Std. für Motoren mit einer Leistung unter 20 PS, 0,200 kg für Leistungen bis 40 PS im Zylinder, 0,195 bis 0,190 kg für Leistungen von 50—80 PS im Zylinder, 0,185 kg für Zylinderleistungen größer als 80—100 PS.

Bei Betrieb mit Teeröl, welches einen unteren Heizwert von ungefähr 9000 WE hat und welcher wegen einiger mit dem Betrieb verbundener Schwierigkeiten nur bei Maschinen mit Zylinderleistungen von über 40 PS in Betracht kommt, vergrößern sich diese Verbrauchszahlen im umgekehrten Verhältnis der Wärmewerte der Brennstoffe, d. h. z. B. im Verhältnisse 10 : 9. Bei solchen Teerölmotoren, welche mit Zündöl arbeiten, kann bei der Angabe des Brennstoffverbrauches auch der Wärmewert des mit eingespritzten Zündöls berücksichtigt werden.

Der Treibölverbrauch für die PSe-Std. nimmt bei ¾ Belastung des Motors um ungefähr 5%, bei ½ Belastung um ungefähr 20% zu.

Der Zündölzusatz ist bei allen Belastungen gleichbleibend und beträgt, wenn Gasöl als Zündöl verwendet wird, ungefähr 1 kg für eine Normalleistung des Motors von 100 PS.

Schnelläufermotoren, Zweitaktmotoren sowie doppelt wirkende Groß-Dieselmotoren haben einen etwas höheren Brennstoffverbrauch als einfach wirkende Viertakt-Dieselmotoren.

Als vorübergehende Höchstleistung des Motors wird gewöhnlich eine um 20% höhere Leistung als die Normalleistung garantiert. Es wäre jedoch ein schwerwiegender Irrtum, anzunehmen, daß man die Maschine dauernd oder während längerer Zeit mit Überlastung arbeiten lassen kann. Dies würde die Maschine sehr schädigen und könnte zu längerem Stillstand des Betriebes infolge von Überanstrengung einzelner Teile oder Fressens des Kolbens führen.

Die Leistung des Motors ist also so zu wählen, daß die Höchstleistung nur zum Decken vorübergehender Belastungsspitzen in Betracht kommt.

Hat man sich bei Aufstellung einer Kraftanlage für einen Dieselmotor entschieden und kennt dessen Anschaffungskosten, so kann man den Voranschlag für die ganze Anlage vervollständigen, indem man zu diesem Preis die Grundstückkosten, Gebäudekosten, die Kosten für die Wasserbeschaffungsanlage, Anfuhr zur Baustelle usw. hinzuschlägt. Hierauf kann man die ungefähren Betriebskosten berechnen, indem man die Kosten für die Bedienung, Instandhaltung, Amortisation, Verzinsung des Anlagekapitals usw. aufstellt. Für diese letzteren gelten Durchschnittswerte, welche auf Grund langjähriger Erfahrungen ermittelt worden sind, diese sind:

Verzinsung des Kapitals 4%
Amortisation für die Maschinenanlage 7%
Amortisation des Gebäudes 3%
Unterhaltung der Maschinenanlage 1%
Unterhaltung des Gebäudes . . . . 1%.

Als Beispiel ist im folgenden eine Betriebskostenberechnung aufgestellt für eine Anlage von 100 PS, die während 300 Tagen täglich 10 Stunden, d. h. also während 3000 Stunden im Jahr mit ungefähr $3/4$ der Normalleistung in Betrieb ist. Als Treiböl soll Teeröl mit Zündölzusatz verwendet werden. Von der Aufstellung der Kosten für Grundstück und Gebäude wird der Einfachheit halber abgesehen.

I. Anlagekosten:

1. Motor mit Zubehör . . . . 30 000 M.
2. Anfuhr zur Baustelle, Beihilfe zur Montierung
   usw. etwa . . . .   800 »
3. Fundamente, schätzungsweise . . . . . . 1 200 »

   Anlagekosten etwa 32 000 M.

II. Jährliche Betriebskosten:

1. Verzinsung 4%, Amortisation 7%, Unterhaltung 1%, zusammen 12% . . . . . . 3 840 M.
2. Bedienung . . . . 1 200 »
3. Verbrauch an Treiböl (Teeröl) von 9000 WE/kg
   0,205 kg für die PSe-Std., M. 5/100 kg,
   bei 3000 jährl. Betriebsstunden = 3000
   · 75 PS-Std. = 250 000 PS-Std. also . . . . 2 310 »
   Verbrauch an Zündöl (Gasöl) von 10 000 WE/kg
   1 kg für die Betriebsstunde, M. 12/100 kg
   bei 3000 jährl. Betriebsstunden also . . . 360 »
4. Schmier- und Putzmaterial . . . . 500 »
   Aufrundung . . . .   90 »

   Betriebskosten etwa 8 300 M.

Gesamtkosten für die effektive PS-Stunde etwa 3,7 Pf.
Brennstoffkosten für die effektive PS.-Stunde etwa 1,2 Pf.

Für die im Text und in den Figuren erwähnten Firmen wurden nachstehende Abkürzungen verwendet:

A. B. D. M.-Stockholm	= Aktiebolaget Diesels Motorer, Stockholm
Benz	= Benz & Cie., Rheinische Automobil- und Motorenfabrik A.-G., Mannheim
Carels	= Carels Frères, Gand (Belgien)
Dingler	= Dinglersche Maschinenfabrik A.-G., Zweibrücken (Pfalz)
Fiat	= Fabbrica Italiana Automobili, Turin (Italien)
G. W.	= Friedr. Krupp A.-G. Germaniawerft, Kiel-Garden
G. F. D.	= Gasmotoren-Fabrik Deutz, Köln-Deutz
G. M. A.	= A.-G. Görlitzer Maschinenbau-Anstalt und Eisengießerei, Görlitz
Graz	= Grazer Waggon- und Maschinen-Fabrik A.-G. vorm. Joh. Weitzer, Graz
Güldner	= Güldner-Motoren-Gesellschaft, Aschaffenburg
Harlé	= Harlé & Cie. Succ. de Sauter Harlé & Cie., Paris
Kind	= Ing. Paolo Kind, Turin (Italien)
Gebr. Klein	= Maschinenbau-Aktiengesellschaft vormals Gebr. Klein in Dahlbruch, Dahlbruch
Körting	= Gebr. Körting A.-G., Körtingsdorf bei Hannover
L. & W.	= Società Italiana Langen & Wolf, Mailand
M. A. N.	= Maschinenfabrik Augsburg-Nürnberg A.-G.
Nederlandsche	= Neederlandsche Fabriek van Werktuigen en Spoorweg-Materieel, Amsterdam
Sabathé	= Société des Moteurs Sabathé La Chaléassière, Saint-Etienne (Frankreich)
Savoia	= Cantieri Savoia, Cornigliano Ligure (Italien)
S. L. M., Winterthur	= Schweizerische Lokomotiv- u. Maschinenfabrik, Winterthur (Schweiz)
Sulzer	= Gebr. Sulzer, Winterthur (Schweiz) und Ludwigshafen a. Rh. (Pfalz)
Tosi	= Franco Tosi, Legnano (Italien)

Sachverzeichnis.

www.ingramcontent.com/pod-product-compliance
Lightning Source LLC
Chambersburg PA
CBHW031436180326

41458CB00002B/560